たった1日で基本が身に付く！

超入門

改訂2版

中川 幸哉［著］
Yukiya Nakagawa

技術評論社

■本書をお読みになる前に

・本書に記載された内容は、情報の提供のみを目的としています。したがって、本書を用いた運用は、必ずお客様自身の責任と判断によって行ってください。ソフトウェアの操作や掲載されているプログラム等の実行結果など、これらの運用の結果について、技術評論社および著者、サービス提供者はいかなる責任も負いません。
・本書記載の情報は、2021年4月現在のものを掲載しています。ご利用時には変更されている場合もあります。ソフトウェア等はバージョンアップされる場合があり、本書での説明とは機能内容や画面図などが異なってしまうこともあり得ます。本書ご購入の前に、必ずバージョン番号をご確認ください。
・本書の内容は、以下の環境で動作を検証しています。

・Android Studio 4.1.3 (Windows 10)
・Android Studio 4.2 (macOS 11.3.1)

以上の注意事項をご承諾いただいた上で、本書をご利用願います。これらの注意事項をお読みいただかずにお問い合わせいただいても、技術評論社および著者、サービス提供者は対処しかねます。あらかじめ、ご承知おきください。

はじめに

この本は、Android アプリを作ってみたい、Android プログラミングの世界への第一歩を踏み出したい、すべての初心者が、体験しながら学べる入門書です。

Android は Google が Linux をベースに開発した、携帯電話端末のためのモバイル OS です。
2009 年の夏に、日本に最初の Android スマートフォンが上陸したとき、筆者はまだ大学生でした。携帯電話が好きだった私は、この手のひらの中の魔法に魅了されて、Android アプリ開発に取り組み始めました。先人たちのブログを読んだり、Twitter で質問したりと、コミュニティの助けを借りながらアプリが作れるようになりました。
この本には、大学生だった当時を振り返って、筆者が読みたかった内容を詰め込んでいます。

第 1 章では、本書のタイトルにもなっている Android Studio のインストール方法や、日本語化について解説しました。用意してほしいパソコンの性能にも触れていますので、これからパソコンを買う方には参考にしてください。
第 2 章では、Android Studio でアプリを作り始める方法を解説しています。いきなりプログラムを書き始めようとしても悩んでしまうので、まずは紙とペンを持って、自分のやりたいことと向き合うところから始めます。
第 3 章では、レイアウトと呼ばれる、アプリの見た目の作り方を学びます。アプリの種類によっては見栄えがほとんどレイアウトで決まる場合もあるので、Java 言語のおまけではなく、大切な要素として多くのページを割きました。過去の筆者がもっとも読みたかったのがこの章です。
第 4 章では、Android アプリのプログラミングにおける Java 言語の扱いを学びます。Java 言語がはじめてという方のために、サンプルを動かしながら変数やメソッドといった Java 言語の文法を体験しながら学べるようになっています。また、Java 言語を使ってレイアウトに配置した部品を操作する方法も解説しています。
第 5 章では、実用的な Android アプリをゼロから作る流れを体験してもらうために、ビンゴの抽選機アプリを作ります。本書のノウハウを総動員して、アプリを作り切りましょう。

本書を通じて Android アプリ開発を始めたあなたと、いつかどこかでお会いできることを楽しみにしています。
ようこそ、Android アプリ開発の世界へ。

2021 年 5 月　中川 幸哉

サンプルファイルのダウンロード

本書で紹介しているサンプルファイル（学習用の素材を含みます）は、以下のサポートページよりダウンロードできます。

サポートサイト https://gihyo.jp/book/2021/978-4-297-12138-9/support

ダウンロードしたファイルはZIP形式で圧縮されていますので、展開してから使用してください。展開すると、CHAPTER 2からCHAPTER 5までの4つのサンプルのプロジェクトが表れます。CHAPTER 3で作成するプロフィールアプリ内で使用する画像ファイル（P.88、P.104参照）は、imageフォルダに収録しています。コピーしてお使いください。

サンプルファイルを展開する

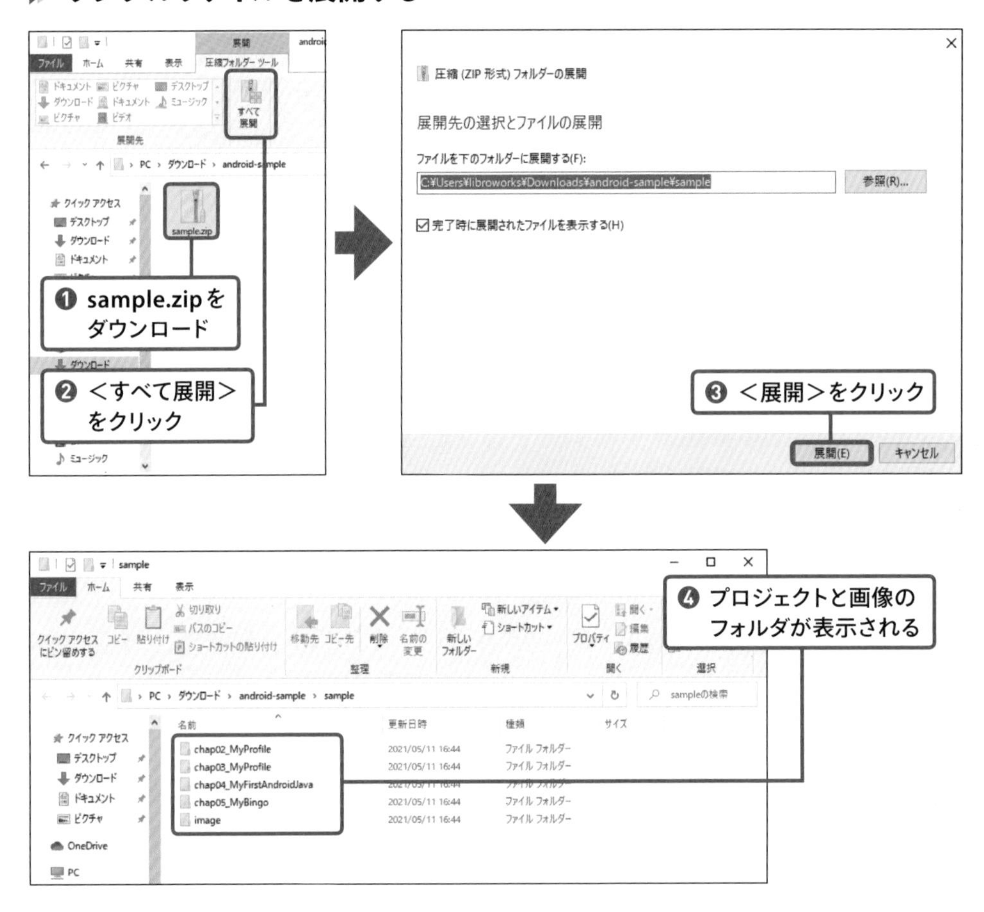

プロジェクトを開く

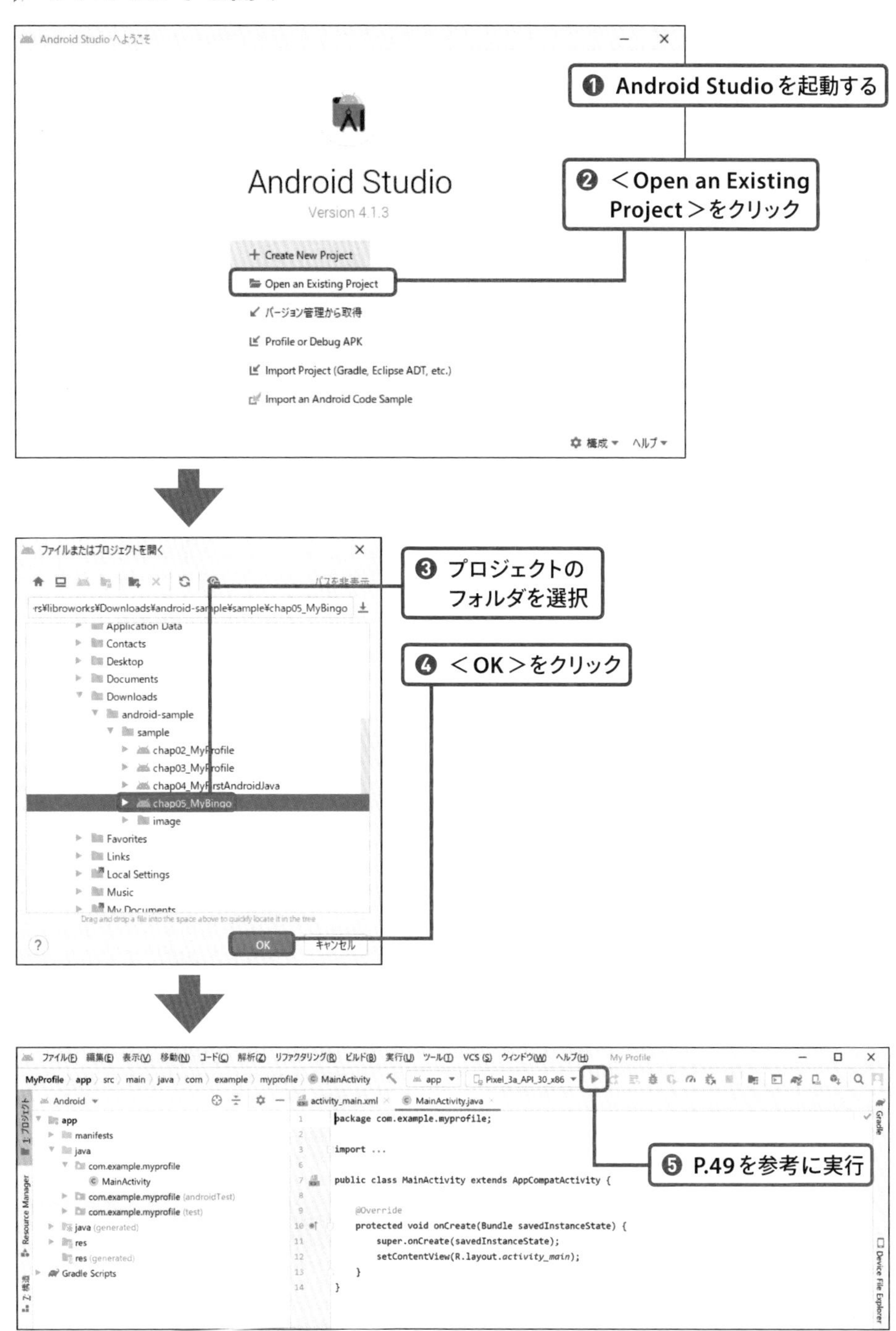

❶ Android Studioを起動する
❷ ＜Open an Existing Project＞をクリック
Android Studio
Version 4.1.3
Create New Project
Open an Existing Project
バージョン管理から取得
Profile or Debug APK
Import Project (Gradle, Eclipse ADT, etc.)
Import an Android Code Sample
ファイルまたはプロジェクトを開く
❸ プロジェクトのフォルダを選択
❹ ＜OK＞をクリック
chap05_MyBingo
OK
キャンセル
❺ P.49を参考に実行

目次

CHAPTER 2 基本のアプリを作成しよう

CHAPTER 3 アプリの見た目を変更しよう

CHAPTER 5 ビンゴアプリを作成しよう

CHAPTER 1

Androidアプリ開発を始めよう

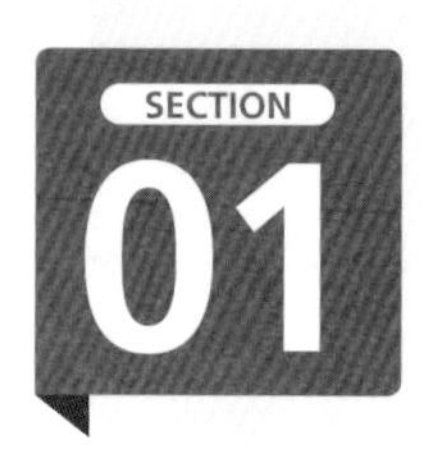

Androidアプリ開発の基本を知ろう

AndroidはGoogle社が提供しているスマートフォン向けのプラットフォームです。世界最大のシェアを持つプラットフォームは、どのように生まれ、どんなことを大切にしながら進化してきたのでしょうか。このセクションでは、Androidというプラットフォームの特長を、アプリ開発の面から紹介します。

アプリが動く携帯電話プラットフォーム

Android（アンドロイド）はGoogle社が2008年に公開した、携帯電話向けのソフトウェアプラットフォームです。2021年の時点で全世界で25億以上のユーザーに使われており、類似のプラットフォームの中では世界最大のものであるといえるでしょう。

Androidの特長として、次の3点が挙げられます。

- **オープンソースであり、無償で利用できること**
- **Java（ジャバ）言語を用いたアプリ開発が比較的容易に実現できること**
- **Google Playストアで容易にアプリを公開できること**

それぞれ、どのようなメリットがあるのかを解説します。

オープンソースであり、無償で利用できる

Androidというソフトウェアは、オープンソースという開発スタイルを採用しています。これは、ソフトウェアのソースコード（プログラム）をインターネット上に公開し、誰でもソースコードを閲覧したり、開発に参加したりすることができるものです。Androidの開発プロジェクト（Android Open Source Project）についての情報は、次のURLで提供されています。

- **https://source.android.com/**

メーカーからすれば、携帯端末のためのソフトウェアが無料で手に入り、改変もできることは、大きなメリットです。また、アプリ開発者の目線から見た場合にも、自分たちのプログラムがどのような仕組みの上に成り立っているのかを確認できることは、そうでない状況に比べると幸せなことです。自分の書いたプログラムが意図しない挙動をした場合に、深いところまで原因を調べることができます。

また、Androidアプリを開発するために提供されているツールには、費用や対価が発生しません。本書で扱うAndroid Studioは公式サイトからダウンロードするだけで利用できますし、Java言語を使うために必要な許可もありません。開発に耐える性能を持ったパソコンとインターネット環境さえあれば、それ以上の費用や対価を支払うことなく、Androidアプリ開発の世界に入門することができます。

Java言語でアプリ開発ができる

本書では、AndroidのアプリはJava言語で開発を行います。Java言語もオープンな形で仕様の策定や開発が行われている言語で、世界中で使われています。従来はサーバーと呼ばれるたぐいのコンピューターで利用されることの多い言語でしたが、Androidのアプリ開発で採用されたことにより、さらに多くの人々に使われる言語になりました。日本では、フィーチャーフォン(ガラケー)の時代にiアプリの開発言語として用いられていたこともあります。その利用人口の多さから、提供されているツールの数も充実しており、一般的な課題を解決するためのツールであれば、自分で作る必要はほとんどありません。

また、余談ですが、2017年からはKotlin言語という新しいプログラミング言語でもAndroidアプリが開発できるようになりました。Java言語とは文法が少し変わるものの、より短い記述で複雑な処理を表現できるようになっており、中上級者を中心に利用が広まっています。

Google Playストアでアプリを公開できる

開発したAndroidアプリは、**Google Playストア**(図1-1)にアップロードすることで、全世界に対して公開できます。アプリを公開する権利を得るために、25ドルの費用を支払う必要がある点には注意が必要ですが、一度支払えば永続的に権利を得られます。

図1-1 Google Playストア

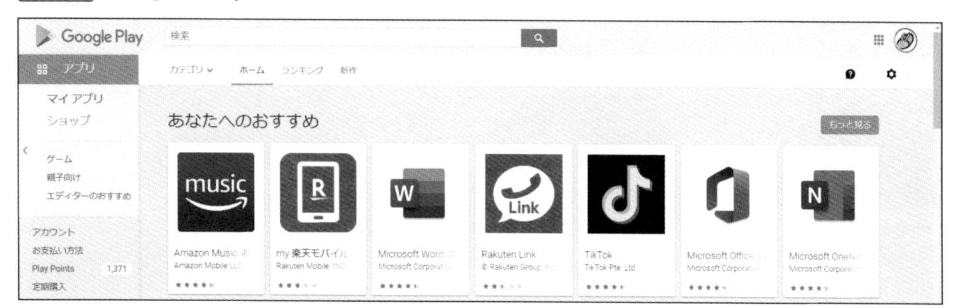

アプリを開発するためのツールと役割

Androidアプリを開発する、と一口にいっても、実際にはどんなツールがあって、どういった目的で使われるのかは想像しづらいですよね。とはいえ、細かく説明をしだすとキリがないものでもありますので、ここでは概要に触れるだけにします。

Android SDKとGradle

まず、最も重要なツールがAndroid SDK（アンドロイドエスディーケー）というツールです。SDKはSoftware Development Kitの略で、アプリ開発に必要となる、大小さまざまなツールが組み合わさってできています。

Android SDKの中のツールは役割も使い方もさまざまですが、それらの扱いを、ひとつひとつ覚える必要はありません。Gradle（グレイドル）というツールが、私たちの代わりにAndroid SDKを上手に扱ってくれます。

Gradleはまとまった操作を一度に行ってくれるツールで、Java言語で書いたプログラムファイルや、アプリ内で使用する画像・音声ファイルなどを、アプリの形に取りまとめるビルドという役割を担っています（図1-2）。

図1-2 Gradleの働き

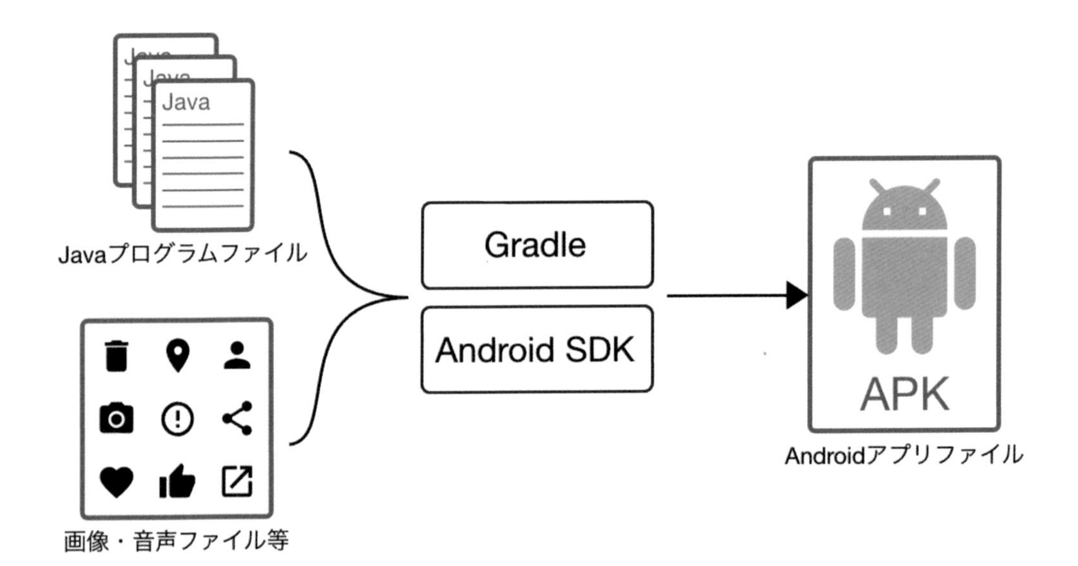

次項で説明するとおり、Android Studioで開発を進めていく上では触れる機会が少ないツールですが、インターネット上で公開されているライブラリを利用する際にはGradleの設定ファイルを自分で書き替えることになります。本書で取り組むものよりもリッチなアプリを作ろうとした場合には、触る機会が増えますので、Gradleの名前というツールがあるということは覚えておいてください。

Android Studio

実は、Android SDKとGradleだけでも、アプリを作ることができます。しかし、それにはコマンドプロンプト（Macの場合はターミナル）という小難しいソフトを触る必要があったりして、あまり初学者向けではありません。できるだけ、マウスでボタンをクリックしたら操作ができるようなツールがあったほうが嬉しいですね。

そんな要望に応える形で、Googleが用意してくれている開発ツールが、本書のテーマであるAndroid Studio（アンドロイドスタジオ）です（図1-3）。Android Studioには、大きく分けて次のような機能があります。

- **Java言語のプログラムファイルを作成編集する**
- **画像や音声などの素材ファイルを管理する**
- **画面レイアウトをわかりやすく作成する**
- **プログラムファイルを正常に書けているかをAndroid SDKやGradleに問い合わせる**
- **アプリの組み立てをGradleに依頼する**

どれもアプリを開発していく上ではありがたい機能です。実際にどのようなものなのかは、本書の中で随時紹介していきます。

図1-3 Android Studio

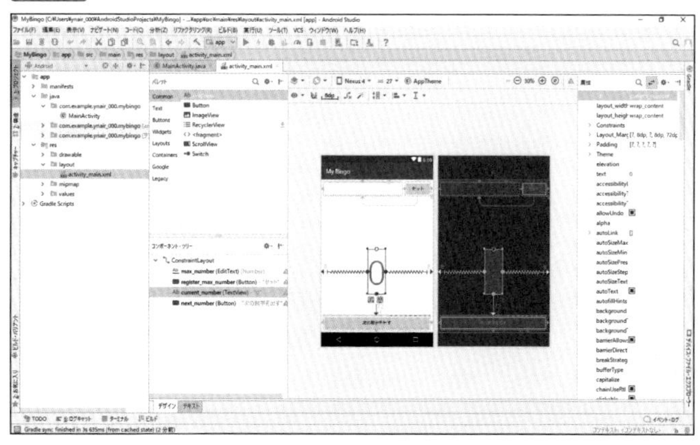

Androidアプリ開発に必要なものを揃えよう

このセクションでは、Androidアプリを作り始めるためのツールを揃えます。いくつかの手順は踏みますが、インターネットからダウンロードしてきて、少しだけ操作をして、あとはパソコンが設定が終えてくれるまでの長い待ち時間を過ごせばよいものばかりです。まだスタートラインの少し手前です。肩の力を抜いて、コーヒーでも飲みながら操作してください。

Androidアプリ開発に必要なもの

Androidアプリ開発に必要なものを確認します。まず、手元に必要なのが、インターネットに繋がったパソコンです。これがないと始まりませんね。そして、パソコンの用意ができたら、そこにAndroid StudioとAndroid SDKを導入します。それぞれについて、詳しく解説します。

インターネットに繋がったパソコンを用意する

何はともあれ、アプリの開発にはパソコンが必要です。特にAndroidアプリの開発を行う場合には、インターネットに繋がっているパソコンが必要になります。作ろうとしているアプリがインターネットとの通信を必要としていない場合でも、アプリの開発にはインターネット環境が必要です。

パソコンのOSについては次の環境で動かすことができます。

- **Microsoft Windows 8/10のいずれか（64bit版のみ）**
- **macOS 10.14（macOS Mojave）以上**
- **GNOME、KDEまたはUnity DEによるデスクトップ環境を持つLinux（64bit版のみ）**
- **Chrome OS**

POINT

macOSの場合は、ショートカットキーや、改行文字の文字コードなどがWindowsと異なるので注意してください。本書ではできるかぎりmacOSの場合についても言及しています。

本書ではWindowsとmacOSでのセットアップについて言及します。

また、パソコンの性能については、Android Studio 4.1の時点で、次の水準が要求されています。

- **最低4GBのメモリ(できれば8GB以上を推奨)**
- **最低2GBの空きディスク領域(できれば4GB以上を推奨)**
- **1280 x 800以上の解像度を持つディスプレイ**

本書に取り組むためにパソコンを調達する場合は、特にメモリの量に気を配ってください。メモリの量は、パソコンが一度にどの程度の量の仕事ができるかを表しています。

本書では、仮想デバイスというツールを使ってアプリの動作確認を行ってもらいます。仮想デバイスは、パソコンの中でAndroidスマートフォンの動作を再現するもので、動作している最中はメモリを1GBほど食いつぶします。そのため、Android Studioの動作に必要な3GBと合わせて、4GBのメモリが最低でも必要になるのです。

現実的には、4GBよりも多くメモリを搭載しているべきです。慣れてくると、開発の途中でインターネットで調べ物をすることも多くなります。もし、パソコンのメモリが全部で4GBしか搭載されていない場合、Android Studioと仮想デバイスの動作だけでパソコンの動作がカツカツになってしまい、他のアプリケーションがほとんど動かなくなってしまうことも考えられます。可能であれば、8GB程のメモリを搭載したパソコンを用意してください。

とはいえ、パソコンにお金がかけられない場面もあるかと思います。もし手元にAndroidスマートフォンがある場合は、仮想デバイスではなくスマートフォンで動作確認を行えばよいので、パソコンのメモリは4GB程あれば十分でしょう。

Android Studioをインストールする

パソコンの用意ができたら、次はAndroid StudioとAndroid SDKをインストールします。まずは、ブラウザ(本書ではMicrosoft Edge)で次のURLを開きましょう(図1-4)。GoogleやBingで検索してもいいですが、「android studio download」のように、英語で検索してください。カタカナだと見つからないことがあります。サイトが開いたら、画面中央にある＜DOWNLOAD ANDROID STUDIO＞をクリックします。

- **Android StudioのダウンロードURL(英語)**
  https://developer.android.com/studio/

図1-4 Android Studioのダウンロードサイト

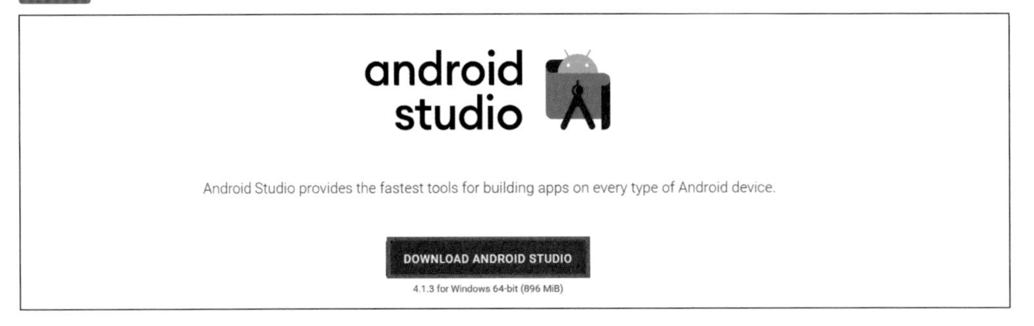

利用規約を確認し、利用規約に同意できたら、＜上記の利用規約を読んだうえで利用規約に同意します。＞をクリックしてチェックを付けます。すると、ダウンロードするためのボタンが有効になるので、＜ダウンロードする：ANDROID STUDIO（WINDOWS用）＞のボタンをクリックします（図1-5）。Macの場合は＜ダウンロードする：ANDROID STUDIO（Mac用）＞のボタンをクリックします。

図1-5 利用規約を確認するとダウンロードボタンが有効になる

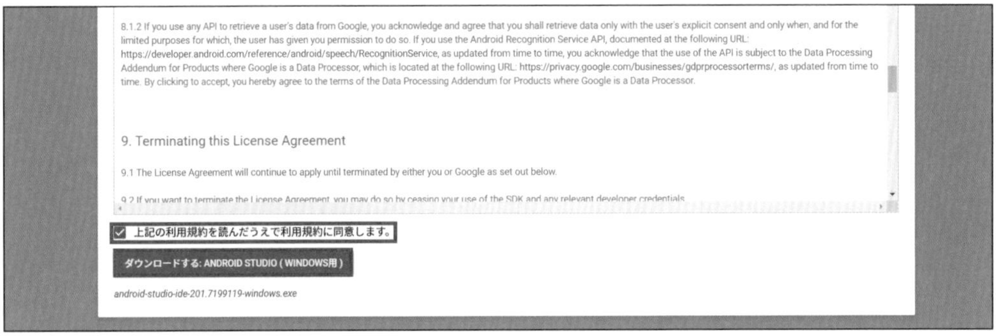

9. Terminating this License Agreement

9.1 The License Agreement will continue to apply until terminated by either you or Google as set out below.

上記の利用規約を読んだうえで利用規約に同意します。

ダウンロードする: ANDROID STUDIO（WINDOWS用）

android-studio-ide-201.7199119-windows.exe

すると、画面左下にダウンロード中の表示が現れます。完了するまで長い時間がかかるので、しばらく待ちます（図1-6）。

図1-6 ダウンロードの完了を待つ

ダウンロード完了後の流れは、WindowsとmacOSで少し異なります。

macOSの場合は、ダウンロードしたファイルをダブルクリックします。すると、以下のようなウィンドウが現れます（図1-7）。

図1-7 Android StudioをApplicationsへドラッグ＆ドロップする

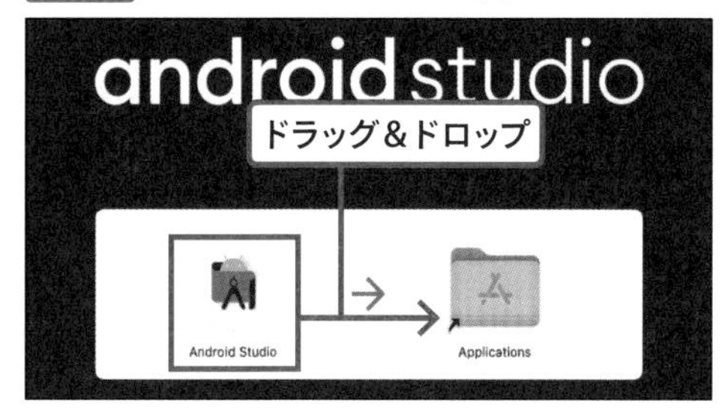

左側のAndroid Studioを右側のApplicationsにドラッグ＆ドロップすれば、インストールは完了です。Applicationsフォルダにある＜Android Studio＞をダブルクリックすればAndroid Studioが起動しますので、次項「Android Studioの初期設定とAndroid SDKのインストールを行う」まで読み飛ばしてください。

Windowsの場合は、ダウンロードの完了後に、＜ファイルを開く＞をクリックします（図1-8）。

図1-8 ダウンロードしたファイルを開く

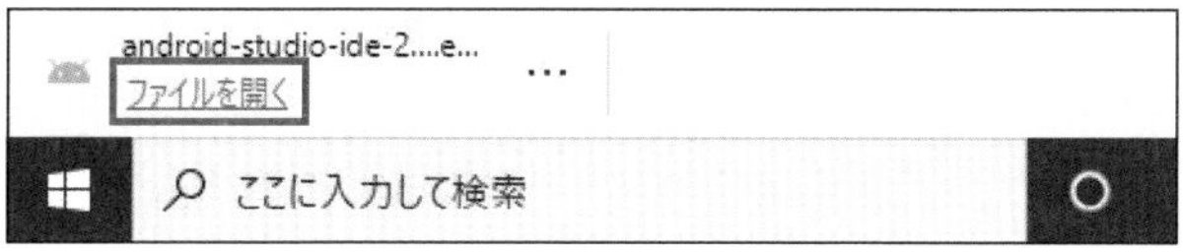

android-studio-ide-2....e...
ファイルを開く
ここに入力して検索

すると、Windowsへのインストールが始まります。最初に＜ユーザーアカウント制御＞画面が表示されたら、＜はい＞をクリックしてください。＜Android Studio Setup＞画面が表示されるので、＜Next＞をクリックします（図1-9）。

図1-9 ＜Android Studio Setup＞画面

次に、パソコンに対して何をインストールするのかを選びます。Android Studio本体は必ずインストールすることになりますが、**Android Virtual Device**（仮想デバイス）は選択式です。ここでは、＜Android Virtual Device＞のチェックが入ったままで先へ進みます。＜Next＞をクリックしてください（図1-10）。

図1-10 インストールするものを選択する

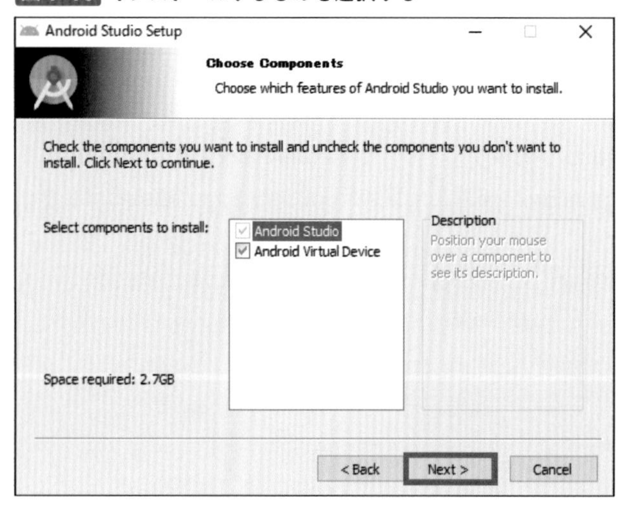

次に、Android Studioをどこのフォルダに配置するか指定します。ここは標準のままにしておいたほうが都合がいいので、何も変更せずに＜Next＞をクリックしてください（図1-11）。

図1-11 インストール先を設定する

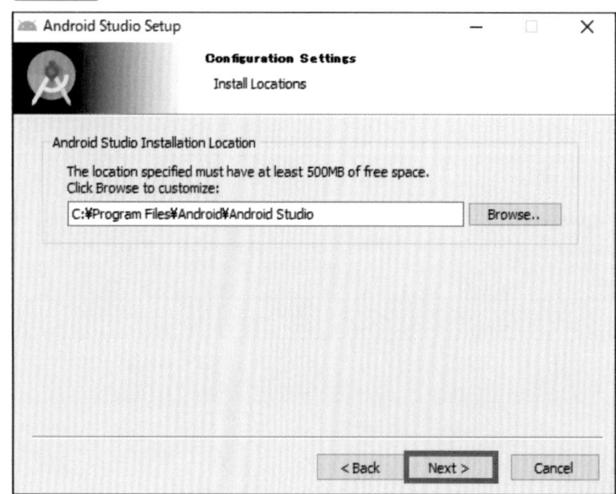

次に、スタートメニュー（左下のWindowsマークから開けるメニュー）ではAndroid Studioをどんな名前で表示するかを設定します。これも変更せずに＜Install＞をクリックしてください（図1-12）。

図1-12 スタートメニューでの名前を設定する

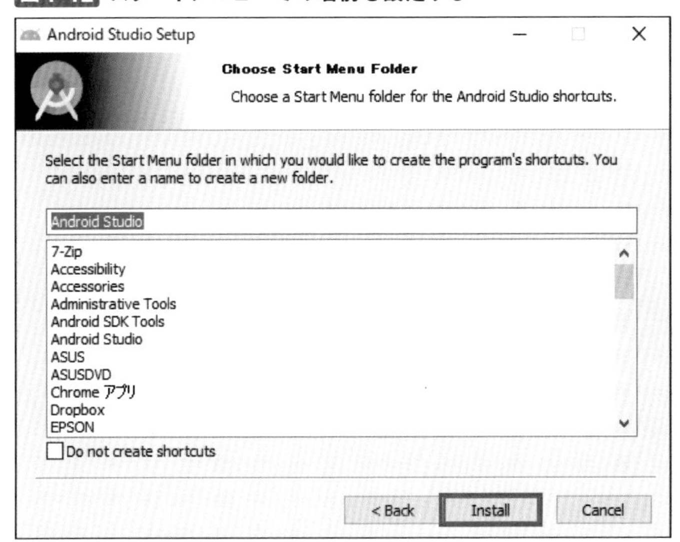

インストールが完了すると、次のような表示になります。＜Next＞をクリックしてください（図1-13）。

図1-13 インストールが完了した

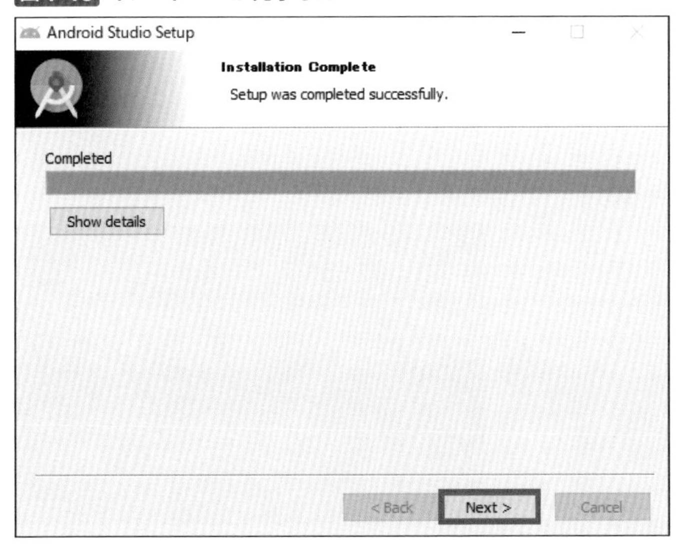

次のように表示されたら、WindowsへのAndroid Studioのインストールは完了です。＜Start Android Studio＞のチェックが入ったまま＜Finish＞をクリックします(図1-14)。これで、Android Studioが起動するので、少々お待ちください。

図1-14 ウィザードを閉じる

Android Studioの初期設定とAndroid SDKのインストールを行う

続いてAndroid Studioの初期設定を行います。初めて起動すると、次のような表示が出てきます。初期選択の＜Do not import settings＞のままで、＜OK＞をクリックしてください(図1-15)。すると、Android Studioが起動します。起動中の表示が出るので、少し待ちましょう。

図1-15 Android Studioの初期設定を行う

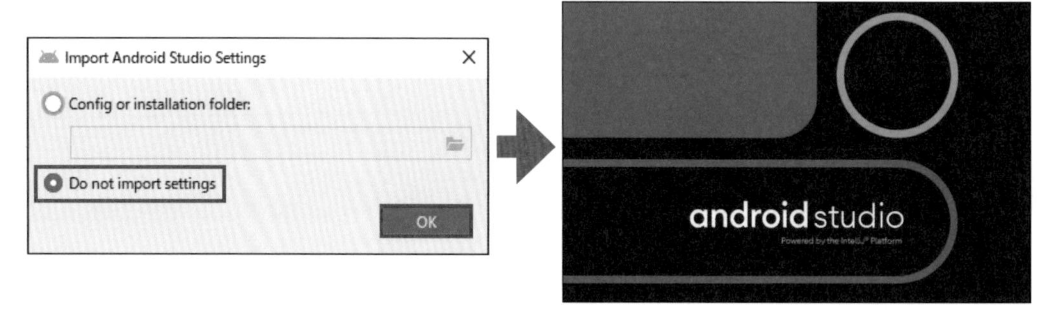

起動中に、Googleへシステム改善のための動作データを送信してもよいか質問されることがあります（図1-16）。送信してもよい場合は＜Send usage statistics to Google＞を、送信したくない場合は＜Don't send＞をクリックしてください。

図1-16 動作データを送信するかを選択する

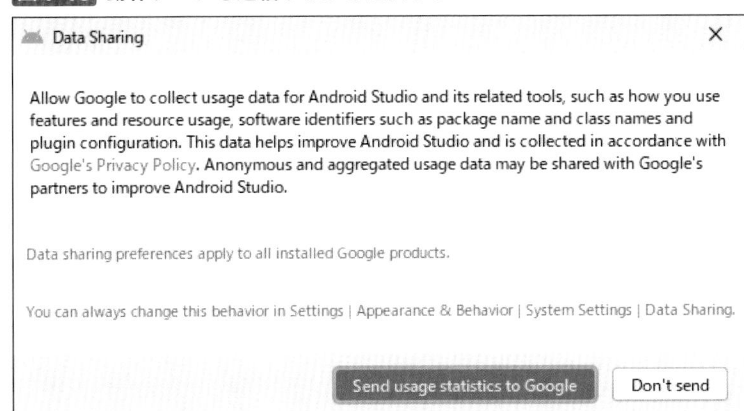

起動が完了すると、初期設定のための手続きが始まります。次のような表示が出てくるので、＜Next＞をクリックしてください（図1-17）。

図1-17 Android Studio Startup Wizard

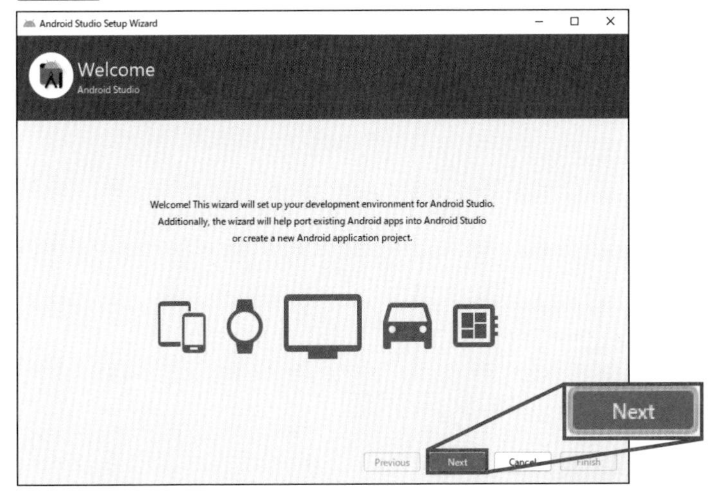

次に、初期設定をカスタマイズするかどうか確認されます。次のような表示が出てくるので、＜Standard＞が選択された状態のまま＜Next＞をクリックしてください（図1-18）。

図1-18 初期設定のカスタマイズの選択

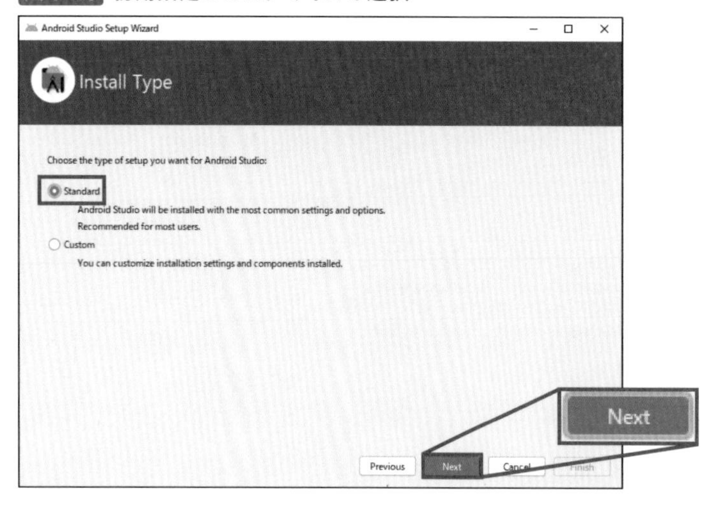

次にテーマを設定します。次のように、黒が基調の「Darcula」テーマと、白が基調の「Light」テーマが用意されています。

色が違うだけで機能にはまったく影響しないので、見やすいと感じるほうを選んでください。ここでは＜Light＞を選択して、＜Next＞をクリックします(図1-19)。

図1-19 テーマを選択

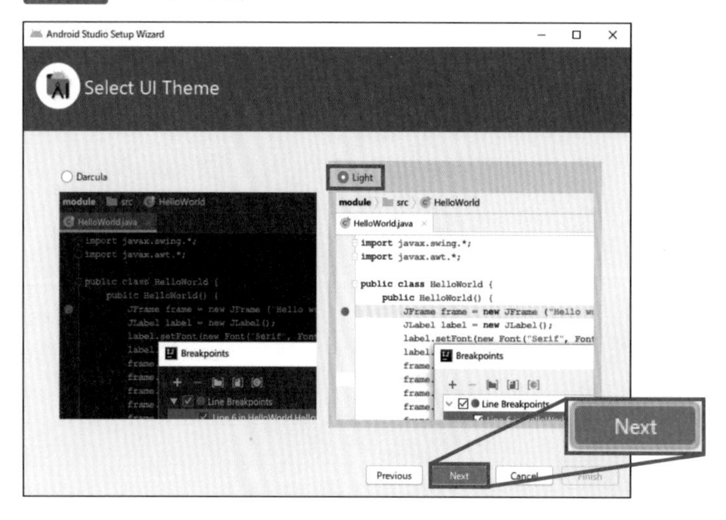

次に、ここまで初期設定で設定した内容に基づいて、これからダウンロードする内容を確認するよう促されます。特に問題がなさそうであれば、＜Finish＞をクリックしてください(図1-20)。

図1-20 ダウンロードするものを確認

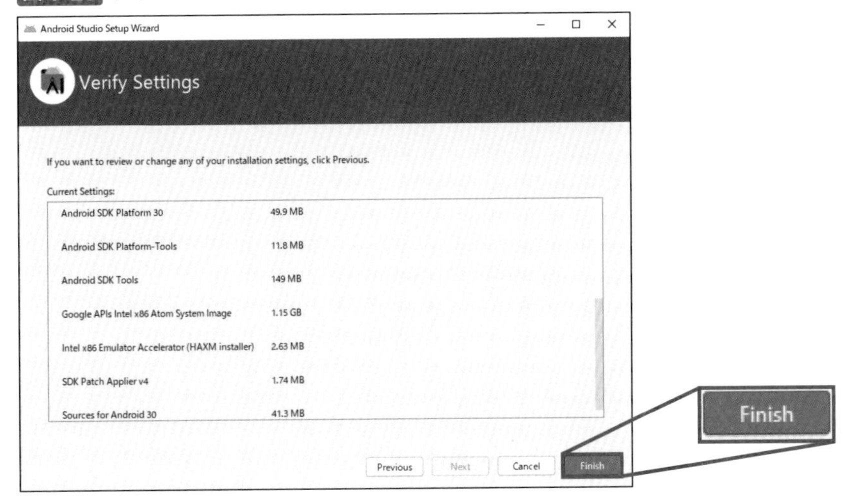

すると、Android SDKのダウンロードが始まります。20分以上かかることもありますので、ここで再度の休憩です。しばらくお待ちください。<ユーザーアカウント制御>画面が表示されたら、<はい>をクリックしてください。ここから少し待つと、すべてのダウンロードやインストール処理が終わります。<Finish>が有効になったら、クリックしてください(図1-21)。

図1-21 インストールが完了した

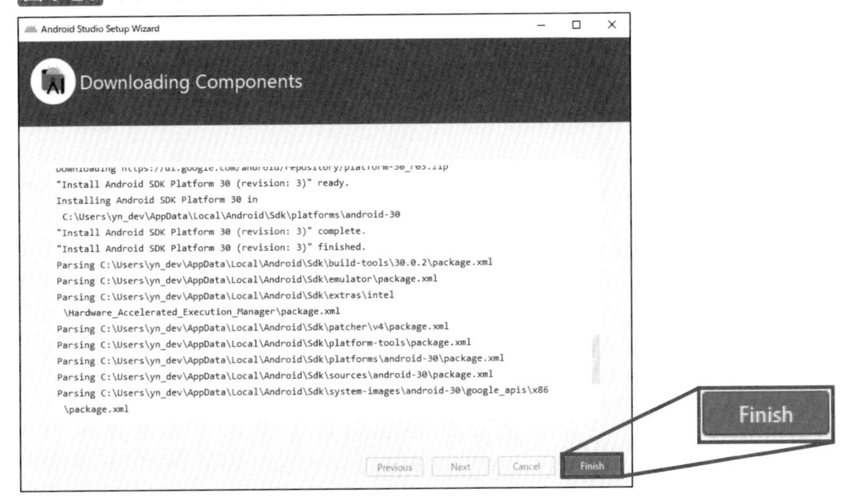

「Welcome to Android Studio」という画面が表示されたら、Android Studioの初期設定は完了です(図1-22)。

図1-22 Android Studioの初期表示

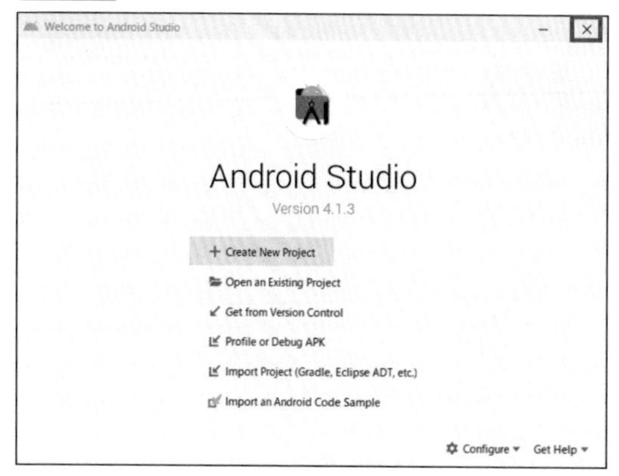

次回以降にAndroid Studioを起動したときには、この画面が表示されます。この画面の項目を選ぶと、新しいアプリの開発をスタートしたり、開発中のアプリのファイルを開いたりすることができます。この時点では英語表示ですが、次の1-3で日本語化します。ここではいったん＜×＞ボタンをクリックして、Android Studioを終了します。

今後Android Studioを起動したい場合は、画面左下のタスクバーの＜ここに入力して検索＞に「Android」と入力すると、Android Studioが表示されるので、検索結果をクリックしてください(図1-23)。

図1-23 タスクバーで「Android」と検索

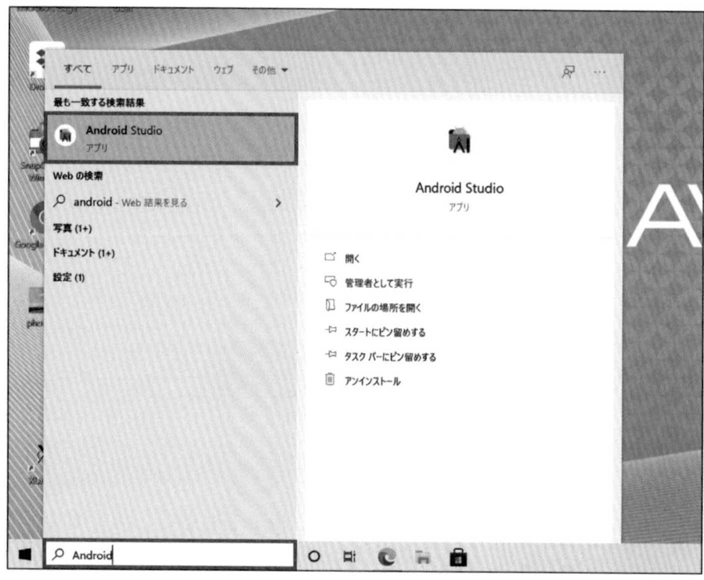

Android Studioを日本語化しよう

初期状態のAndroid Studioの画面は、すべて英語表示です。英語の画面に慣れておけば、海外の最新資料を参考にできるといった大きなメリットもあるのですが、今回はAndroid Studioを日本語表示にして、学習の負担を減らしましょう。

日本語化パッケージをダウンロードする

Android Studioの日本語化には、Japanese Language Packという公式のプラグインを利用します。

1-2から引き続き、Android Studioの初期状態の画面を操作します。初期状態の画面は何もプロジェクトを開いていないときに表示されるので、もし何かのプロジェクトを開いている場合は、画面左上の＜ファイル＞→＜プロジェクトを閉じる＞の順にクリックして、プロジェクトを閉じてください（図1-24）。

図1-24 プロジェクトを閉じる

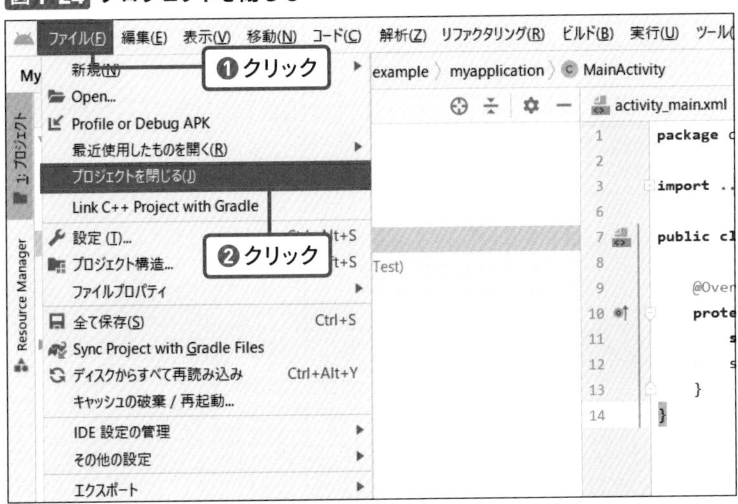

まずは、初期状態の右下にある＜ Configure ＞をクリックして、設定メニューを表示します。設定メニューの中には＜Plugins＞という項目がありますので、これをクリックして、プラグイン管理の画面を開きます（図1-25）。

図1-25 設定メニューからPluginsを選択

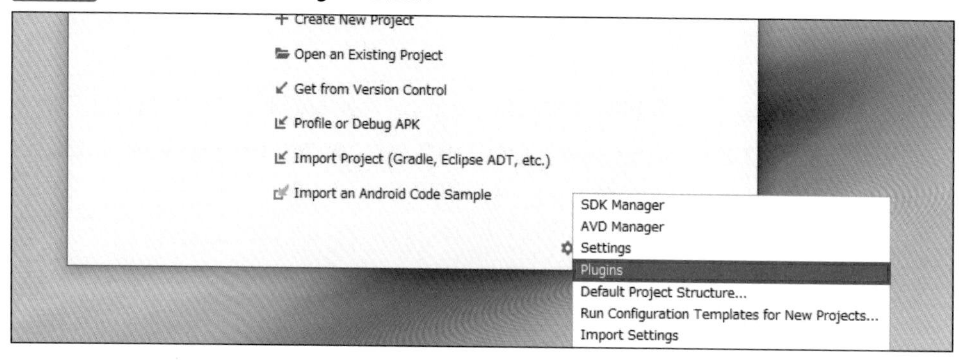

プラグイン管理の画面が開いたら、＜Marketplace＞のタブをクリックして、プラグインのリストが表示されるまで少し待ちます。リストが表示されたら、検索欄に「Japanese」と入力しましょう（図1-26）。

図1-26 Marketplaceで検索

検索結果に「Japanese Language Pack／日本語言語パック」が表示されたら、＜Install＞ボタンをクリックしてください。プラグインのインストールが始まります(図1-27)。

図1-27 Japanese Language Packをインストールする

インストールが完了すると、ボタンの表記が＜Restart IDE＞に変わるので、これをクリックします。すると、プラグインを有効にするためにAndroid Studioを再起動してもよいか質問されるので、＜Restart＞をクリックします(図1-28)。Android Studioが再起動しますので、しばらく待ちましょう。

図1-28 Android Studioを再起動する

再起動した画面で、日本語化ができているかどうかを確認してみましょう(図1-29)。

日本語化プラグインは発展途上のため、すべての語彙が日本語化されているわけではありませんが、一部が日本語化されているだけでも、大きな助けになるはずです。これで開発を始める準備がおおむね整いました。

図1-29 一部のメニューが日本語化されたAndroid Studio

COLUMN 日本語化プラグインのバージョン更新

日本語化プラグインをインストールすることで、UIの多くの部分が日本語化されました。ですが、この日本語化プラグインは2021年4月現在、Early Access Program版（早期試用版）という位置付けで提供されており、すべてのテキストを日本語化できているわけではありません。例えば、図1-30にある＜Open...＞のように英語表記が残っている箇所もあります。

図1-30 日本語と英語が混在している

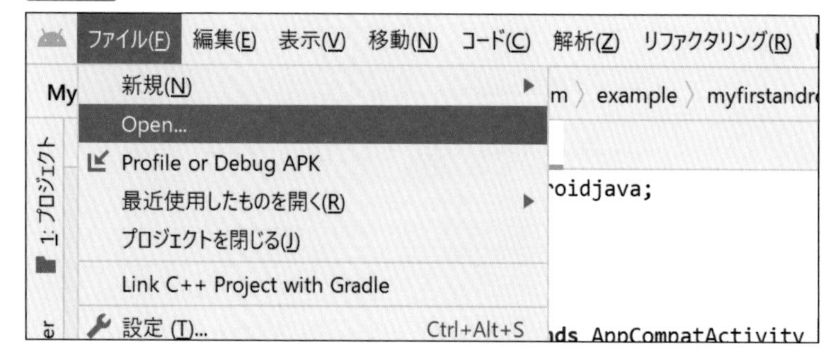

将来、日本語化プラグインがアップデートされるに従って、こういった英語表記は日本語表記に置き換わっていくことが期待されます。

CHAPTER 2

基本のアプリを作成しよう

SECTION 01

どんなアプリを作るかを考えよう

アプリを作るときには、いきなりプログラムを書き始めるわけではありません。自分の手のひらの中でどんな役割を担ってほしいのかを考えたり、どんな見た目のアプリにするのかを手描きでスケッチしたりしながら、作ろうとしているアプリの輪郭をハッキリさせていくのが最初の作業です。本節ではプロフィールアプリを例に挙げて考えてみます。

どんなアプリを作りたいか

どんなアプリを作りたいかは人それぞれです。ちょっとした作業をしたい、暇つぶしのゲームがほしい、今いる場所ならではの情報を出したい、など、生活や仕事の中で困っていることや解決したいことは千差万別です。ですから、筆者が「あなたはこんなアプリを作るべきだ」ということはできません。

とはいえ、何らかの題材を用意しないと解説しづらいのも確かです。ここでは、私という人間が世の中にいることをGoogle Playストアから世間に知らしめたいという欲望を持ったアプリ開発者が、プロフィールアプリを作るという体で考えてみます。

アプリにほしい要素は、次のようなものになりました。

- **名前、誕生日、居住地、自己紹介文を表示したい**
- **顔写真を出したい**
- **好きな写真を随所に配置したい**

このくらいの要素であれば、1画面で収まりそうです。やりたいことがわかってきたら、次は、スケッチに落とし込んで目に見える形にしていきましょう。

POINT

画像とテキストを表示するアプリのアイデアが他にあれば、本書を読み終えた後に同じ流れで作ってみましょう。イベント告知など、宣伝チラシのようなアプリも面白いかもしれません。

スケッチしてみる

筆者は昔、「アプリのデザインって、フォトショップみたいな有料のソフトを使わないとできないんでしょう？」と思っていました。ですが、実際にアプリ開発を何年かやってみると、「必要な相手にデザインのアイデアが伝われば、道具は何でもいいや」と思えるようになってきました。

今回のプロフィールアプリは、自分がほしいものを自分でデザインして自分で作るものです。この場合は、デザイン案の資料も自分がわかるように描けていればよいので、ペンと紙を用意して手描きでスケッチしてみることにします。次のようになりました（図2-1）。

図2-1 プロフィールアプリのラフスケッチ

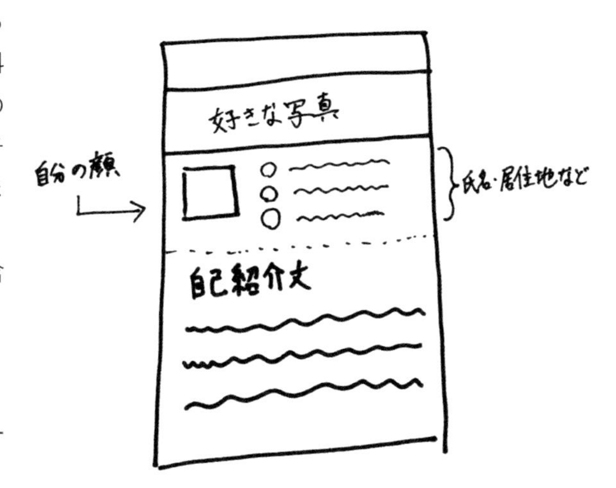

このデザイン案には次のような情報を含めました。

- **限られた画面をどう区切るのか**
- **写真、アイコン、文字などをどう配置するのか**
- **文字を使ってどんな情報を表示するのか**

実際にアプリとしてレイアウトを組み上げていくときには、文字の大きさや背景の色など、考えることがもう少し増えますが、自分が何を作りたいのかを考える上では紙とペンで書ける範囲で十分です。

第3章では、実際にこのラフスケッチを元にして、アプリを作成します。

スケッチをする意義

人によっては「自分で自分が作りたいものはわかっているので、スケッチなんか必要ない。すぐにプログラムを書き始めたい」という方もいますし、実際にそれでうまくいく場合もあります。

ですが、簡単なスケッチでいいので目に見える形に落とし込んでおけば、頭の中にあったときには気付かなかった情報の漏れに気付くことができて、よりよいアプリを作れる可能性が高まります。また、開発が始まるとプログラミングのための調べ物に意識が行ってしまって、どんなアプリを作りたかったのか忘れてしまうこともあるので、そういう観点でも一度は頭の外にアイデアを出しておくとよいでしょう。

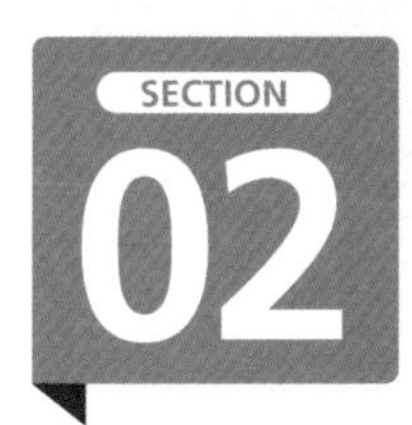

最初のプロジェクトを作成しよう

作りたいアプリの輪郭が見えてきたので、そろそろアプリの作り方を学んでいきましょう。Android Studioを操作することで、プログラムや素材を配置するためのフォルダやファイルのひな型が作られます。それぞれのフォルダやファイルがどのような役割を担っているのかを解説します。

Android Studioでプロジェクトを作成する

それでは、実際にAndroid Studioを使い始めます。まずは、プロジェクトを作りましょう。プロジェクトとは、アプリを作るために必要なファイルやフォルダをまとめて管理するためのフォルダのことです。Android Studioを操作していくことで、簡単に作成できます。Android Studioを起動すると、「Android Studioへようこそ」の画面が表示されますので、＜Create New Project＞をクリックします（図2-2）。

図2-2 Android Studioへようこそ

プロジェクトのひな形を決める

プロジェクトを作る際に、Android Studio側で1つだけアクティビティーのひな型が用意されます。アクティビティーとは、アプリの1画面を表すJavaファイルのことです。「プロジェクトを新規作成」(Macの場合は「新規プロジェクトの作成」)の画面では、いくつか用意されているひな型から1つを選びます。今回は＜Empty Activity＞(空のアクティビティー)を選択して、＜次へ＞をクリックします(図2-3)。

図2-3 空のアクティビティーを選択する

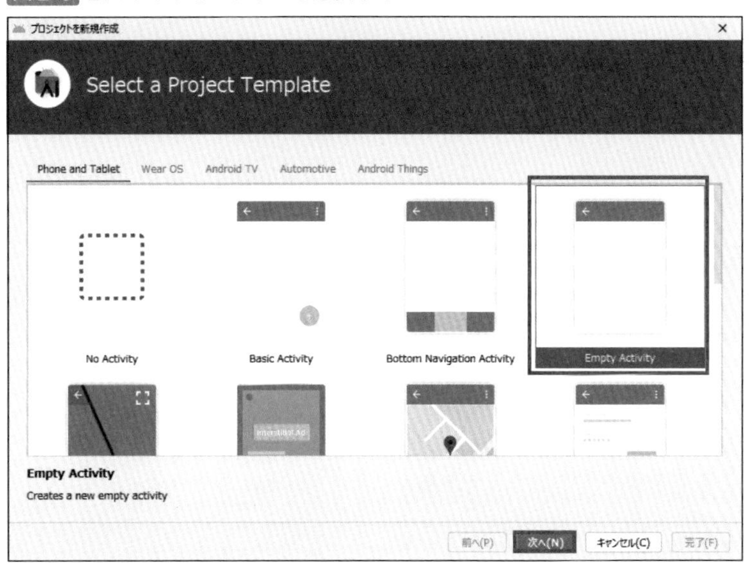

プロジェクト名を決める

次の画面では、Name(名前)を「My Profile」にします。アプリの名前なので日本語にしたいのは山々ですが、これは主にプロジェクトの名前として使われます。半角英数字の名前にすると同じ画面内の＜Save location＞(プロジェクトの保存先)や＜Package name＞(パッケージ名)の項目が自動で入力されて便利ですので、半角英数字で記述します(図2-4)。

COLUMN パッケージ名について

Package name(パッケージ名)は「com.example.myprofile」になります(間にドットが入ります)。パッケージ名の命名については、Google Playストアにリリースする段階で必要になる細かいルールがあります。詳しくは第5章で解説します。

図2-4 新規プロジェクトの作成

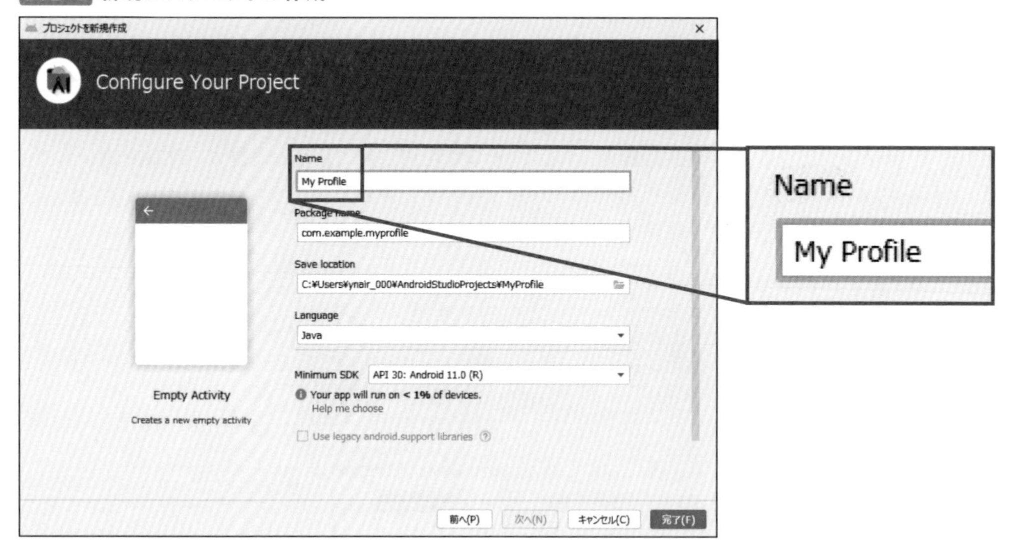

言語を選択する

本書では、Javaによるプログラミングを解説しているので、ここでは「Java」を選択します（図2-5）。Android アプリはKotlin言語でも作成できます。本書ではKotlinでのサンプルを用意しませんが、別の書籍でKotlinを学んでから、本書の内容をなぞってみるのも面白いかもしれません。

図2-5 言語の選択

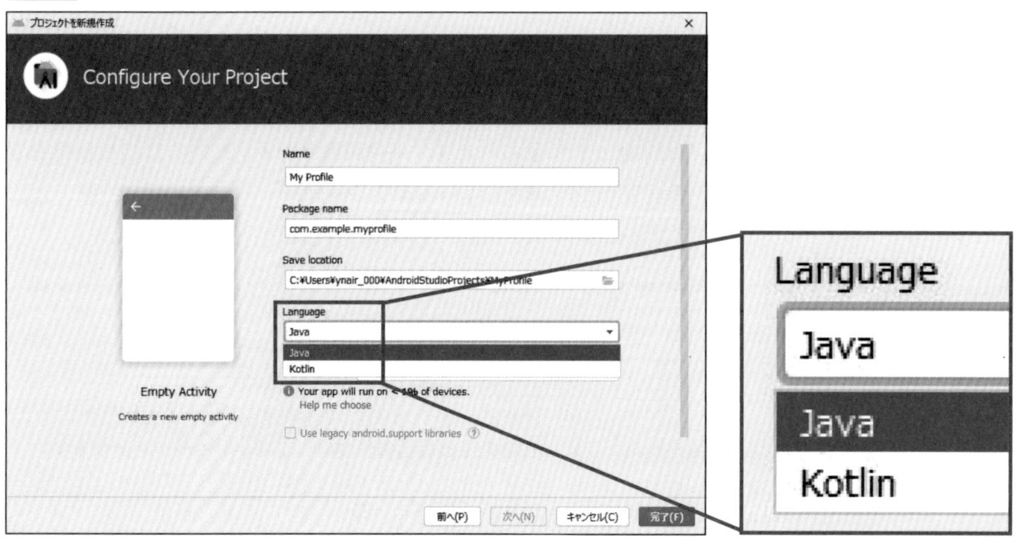

最小SDKのバージョンを決める

次に、このアプリの動作対象にする最小のAndroidバージョンを決めます。今回は、<API 30: Android 11.0 (R)>を選択します（図2-6）。

図2-6 新規プロジェクトの作成

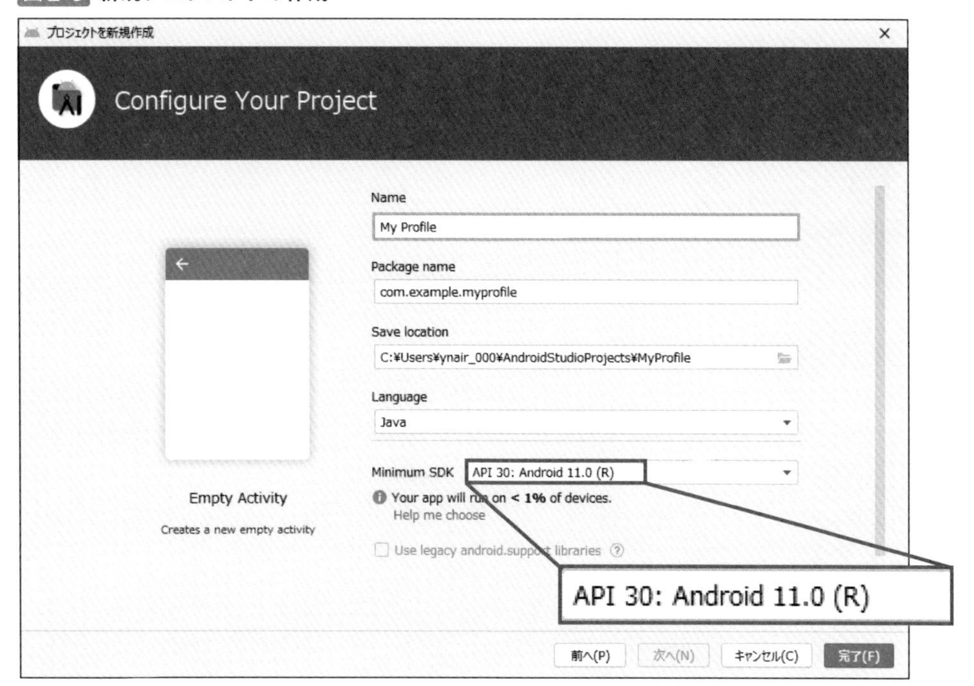

COLUMN 最小SDKバージョンについて

Minimum SDK（最小SDKバージョン）に指定したバージョンは、主にGoogle Playストアで使用されます。このバージョン未満のAndroidが搭載された端末でストアを検索しても、このアプリは検索結果に出てこなくなるのです。より低いバージョンに対応したほうが、多くのユーザーにアプリを届けることができるということになります。しかし、最新のバージョンのAndroidで使えるJavaの便利な機能が、低い（古い）バージョンでは使えないということもあります。そのため、プログラマーの目線では、低いバージョンのAndroidに対応し続けることは、根気の要る作業になりがちです。

どこまで古いバージョンに対応するかは、ご自身のモチベーションや体力などと相談して決めてください。自分用のアプリであれば、自分が持っているAndroid端末のバージョンを最小SDKバージョンに指定することを、筆者はおすすめします。

表2-1のような入力内容になったことを確認して、＜完了＞をクリックします（図2-7）。

表2-1 新規プロジェクトの初期値

項目名	値
Name（名前）	My Profile
Package name（パッケージ名）	com.example.myprofile
Save location（プロジェクトの保存先）	C:¥Users¥<ユーザー名>¥AndroidStudioProjects¥MyProfile
	/Users/<ユーザー名>/AndroidStudioProjects/MyProfile（Macの場合）
Language（言語）	Java
Minimum SDK（最小SDK）	API 30: Android 11.0 (R)

図2-7 プロジェクトの設定を入力

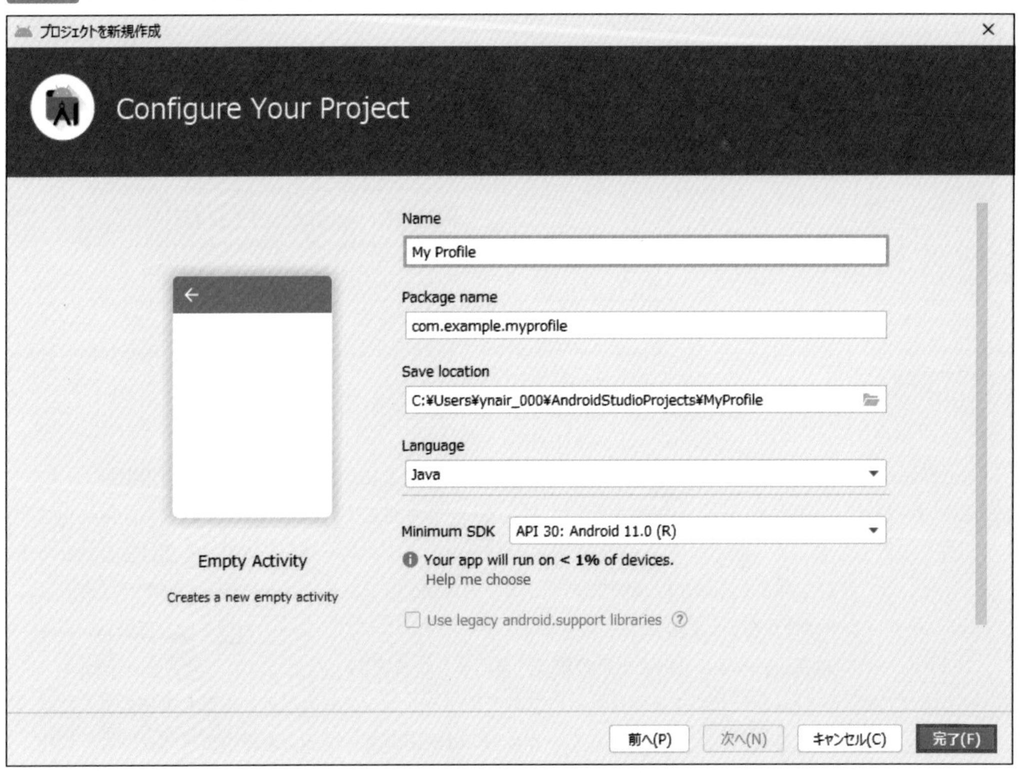

プロジェクト作成完了

ファイルとフォルダの配置はこれで終わっていますが、初回はツールのダウンロードがあるので、少し待ち時間があります。＜Gradle sync started＞と書かれた画面で各種ツールのダウンロードが行われるので、しばらく待ちます（図2-8）。

図2-8 ダウンロード完了まで待つ

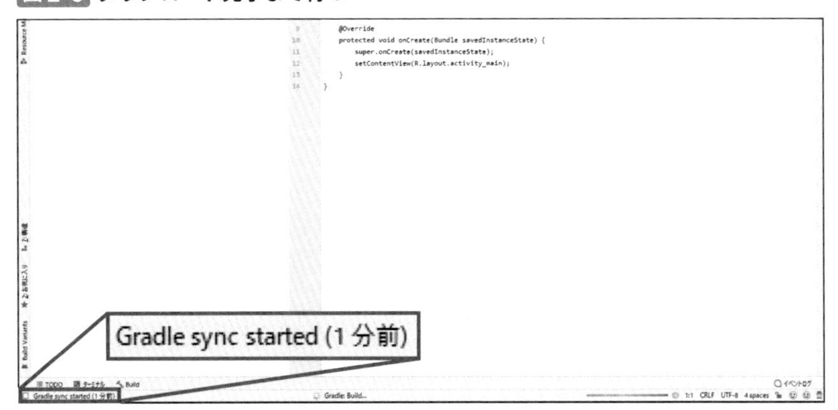

途中、JDKの動作の許可を求めて、＜Windowsセキュリティの重要な警告＞画面が表示された場合には、＜アクセスを許可する＞をクリックします。少し待つと、次の図のように、Android Studioの画面と、＜今日のヒント＞の画面が表示されます（図2-9）。＜今日のヒント＞の画面は起動時に現れて、Android Studioの便利な機能を紹介してくれます。ときどき読んでみてください。読み終わったら＜閉じる＞をクリックします。

図2-9 ヒントが表示される

しばらくすると、プロジェクトの作成が完了します（図2-10）。

図2-10 プロジェクトが作成された

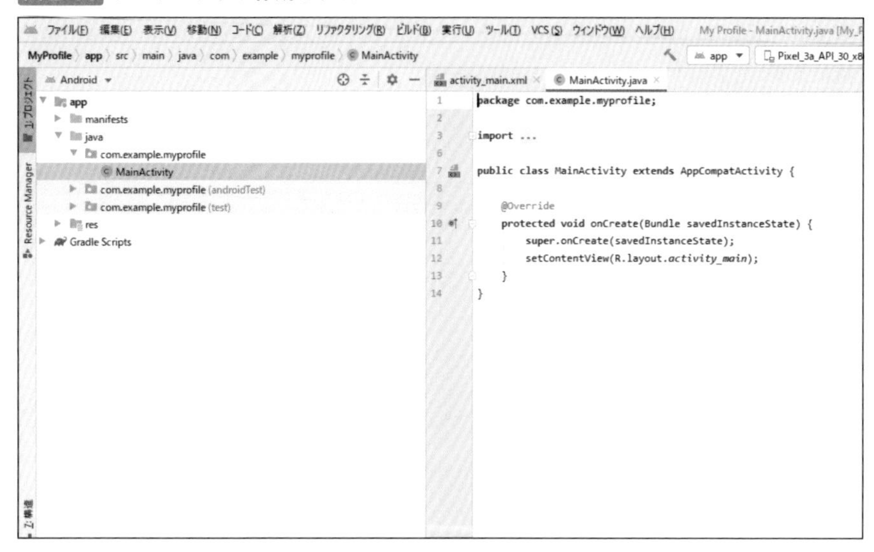

プロジェクトの作成の手順は、新しくアプリを作ろうとする際だけではなく、インターネット上で見つけてきたツールを試すためのサンプルプロジェクトを作るなど、使い捨てのプロジェクトを作る際にも必要になります。

プログラミングのノウハウに比べれば使う頻度は低いですが、覚えておいてください。

COLUMN 一度開いたプロジェクトを再度開く

今後、いくつかプロジェクトを作っていくうちに、以前作ったプロジェクトを再度開いて手を加えたくなることがあるかもしれません。そういった場合、＜ファイル＞メニューで＜Open...＞をクリックしてください（図2-11）。

すると、プロジェクトのフォルダを選択するダイアログが現れるので、既存のプロジェクトフォルダを選んで＜ OK ＞（Macの場合は＜Open＞）をクリックします。本書のやり方に沿ってプロジェクトを作成している場合、ユーザーフォルダの直下にあるAndroidStudioProjectsフォルダにプロジェクトフォルダがあるはずです。

図2-11 ＜ファイル＞メニューで＜Open...＞をクリック

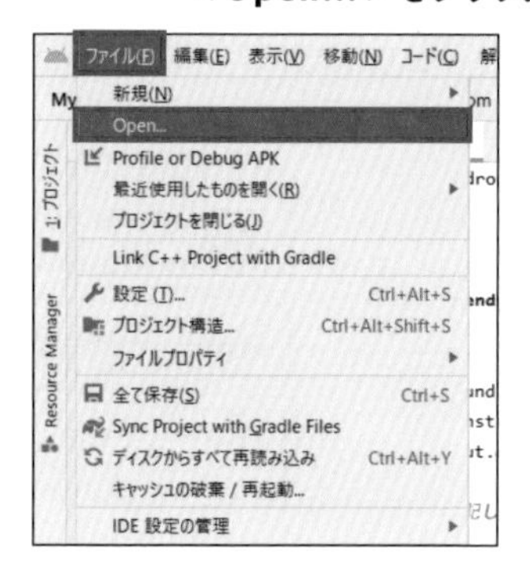

プロジェクト内のファイルやフォルダの役割

さて、Android Studioにはいろいろな情報が表示されていますが、まずは今しがた作成したプロジェクトにはどんなフォルダやファイルがあり、どんな役割を持っているのかを確認していきましょう(図2-12)。

図2-12 プロジェクトの階層を開く

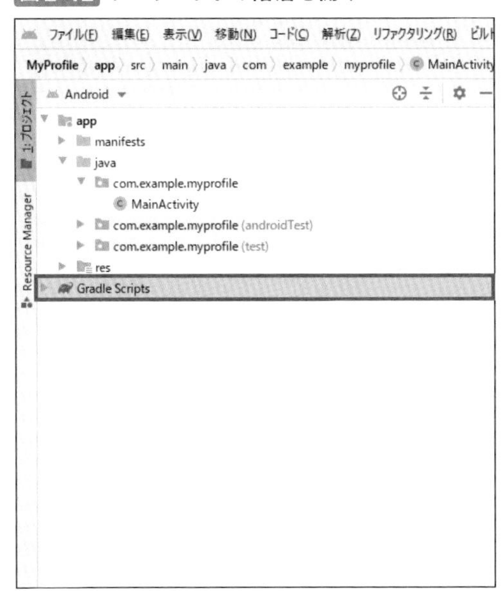

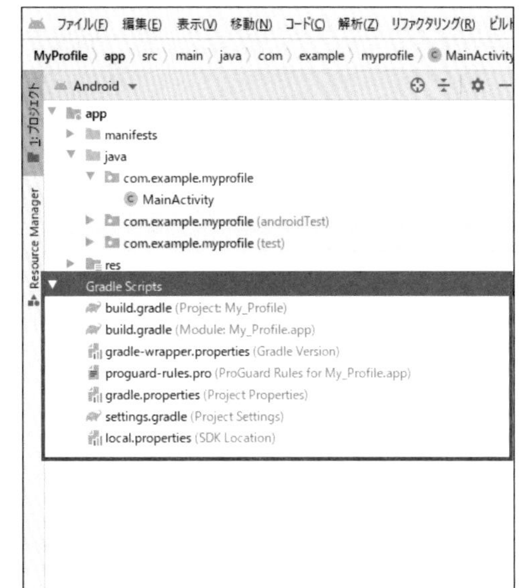

初めはappとGradle Scriptsの2つのフォルダだけが表示されていますが､左側に付いている｢▶｣のマークをクリックすると、展開して中にあるファイルやフォルダを見られるようになります。なお、これらは実在するフォルダではありません。本来のMyProfileフォルダの中にあるファイルやフォルダを役割ごとに見やすくするためにカテゴリー分けしたものです。

appフォルダには、Javaファイルや画像など、ストアから配布されるアプリのファイル(APKファイル)に埋め込まれるものが入っています。本書では主に、appフォルダの中にファイルを置いたり編集したりしながら、アプリ開発を進めていきます。

一方、Gradle Scriptsフォルダには、appフォルダに入っているファイル群をAPKファイルの形に組み上げる(ビルドする)ために必要な、各種の設定ファイルが入っています。Android Studioの動作はこれらのファイルの記述と連動しているため、不用意に消さないように注意が必要です。本書では扱いませんが、外部ツール(ライブラリ)をインストールする際には｢build.gradle (Module: My_Profile.app)｣を編集することで実現できます。

app内のフォルダ・ファイル

前述のとおり、appフォルダにはアプリに埋め込まれるものが入っています（図2-13）。

図2-13 app内のフォルダ・ファイル

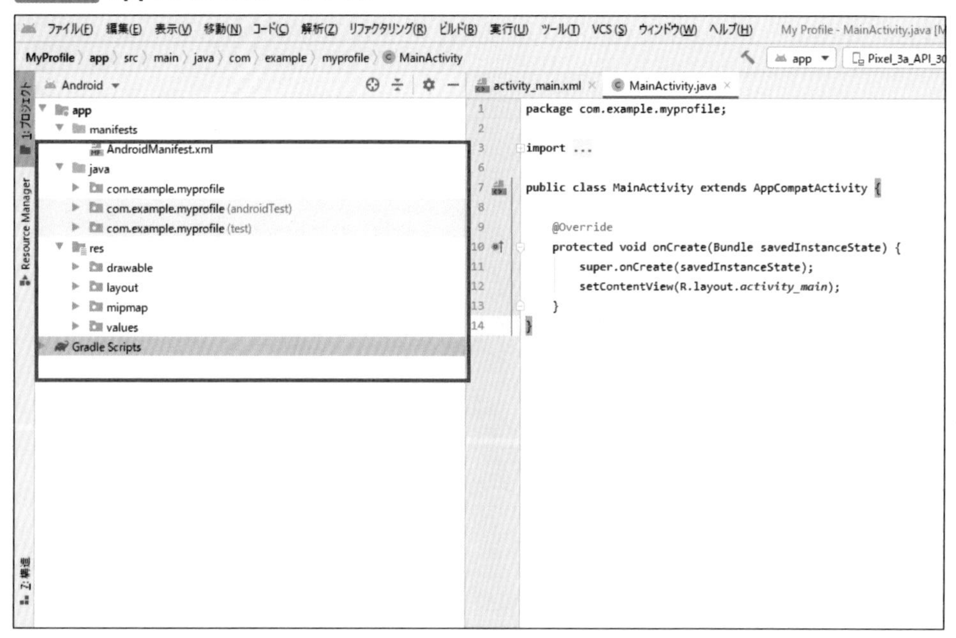

appフォルダ直下のフォルダは、それぞれ次のような役割を持っています（表2-2）。

表2-2 フォルダの役割

フォルダ名	役割
manifests	アプリのインストール先のAndroidに対してアプリの概要を説明するための、AndroidManifest.xmlファイルを管理する
java	Javaファイルを管理する
res	画像ファイル、音声ファイル、文字列の一覧、レイアウトファイルといった、アプリで使用するファイルを管理する

本書で解説する範囲では、主にjavaフォルダとresフォルダに対して、ファイルの追加や編集を実施していきます。

さて、プロジェクトにあるファイルやフォルダの概要が把握できました。次節ではいよいよ、仮想デバイスでアプリを起動してみます。

アプリを起動しよう

まだひな型の状態ではありますが、もうアプリとして組み上げられる状態になっています。仮想デバイスの上で実際に動かしてみましょう。仮想デバイスの作成や、アプリとして動かせるようにするビルドという操作は、すべてAndroid Studio上で実行できます。その手順を見ていきましょう。

Androidアプリを動かす2つの方法

アプリの開発を行う際には、ある程度プログラムを書いたらアプリとして動かしてみて、意図した動作をしているかどうか確認するのが一般的です。その際、アプリをインストールする先は2種類あります。実機と仮想デバイスです。

実機は、市販されているAndroidスマートフォン端末のことです。独自のCPUやメモリを持っており、手に持って画面を触りながら動作を確認することができます（図2-14）。

図2-14 実機でアプリを実行するイメージ

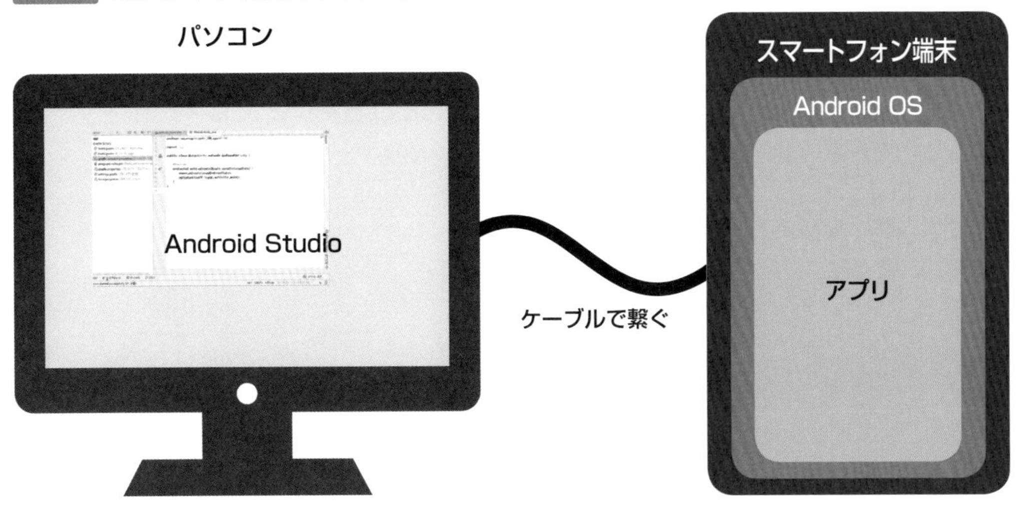

開発したアプリを実機で実行する方法についての情報は、次のURLで提供されています。

https://developer.android.com/studio/run/device?hl=ja

一方、仮想デバイスはパソコンの内部で動作するバーチャルな端末です。パソコンのCPUやメモリを間借りしながら、Android環境を提供しています。無料で利用できる点や、画面の表示については実機とまったく同じように行うことができる点がメリットですが、パソコンの画面上に表示されたアプリをクリックしながら操作するため、指での操作感を想像しづらいといったデメリットもあります(図2-15)。

図2-15 仮想デバイスでアプリを実行するイメージ

本書では、仮想デバイスを利用して動作を確認していきます。

仮想デバイスを起動する

まずは、Android仮想デバイスを作成します。Android Studioの画面右上にあるアイコンをクリックして、AVD(仮想デバイス)マネージャーを起動してください(図2-16)。

図2-16 仮想デバイスマネージャーの起動

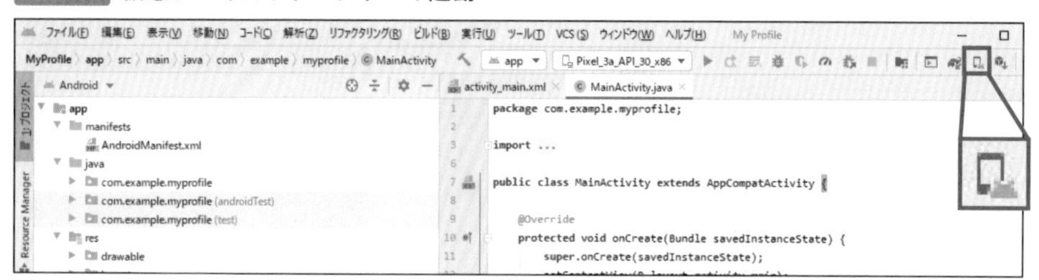

もし、ここで仮想デバイスを設定する画面が表示された場合は、＜Create Virtual Device＞をクリックし、「Selects Hardware」画面で適切なデバイスを選択して（本書では、「Pixel 3a」）、＜次へ＞をクリックし、「System Image」画面で＜Download＞をクリックして、＜次へ＞をクリックします。「Component Installer」画面で、＜完了＞をクリックし、最後の「Android Vitural Device（AVD）」画面で＜完了＞をクリックすると、設定が完了します。

仮想デバイスマネージャーを起動すると、次のような画面が現れます。＜Actions＞の列にある、三角形の実行ボタンをクリックしてください（図2-17）。なお、仮想デバイスの名前やメモリ容量を変えたくなった場合には、この画面から編集することになります。

図2-17 実行ボタン

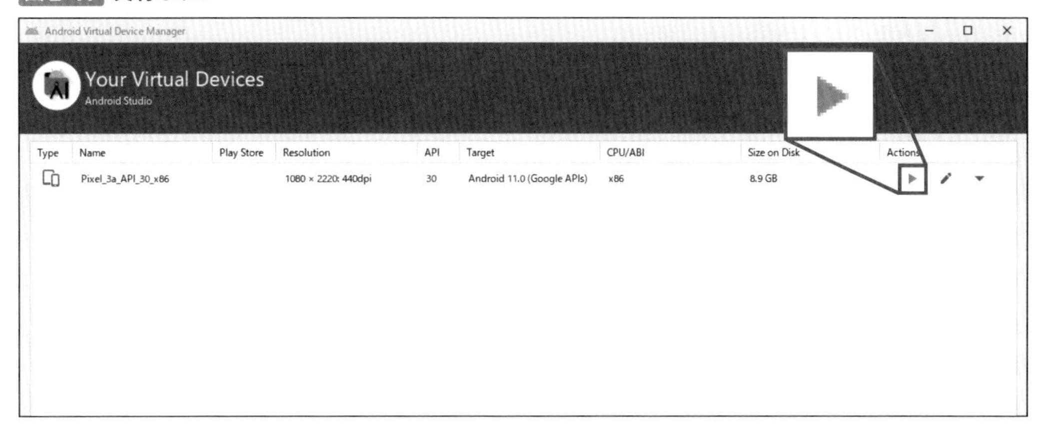

実行ボタンのクリック後は、仮想デバイスマネージャーを閉じて構いません。少し待つと、仮想デバイスが起動します。通常のスマートフォンの電源を入れたときと同様に、Androidの初期化が終わるまで少し待ちます。

COLUMN Windowsのユーザー名

Windowsのユーザー名が以下に当てはまる場合、仮想デバイスがうまく起動しないことがあります。

- **ユーザー名に日本語が含まれている**
- **ユーザー名に記号（アンダーバーなど）が含まれている**

問題なく動く場合もあるので、必ず避けなければいけないわけではありませんが、もし仮想デバイスの起動時にトラブルがあった場合は、Windowsアカウントを作り直すことも検討してみてください。

仮想デバイスを日本語化する

次は、今後の操作をしやすくするために、仮想デバイスの設定を日本語にします。通常のAndroidスマートフォンにおける言語設定と同じ方法なので、もしスマートフォンを使い慣れているようであれば、読み飛ばしても構いません。

まずは、画面上を下から上にドラッグ（クリックしたまま上方向にカーソルを動かす）して、アプリ一覧を開きます。

アプリ一覧から＜Settings＞と書かれた設定アプリを探して、クリックします（図2-18）。

図2-18 仮想デバイスが使用可能になった

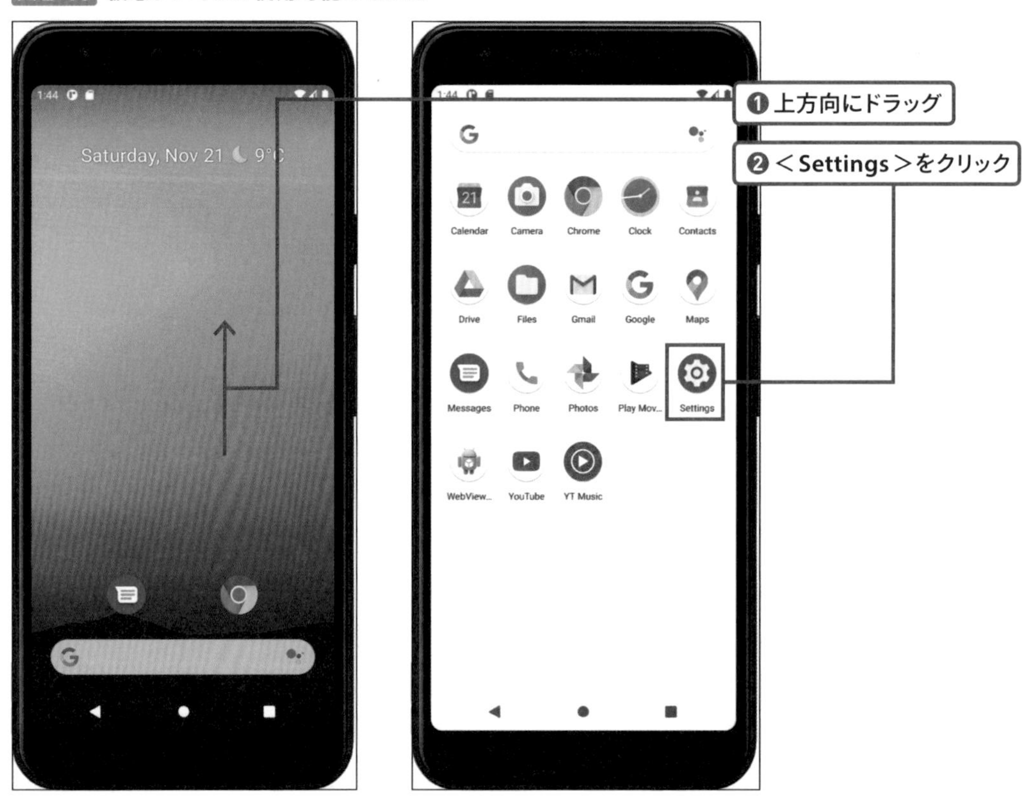

次は、設定アプリのメニューを＜System＞が表示されるまでスクロールします。

＜System＞→＜Languages & input＞→＜Languages＞と進みます。この時点ではアメリカ英語しか選択できません。日本語を追加するために、＜Languages＞の画面で＜Add a language＞をクリックします（図2-19）。

図2-19 設定画面を表示する

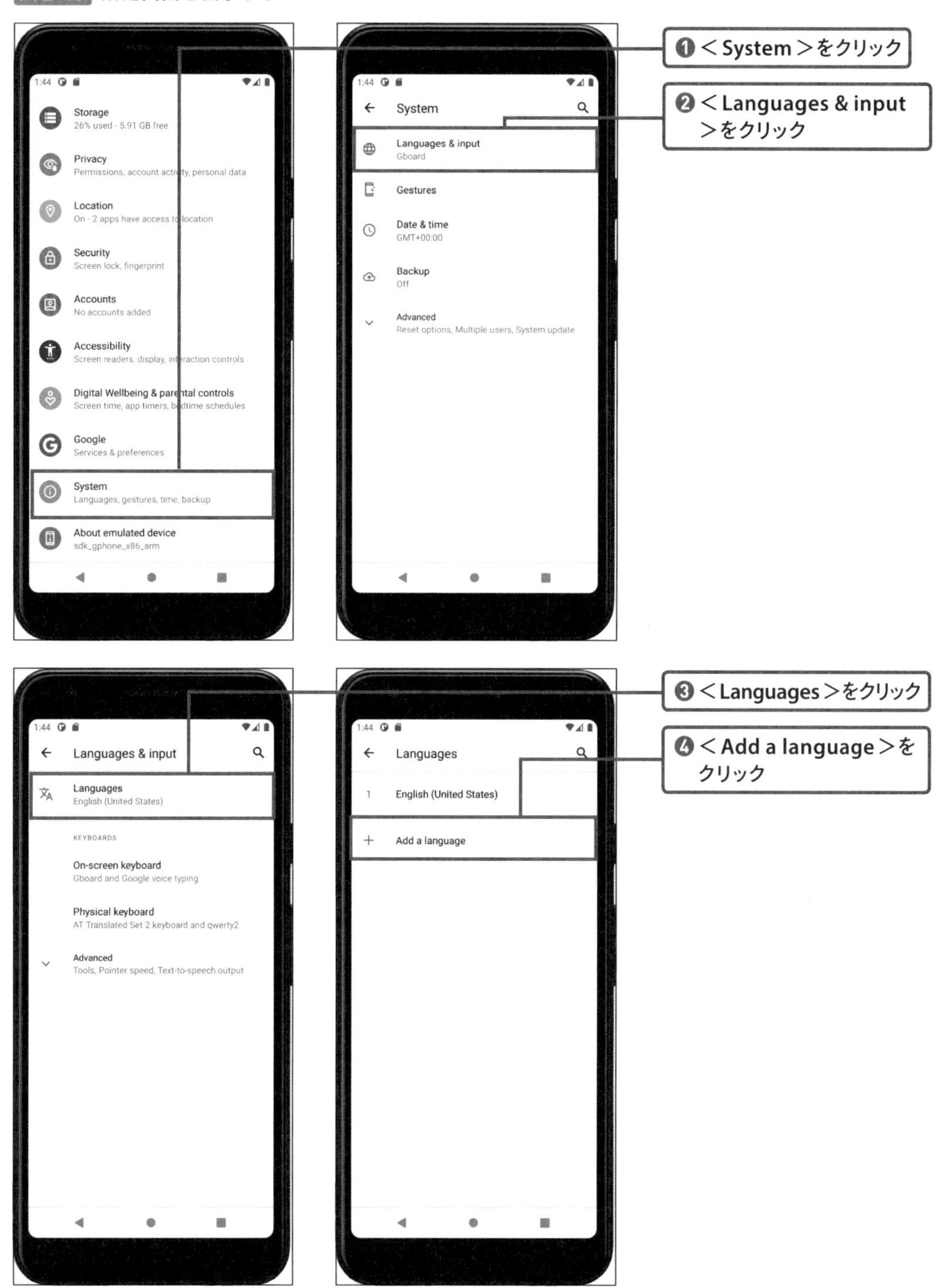

利用可能な言語の一覧が出てくるので、「日本語」を探してクリックします。Androidの場合、「日本語」は下から数えたほうが早い場所に配置されていることが多いので、豪快に一番下までスクロールしてください。日本語が追加されたら、右側の二本線をドラッグして、日本語を一番上に並べ替えます（図2-20）。

図2-20 「日本語」を追加する

戻るボタンで画面を戻っていくと、日本語になっていることが確認できます（図2-21）。

これで仮想デバイスが日本語表示になり、アプリを動かす準備ができました。

図2-21 仮想デバイスが日本語になった

仮想デバイスでアプリを実行する

それでは、いよいよ、アプリを動かします。Android Studioに戻り、アプリのインストール先の仮想デバイスを確認してから、アプリを実行する▶(緑色の実行ボタン)をクリックします。これで、アプリのビルドが始まります(図2-22)。

図2-22 アプリを実行する

しばらく待つと、Gradleビルドが完了します(図2-23)。

図2-23 ビルド完了のメッセージ

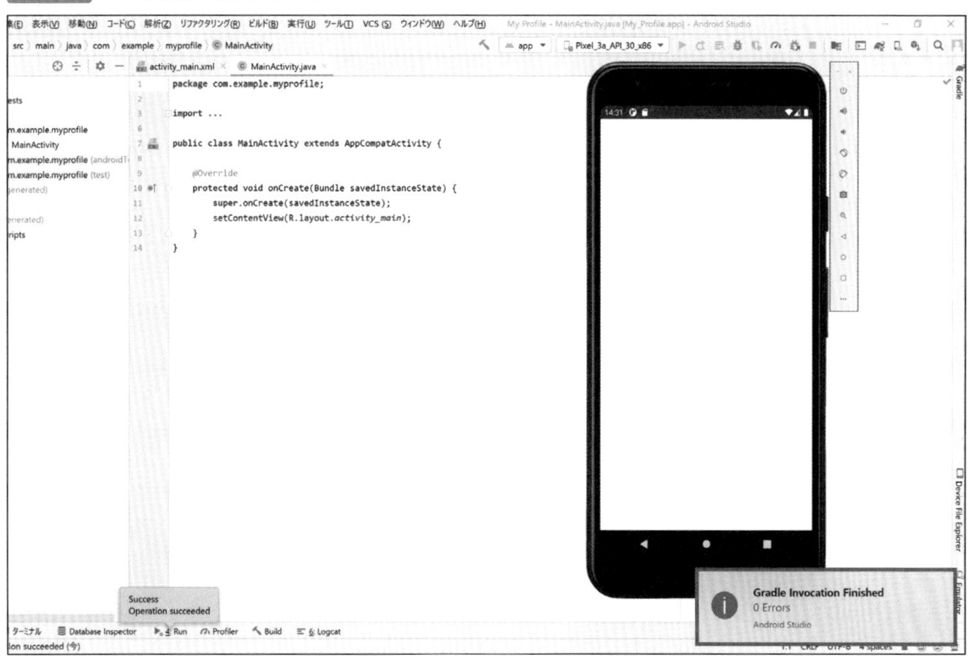

あとはアプリが起動するまで待つだけです。アプリは自動で起動するので、仮想デバイスを見えるようにしておいて待ちます。ビルドが終わってアプリが起動すると、中央に小さく「Hello World!」と表示された画面になります（図2-24）。

図2-24 「Hello World!」と表示される

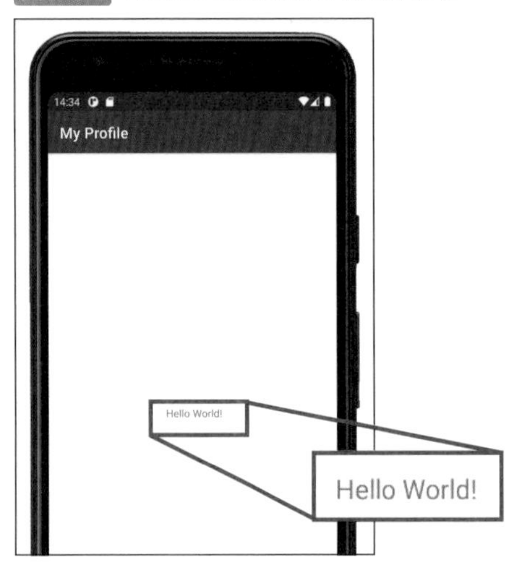

おめでとうございます。アプリが起動しました！

本章では、アプリを作り始めるための各種準備を行いました。次章からはこのアプリをもっとアプリらしくするべく、レイアウトに手を入れていきます。

COLUMN 実機でアプリを実行する場合

せっかくアプリを作るのですから、仮想デバイスだけではなく実機（実物のスマートフォン）でも動作確認をしたいですよね。お手元のスマートフォンで、大枠として次の手順で設定を行えば、実機でもアプリを動かせるようになります。

❶設定画面内の＜ビルド番号＞を連打して開発者向けオプションを有効にする
❷開発者向けオプションの＜USB デバッグ＞を有効にする
❸パソコンとスマートフォンをUSBケーブルで接続する

細かい手順についてはOSのバージョンによっても異なりますので、P.44で案内した公式ドキュメントを読みながらチャレンジしてみてください。

CHAPTER 3

アプリの見た目を変更しよう

アプリのレイアウトの仕組みを知ろう

画面内の画像や文字の配置（レイアウト）は、アプリの魅力を決める重要な要素の1つです。Androidアプリ開発では、XMLという言語を用いてレイアウトの作成を行うのが主流ですが、Android Studioのレイアウトエディターを活用することで、プログラミングをほとんどすることなくレイアウトを作成できます。本節では、レイアウトエディターの使い方を解説します。

レイアウトエディター

第2章でアクティビティーを作成した際に、一緒に作られたresフォルダの中のlayoutフォルダにあるactivity_main.xmlというレイアウトファイルがありました。これをダブルクリックすると、レイアウトエディターでファイルが開きます（図3-1）。

図3-1 activity_main.xmlをレイアウトエディターで表示

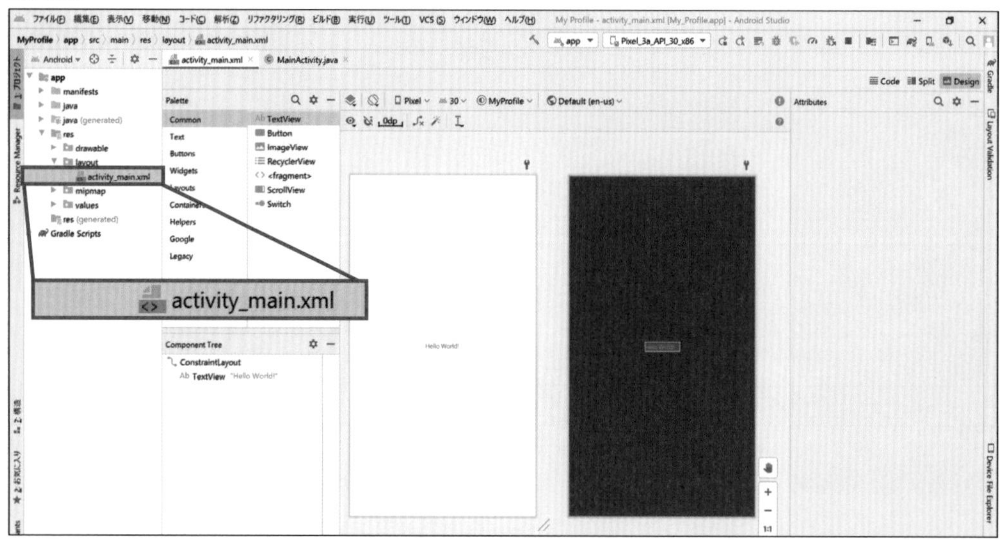

第2章でアプリを実行したときと同じ、"Hello World!"の画面が表示されていますね。レイアウトエディターは、このように実際の端末でアプリを動かしているときに近い形で見た目を確認しながら画面のレイアウトを作成できる、Android Studioの機能です。

必ずここで表示されているとおりに端末上で表示されるとは限らないため、端末での動作確認が要らなくなるわけではありませんが、おおむね似たような表示にはなるので重宝します。

レイアウトエディターの画面構成

まずはレイアウトエディターの画面構成を説明します。レイアウトエディターの機能はかなり多く、全貌をつかむのは大変です。よく使う機能に限ればそこまで多くはないので、少しずつ順番に覚えていきましょう。

まずは、レイアウトエディターをいくつかのエリアに分けて、何をするための機能が置いてあるのかを解説します（図3-2）。

図3-2 レイアウトエディターの各部の説明

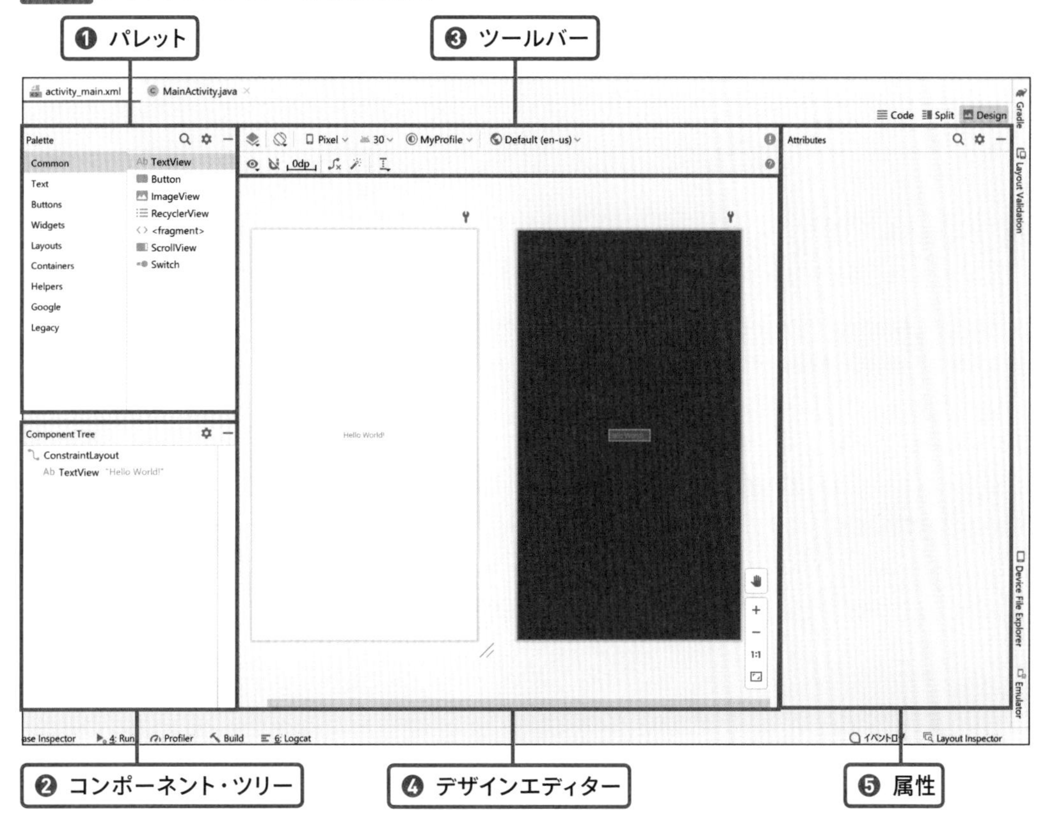

レイアウトエディターは、大きく分けて5つの部分から成り立っています。

- パレット（Palette）
- コンポーネントツリー（Component Tree）
- ツールバー（Toolbar）
- デザインエディター（Design Editor）
- 属性（Attributes）

それぞれについての詳細な解説は本書では行いませんが、操作していく中で必要になった範囲については随時解説していきます。概要は次のとおりです。

❶パレット

パレットは❷のコンポーネント・ツリーにドラッグ＆ドロップできる、画面部品のリストです。

❷コンポーネント・ツリー

コンポーネント・ツリーは画面内の画面部品がどのような階層で配置されているかを確認するための、ツリー上のリストです。リストの上にある画面部品が後ろに、下にある画面部品が手前に表示されます。選択状態が❹のデザインエディターとリンクしており、込み入った画面を操作するときに重宝します。

❸ツールバー

ツールバーは❹のデザインエディターについてさまざまな操作をするためのボタンが配置されています。表示モードを切り替えるボタンや、表示中の画面部品を一括で操作をするためのボタンなど、使いこなせれば便利な機能が揃っています。

❹デザインエディター

デザインエディターは現在作成している画面のプレビューを表示し、ブループリントと呼ばれる青い背景の表示で画面部品同士の配置の関係（制約といいます）を表示できる、デザインのための領域です。プレビューと青いブループリントが並んでいます。どちらも編集可能ですが、プレビューは実際のアプリに近い画面で表示でき、ブループリントは制約が見やすい、といったメリットがあります。

❺属性

属性は個別の画面部品について、表示するテキストの内容、文字色や背景色、他の部品との位置関係、幅や高さなど、詳細な属性を設定するための領域です。コンポーネント・ツリーやデザインエディターで画面部品を選択しているときだけ表示されます。

Android Studioの各エリアは、タイトルの横にある[-]アイコンをクリックして折りたたむことができます。そのとき使わないものは折りたたむと作業しやすくなります（図3-3）。

図3-3 レイアウトエディターの各部を折りたたむ

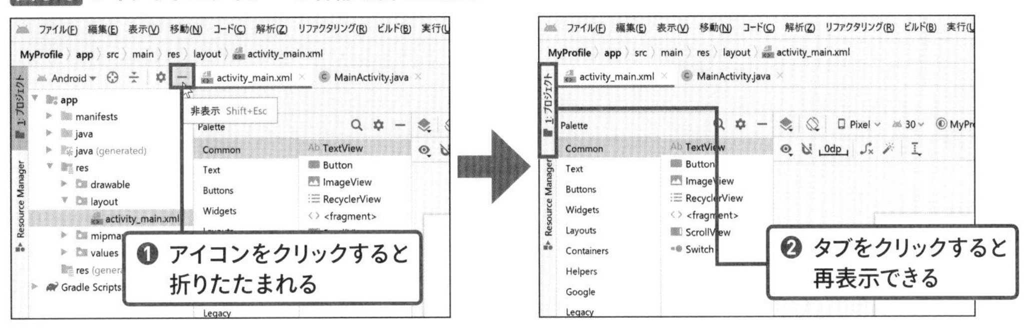

細かいレイアウトを調整するときは拡大して作業しましょう。デザインエディターの右下にあるズームボタンをクリックするか、デザインエディター上でCtrlキーを押しながらマウスのホイールを回転させます（図3-4）。

図3-4 デザインエディター部分を拡大する

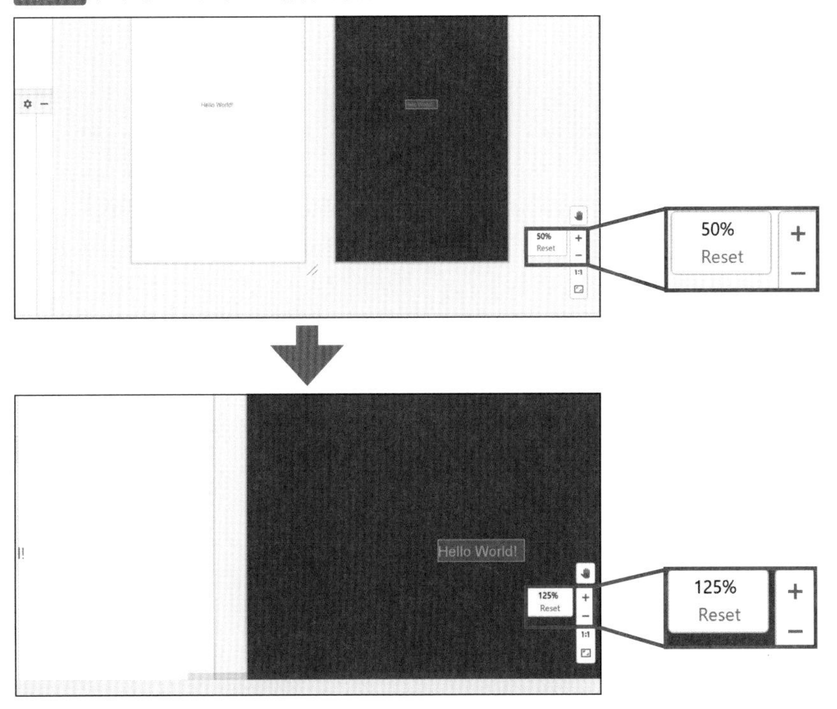

COLUMN レイアウトエディターのモード切り替えについて

レイアウトエディターの右上を見ると、＜Code＞、＜Split＞、＜Design＞の3 つのモード切り替えボタンがあります。本節で解説したのは＜Design＞モードでしたが、＜Code＞モードや＜Split＞モードはどうなっているのでしょうか。特にファイルの内容が変更されるわけでもないので、＜Code＞ボタンをクリックしてみます。

すると、次のようにテキストを編集するエディターが表示されます(図3-5)。

図3-5 レイアウトエディターのCodeモードを表示

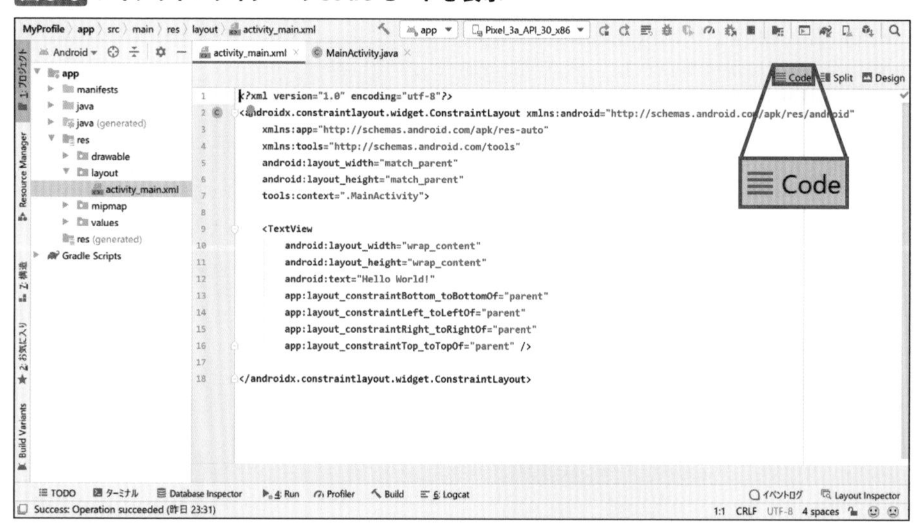

これはXMLというファイル形式で、activity_main.xmlのようなレイアウトファイルの本来の姿です。Android Studio以外のエディターアプリケーション(メモ帳など)で開いた場合にも、このようにXML形式の文字列が表示されます。

これを操作するには、文法や要素・属性の名前を細かく覚える必要があるため、本書では扱いません。ただ、ブログなどで公開されているサンプルなどはXMLの形式で表記されていることが多く、コピー&ペーストして利用する場合には＜Code＞モードを使うことになるでしょう。

中上級者になって慣れてくると、＜Code＞モードで直接 XML ファイルを編集したほうが楽なケースが増えてきます。

本書の中で＜Design＞モードを操作していく際に、ときどき＜Code＞モードに切り替えて、XML 側はそのときどうなっているのかを見てみるのも上達への近道になるかもしれません。

また、＜Split＞モードでは＜Code＞モードと＜Design＞モードのUIを並べて表示することができますので、両者を見比べながらXMLを編集すると、さらにXMLによるレイアウト定義について理解が深まるでしょう。

ビューとレイアウトとウィジェット

Androidの画面上に表示できる部品のことを総称して、ビューと呼びます。レイアウトエディターのパレットにあるものは、すべてビューです。ビューは「ウィジェット」と「ビューグループ」の2種類に大別できます。

ウィジェットとは

ウィジェットは、何らかの（多くの場合1種類の）表現を行うためのビューです。ただ単に「ビュー」と呼んだ場合には、こちらを指すことが多いです。

文字を表示するTextViewや、画像を表示するImageView、処理中を表すグルグルを表示するProgressBar、ボタンを表示するButton、スイッチを表示するSwitchなど、多様なウィジェットが用意されています（図3-6）。

図3-6 ウィジェット

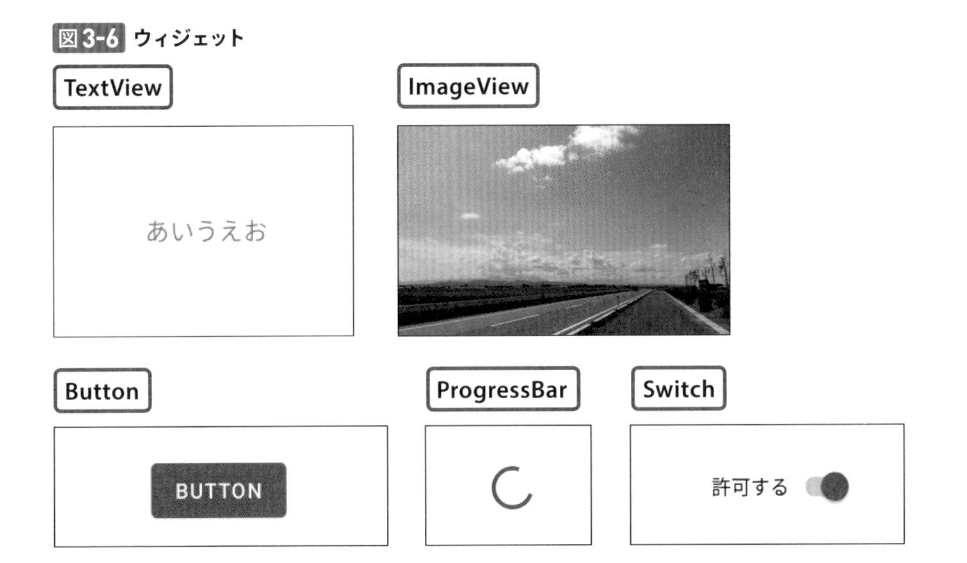

これらのウィジェットを、次に解説するビューグループを使って配置することで、アプリの画面は成り立っています。

ビューグループとは

ビューグループは、1つ以上のビューを取りまとめて、所定のルールで並べることができるビューです。ビューグループ自身もビューの一種なので、ビューグループの中にビューグループを配置するような使い方もできます。

ビュー同士の関係性を定義して並べるConstraintLayoutや、1方向にビューを並べるLinearLayout、表形式に並べるTableLayout、ビューを1つだけ配置できるFrameLayout、画面より大きいサイズのビューが配置されたときにスクロールさせるScrollViewなど、こちらも柔軟にビューを配置できるよう、多様なビューグループが用意されています。

本書では、これらの中で最も汎用性の高いConstraintLayoutの使い方を中心に解説していきます。他のビューグループについても、サンプルの中で必要になり次第解説します。

ビューを画面内に配置する

それでは実際に、画面内にビューを配置しながら、レイアウトエディターの使い方を見ていきましょう。

既存のテキストを消す

まずは"Hello World!"の表示を消して、まっさらな状態にします。本来は「"Hello World!"の表示は、どうやって実現されているのか？　なぜ中央に表示できているのか？」などのテーマについて解説したいところですが、これが意外と複雑な仕組みの下に成り立っているため、"Hello World!"の仕組みについては、後ほど改めて解説することにします。

では、実際に消してみましょう。デザインエディターの"Hello World!"が表示されているところを右クリックして、メニューを表示します。そして、＜削除＞をクリックします（図3-7）。

図3-7 Hello World!を削除する

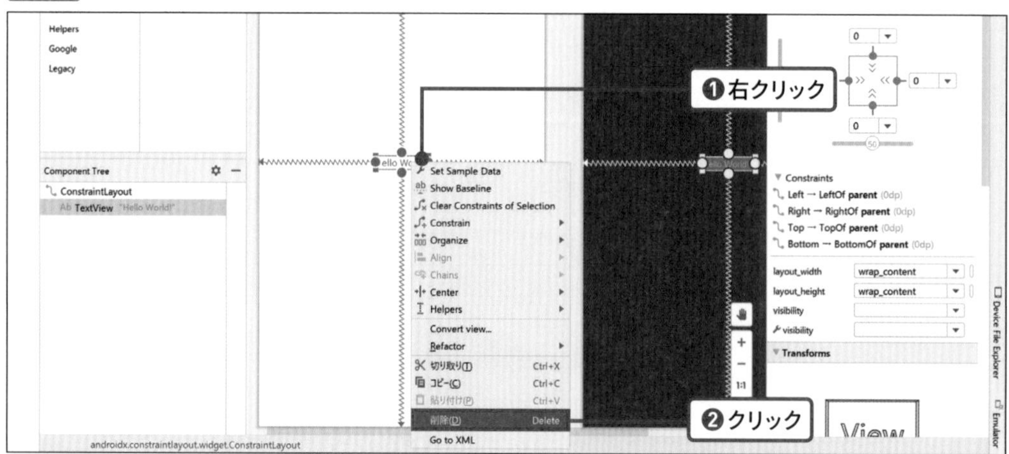

削除に成功すると、コンポーネント・ツリーにはConstraintLayoutだけが残され、他には何も表示されない状態になります(図3-8)。

図3-8 まっさらになったレイアウト

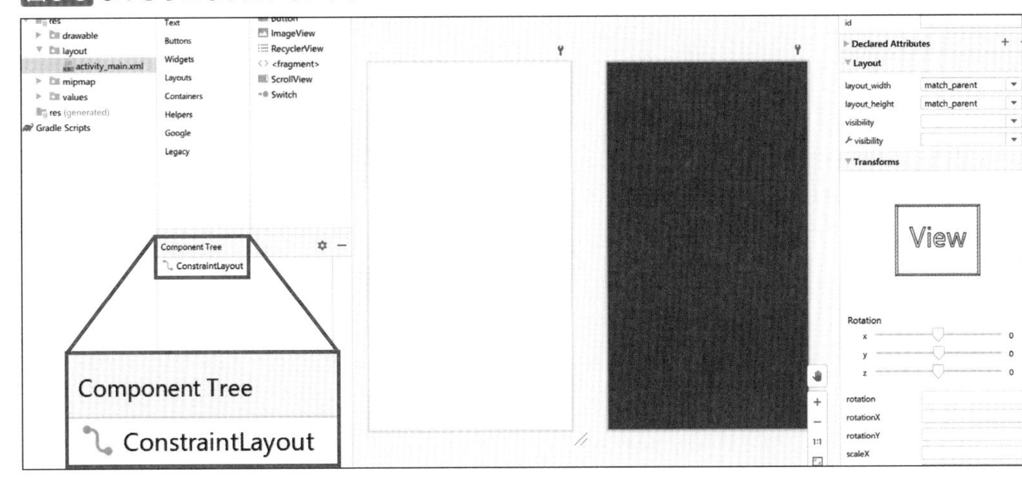

これでまっさらなキャンバスが整いましたので、好きなようにビューを配置して自分色に染めることができますね。

ビューを仮置きする

それでは、第2章で考えたデザイン案に沿って、画面を作っていきます。次のようなレイアウトを組むことを目標にします(図3-9)。

図3-9 プロフィールアプリの上部

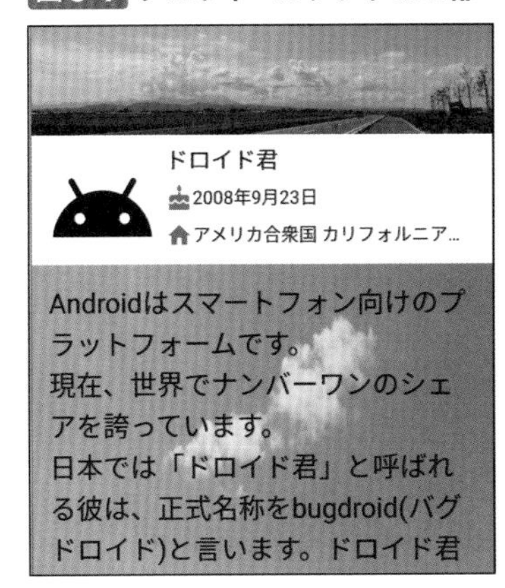

まずは、どうすれば画面内の望んだ場所にビューを配置できるのかを学ぶために、仮のビューを配置していきます。何も表示しないプレーンなビューとしてViewという部品があるので、これをImageViewなどの代わりに置いていきましょう。Viewの配置の仕方を覚えれば、ほとんどのビューが同じやり方で配置できます。写真やアイコンの扱いは、もう少し慣れてからこの章の後半で解説します。

カバー画像を仮置きする

それでは、画面上部の写真（カバー画像）に相当するビューを配置してみます。パレットのWidgetsカテゴリーからViewを見つけて、デザインエディターにドラッグ＆ドロップします（図3-10）。

パレットが閉じている場合は、先に「Palette」という縦長のボタンをクリックして、パレットを開いておいてください。

図3-10 Viewをデザインエディターにドラッグ＆ドロップする

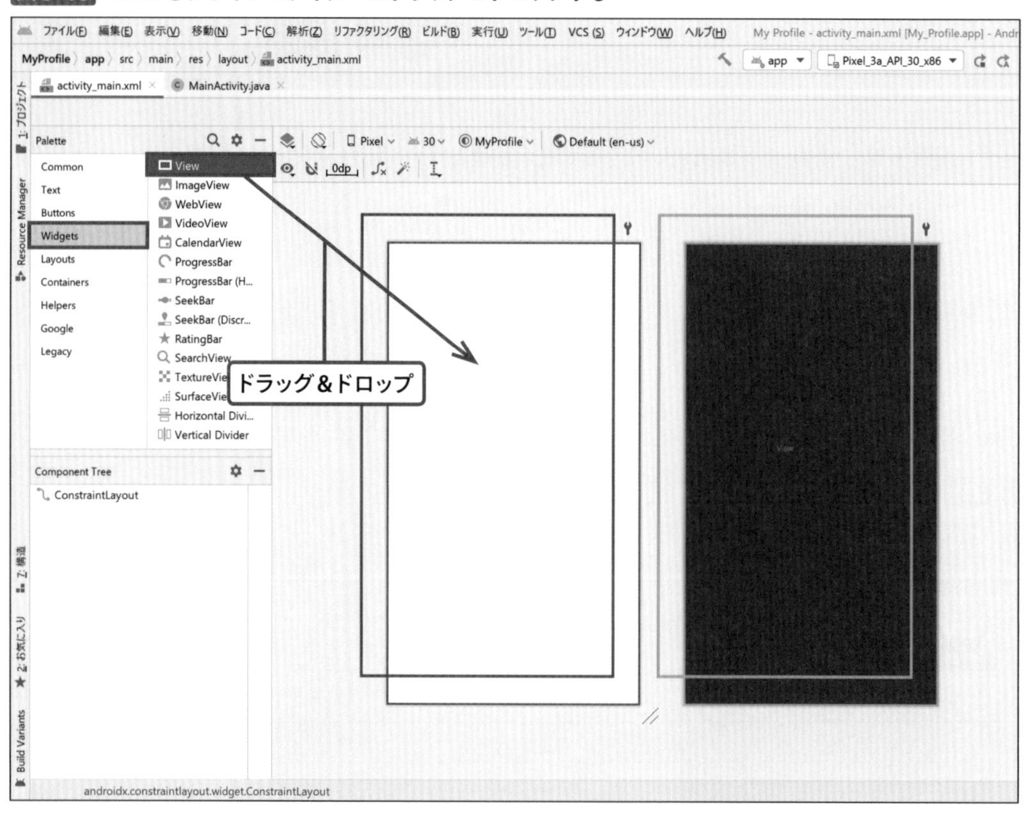

配置直後のViewは画面いっぱいに広がるので、小さくなるよう調整します。＜Attributes＞の＜layout_height＞欄に、「96dp」と入力して、Enterキーを押してください（図3-11）。

図3-11 layout_heightを96dpにする

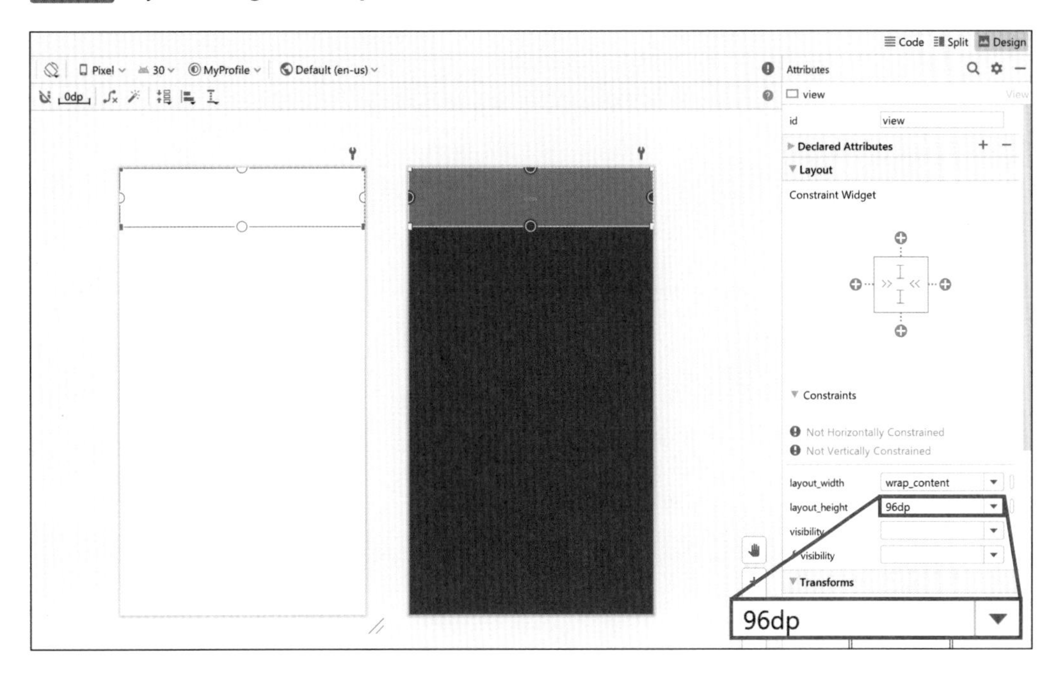

高さが狭まりましたね。この高さが96dpの高さです。

COLUMN dpという単位について

dp（ディーピー）という単位が出てきました。パソコンの世界では画面の1つのドットを表すための単位としてpx（ピクセル）が用いられますが、これに近いもので、画面上の長さを表す単位です。元々はdensity-independent pixels（密度非依存ピクセル）の略としてdipと呼ばれていましたが、現在では省略されてdpと表記されるようになりました。
Android端末は機種によって1ドットの大きさが違うことが多々あります。ピクセル単位では同じ大きさのボタンであっても、ドットの小さい端末で表示すれば、小さく表示されてしまいます。小さいボタンは押しづらいですね。これでは困ってしまいます。
このままではアプリが作りづらいので、現実の画面上での長さを表現するために作られたのがdp単位です。Android上で48dpのような長さを表記した場合、おおむねどの端末で表示しても似たような大きさになるように、表示時のピクセル上の長さが調整されます。
この仕組みの恩恵を受けるため、Androidで長さ・大きさを表記する際には、特段の理由がなければpxではなくdpを単位として使用します。

これでカバー画像に相当するビューを仮置きできました。このままではちょっと見づらいので、背景色を変えて灰色にします。＜Attributes＞の一番下に＜All Attributes＞という開閉UIがあるので、これをクリックします(図3-12)。

図3-12 All Attributes

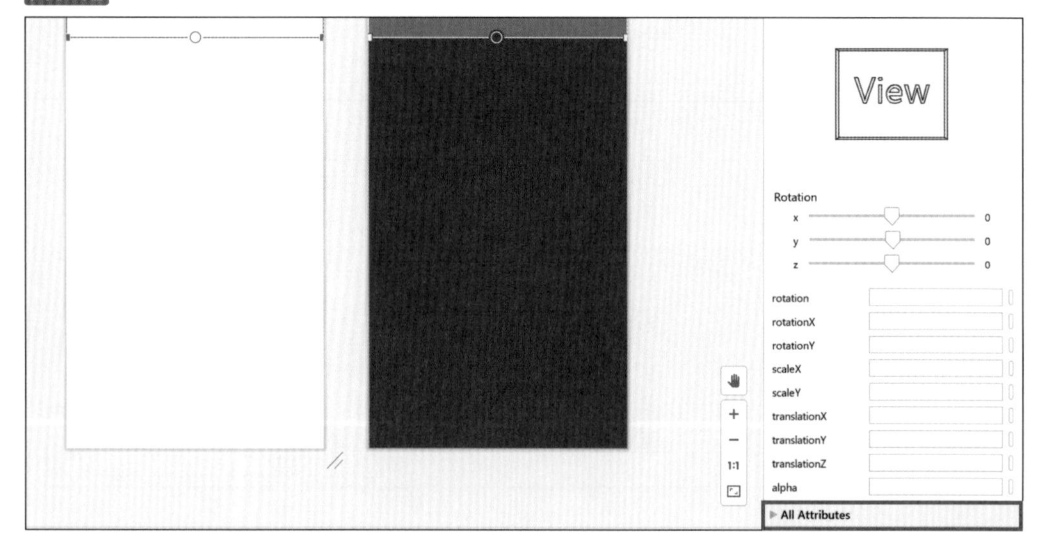

このビューに設定できるすべての属性が現れるので、ここから＜background＞属性を見つけます。＜background＞表記のすぐ右隣をクリックすると文字が入力できるので、ここに「#AAAAAA」と入力して Enter キーを押します。デザインエディター上のビューが灰色になりました(図3-13)。

図3-13 backgroundを灰色にする

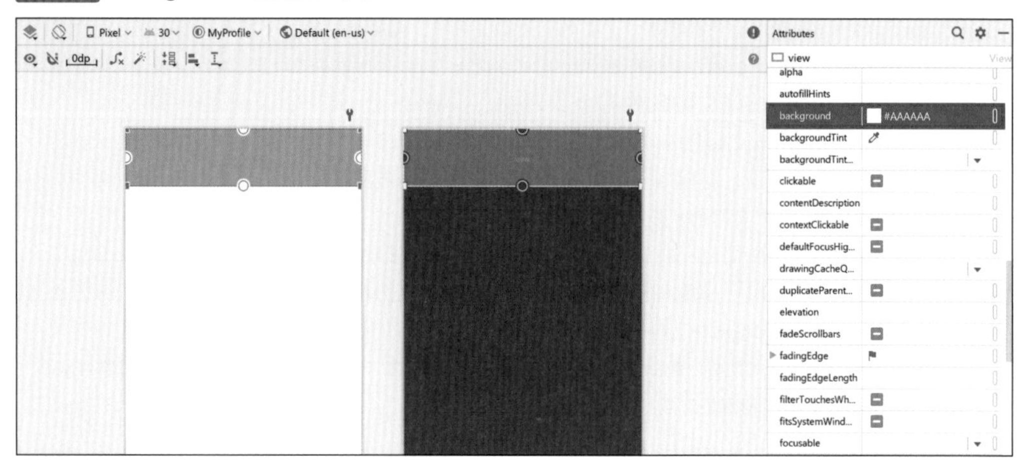

COLUMN ウェブカラーについて

背景色を指定するために#AAAAAAという文字を入力しました。これはウェブカラーと呼ばれる表記方法で、頭にシャープを付けたあとに、2桁の16進数（00～FF）を3つ並べて、それぞれに赤の濃さ、緑の濃さ、青の濃さを割り当てたものです。色の表現方法として、ウェブ業界を中心に広く使われています（図3-14）。

図3-14 ウェブカラーの例

#187DD3
赤 緑 青

このウェブカラーには、「赤・緑・青に同じ値を入れるとグレースケールになる」という特性があります。この特性の下では、#FFFFFFで白、#000000で黒になり、その間は灰色の濃さが変わっていくという具合です。今回指定した#AAAAAAは、Fに近い値で揃えたので、少し明るめの灰色ということになります。#DDDDDDや#EEEEEEにするともっと白に近い色になりますので、気になる方は試してみてください。

プロフィール画像を仮置きする

次に、ドロイド君のアイコン（プロフィール画像）に相当するビューを配置します。

先ほどと同様に、Viewをデザインエディターにドラッグ＆ドロップします。今回は96dp四方の正方形にしたいので、＜Attributes＞で＜layout_width＞と＜layout_height＞にそれぞれ「96dp」を入力します。すると、左上を基準に配置されるため、先ほどのカバー画像（仮）とプロフィール画像（仮）が重なってしまいました（図3-15）。

図3-15 カバー画像（仮）と重なってしまった

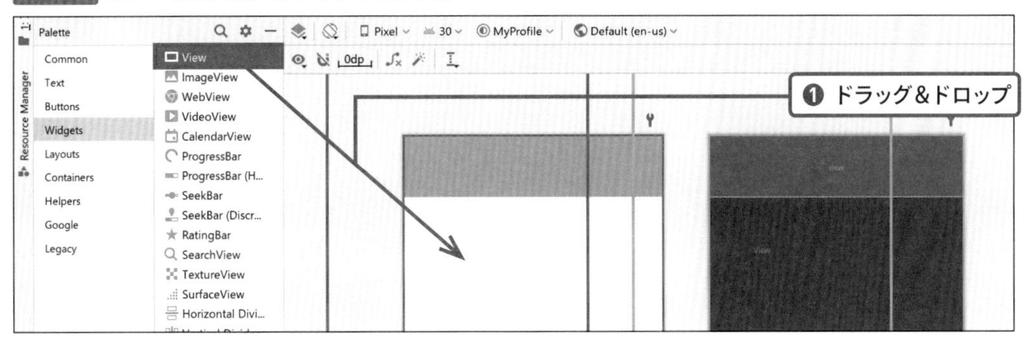

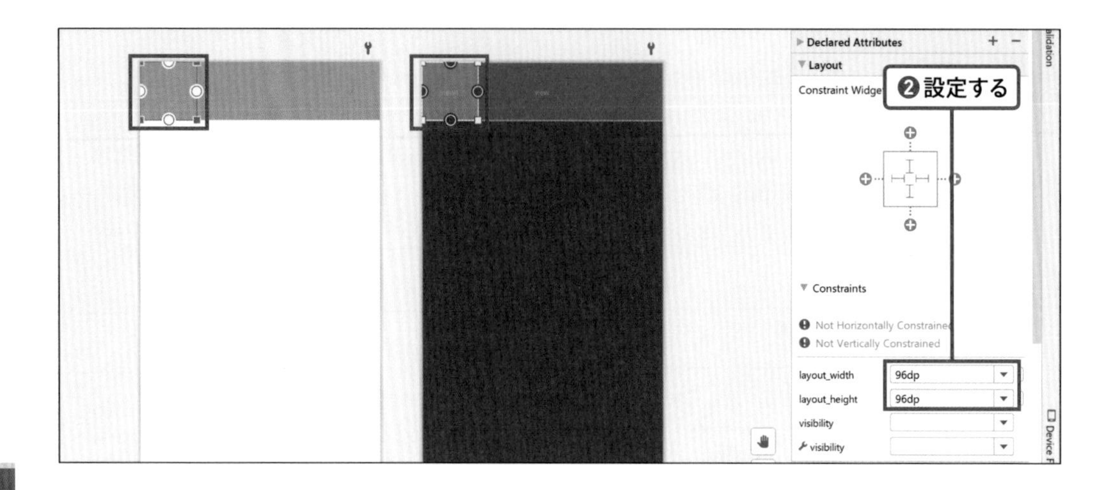

カバー画像(仮)の下に配置されてほしいので、少し手を入れてみます。

プロフィール画像(仮)のビューをクリックして選択すると、上下左右に白い丸が現れるので、上の丸をドラッグし始めると、矢印が伸びてカバー画像のViewにも緑色の丸が現れます。そして、矢印の先をカバー画像(仮)の下部の丸に繋ぐようにしてドラッグ&ドロップすると(図3-16)、プロフィール画像(仮)がカバー画像(仮)の下に移動します(図3-17)。

図3-16 緑の丸と矢印が現れる

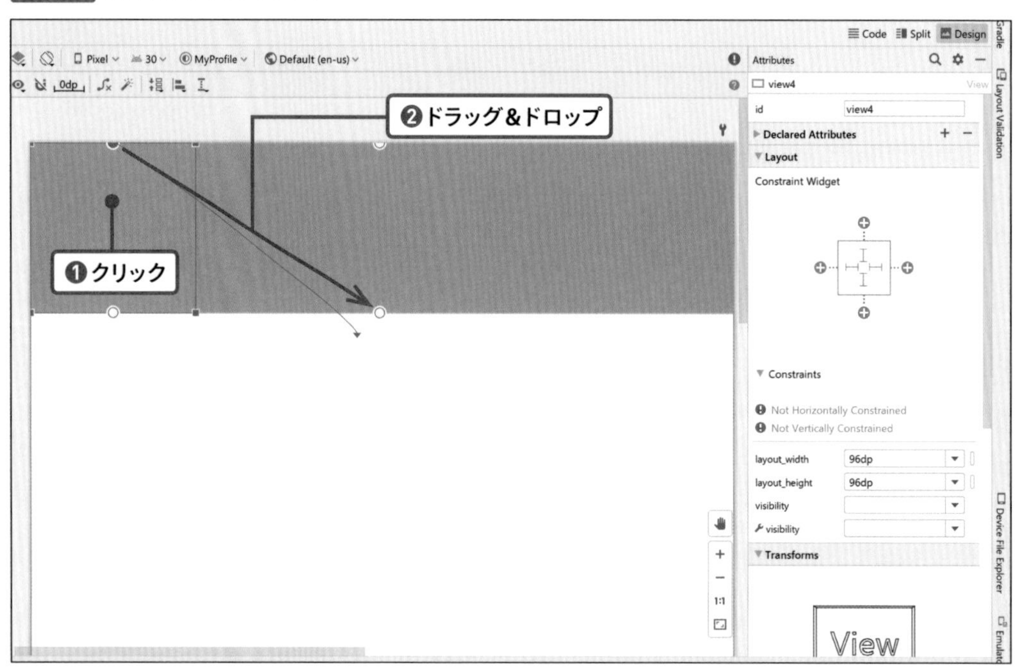

図3-17 プロフィール画像（仮）がカバー画像の下に移動する

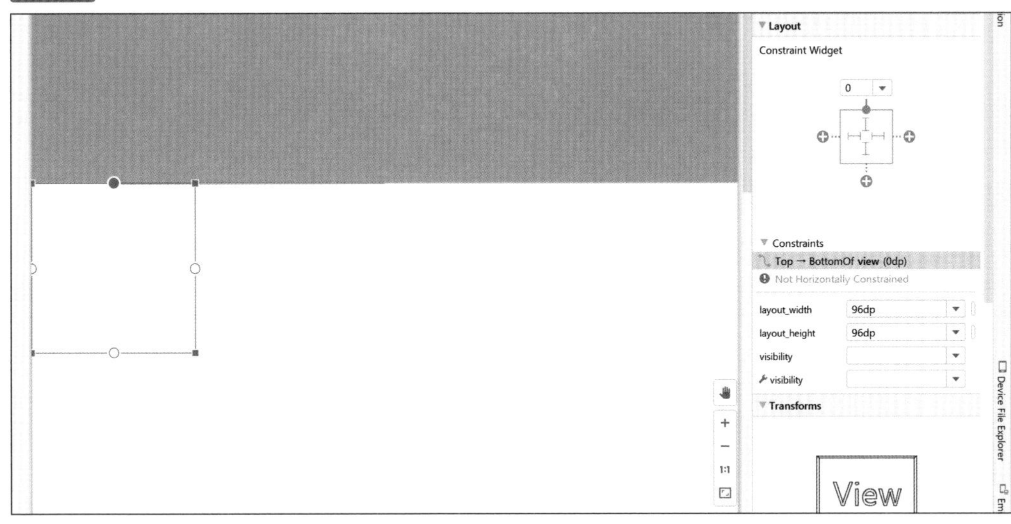

これは、今回の画面で最も外側に使われているビューグループであるConstraintLayoutの特徴で、制約という機能です。画面部品の上下や左右の辺を矢印で繋ぐことで、その辺同士が隣接して配置されます。次項で詳しく解説します。

見やすさのため、先ほどと同様に背景に色を付けておきます（手順も先ほどと同様のため、割愛します）。プロフィール画像（仮）の配置は、ひとまずこれで完了です（図3-18）。

図3-18 backgroundを灰色にする

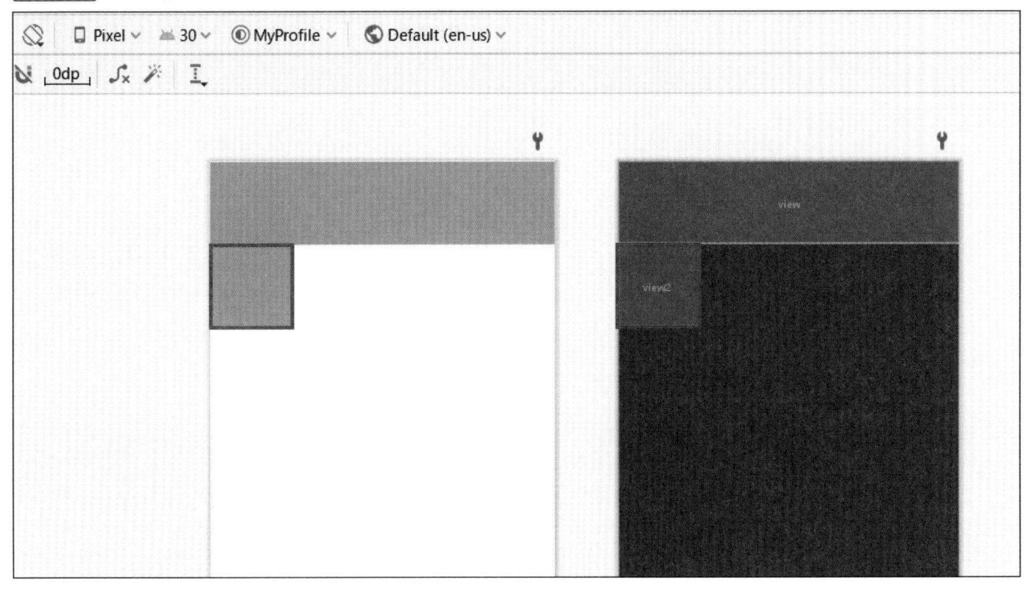

ConstraintLayoutの制約の挙動

ConstraintLayoutの制約は、ビュー同士の垂直方向（上下）や水平方向（左右）の関係性を定義することで実現されます。本項では、どう繋げるとどんな結果になるのか、主なものを解説します。

同じ側の辺を繋いだ場合

同じ側の辺を繋いだ場合、その辺をベースラインとして揃えて配置されます（図3-19）。

図3-19 同じ側の辺を繋いだ場合

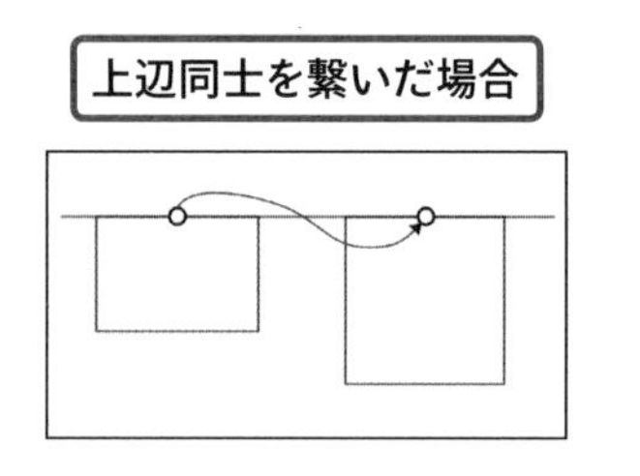

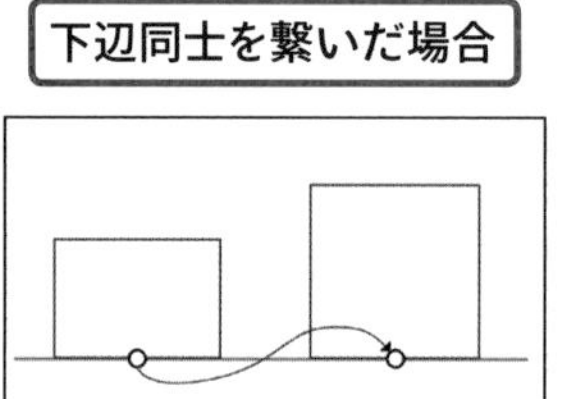

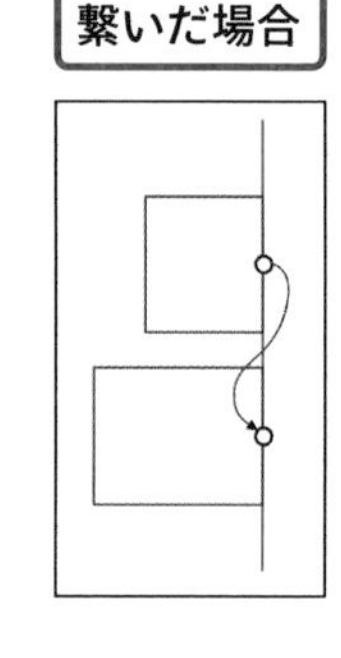

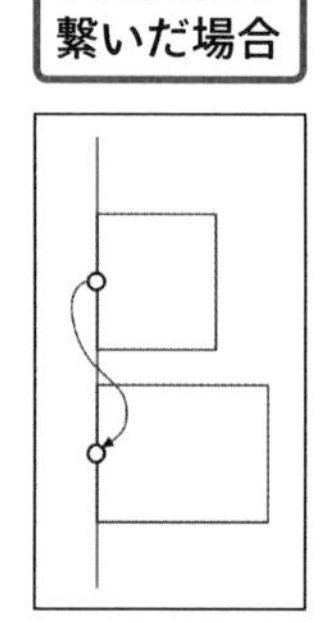

異なる辺を繋いだ場合

異なる辺を繋いだ場合、部品同士が隣り合うように配置されます。このタイプの制約を行ったからといって、部品同士が接するとは限りません。レイアウトAの右辺とレイアウトBの左辺を繋いだ場合、「レイアウトAは必ずレイアウトBの左側に配置される」という制約が作られますが、隙間が空いていても特に問題はありません（図3-20）。

図3-20 異なる辺を繋いだ場合

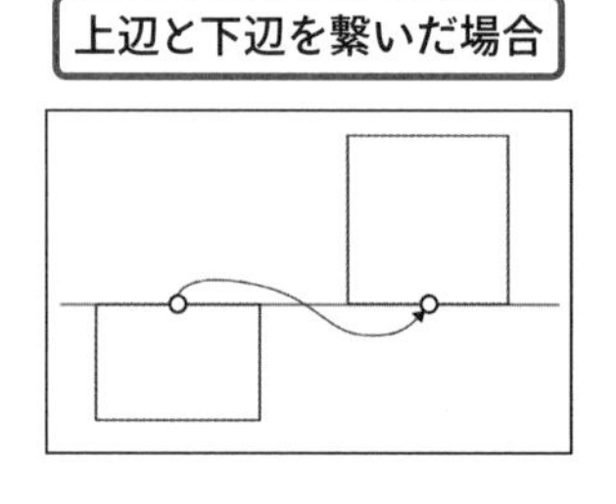

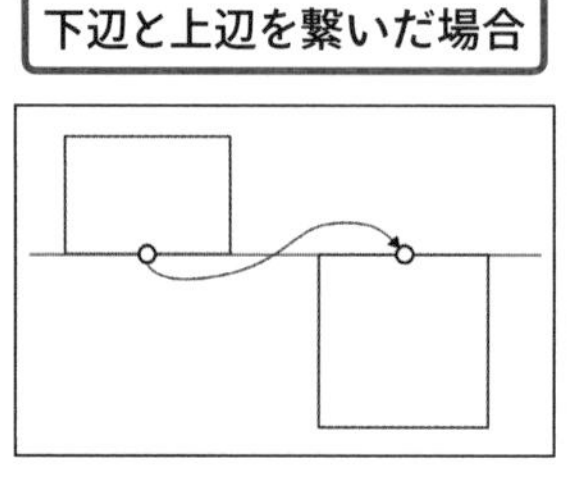

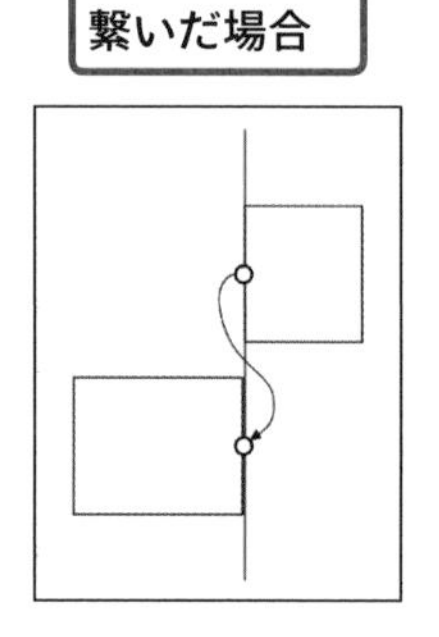

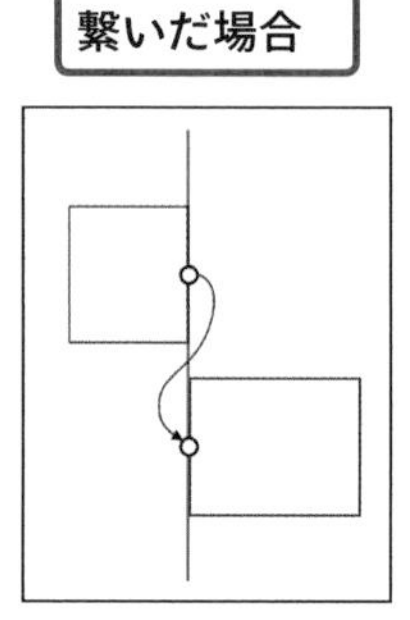

組み合わせた場合

水平方向と垂直方向の制約を同時に付けることで、隣接させつつ揃える、といったケースも実現できます（図3-21）。

図3-21 下辺と上辺を繋ぎつつ、右辺同士を繋いだ場合

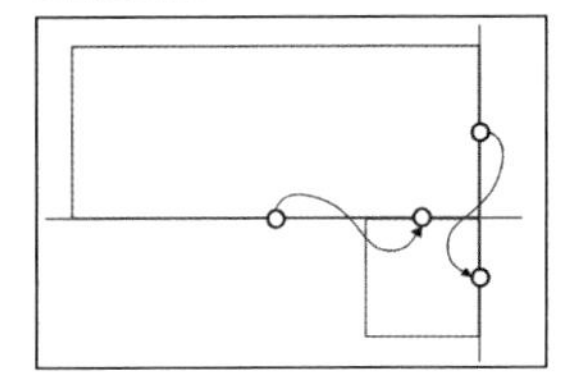

外枠（親）に繋いだ場合

少し特殊なケースで、ConstraintLayoutの外枠（親と呼ぶこともあります）に繋げて制約を付けることもあります。

水平方向と垂直方向に1つずつ制約を付けた場合には、「異なる辺を繋いだ場合」に近い挙動として、隣接しようとします（図3-22）。また、左右同時や上下同時の制約も付けた場合には、中央に配置される性質もあります（図3-23）。

図3-22 上辺と右辺を外枠に繋いだ場合

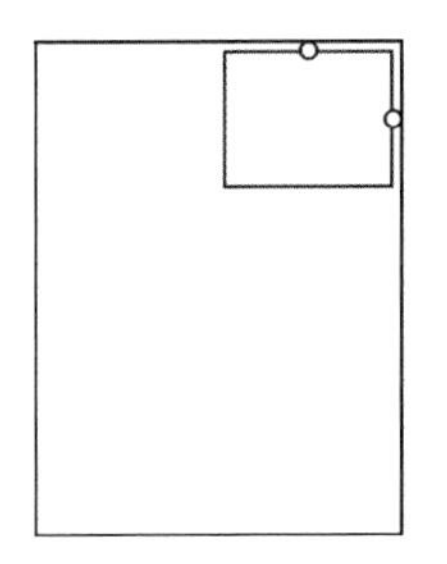

図3-23 すべての辺を外枠に繋いだ場合

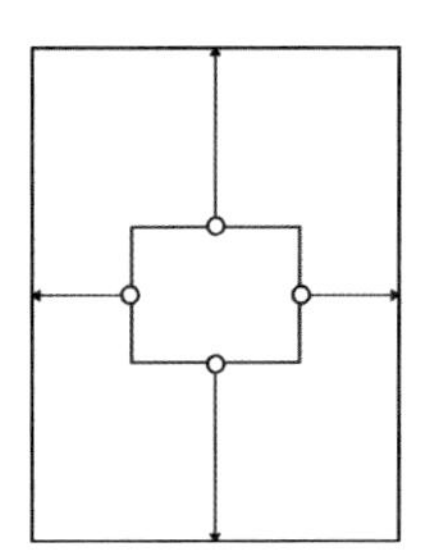

最初に配置されていた"Hello World!"が中央に配置されていたのは、この制約が適用されていたためですね。

POINT

制約によってビュー同士の関係性を定義することで、さまざまな画面サイズに対応したレイアウトを作成しやすくなります。多くのメーカーから多様なデバイスが発売されているAndroidならではの仕組みといえるでしょう。

テキストを配置する

次は文字列を配置します。文字列を表示するには、TextViewを使います。Androidで文字を表示したい場合、ほとんどのケースでこのTextViewを使用します。

それでは配置していきましょう。パレットのCommonカテゴリーからTextViewをデザインエディターに計3回ドラッグ&ドロップします。1つドラッグ&ドロップして、制約を付けたら、次をドラッグ&ドロップする、という手順でいきます。最初に1つめのTextViewをデザインエディターにドラッグ&ドロップします（図3-24）。

図3-24 1つめのTextViewを配置

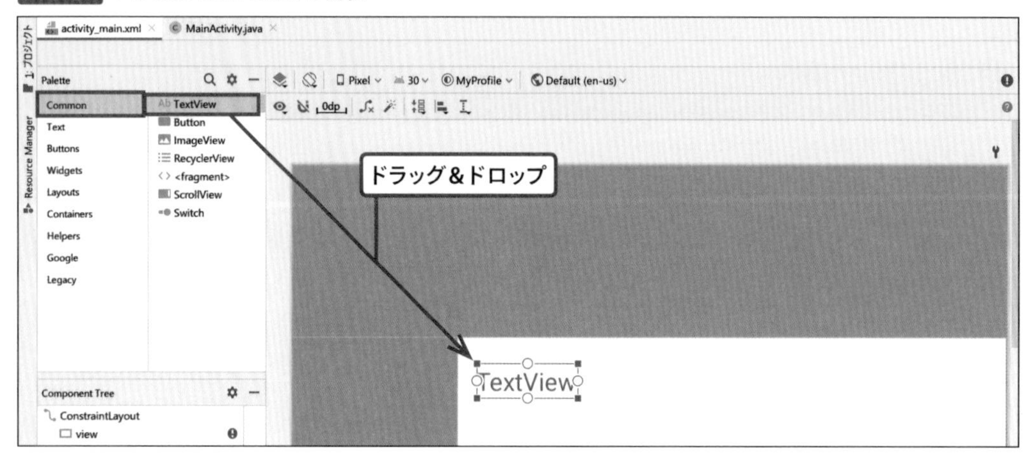

1つめのTextViewには、プロフィール画像（仮）への制約を付けます。TextViewの左辺と上辺を、プロフィール画像（仮）の右辺と上辺へそれぞれ接続します（図3-25）。

図3-25ではわかりやすさのためにプロフィール画像（仮）とTextViewの間に隙間を設けていますが、実際には隙間なくくっつくため、S字の矢印は現れません。

図3-25 1つめのTextViewの制約を設定

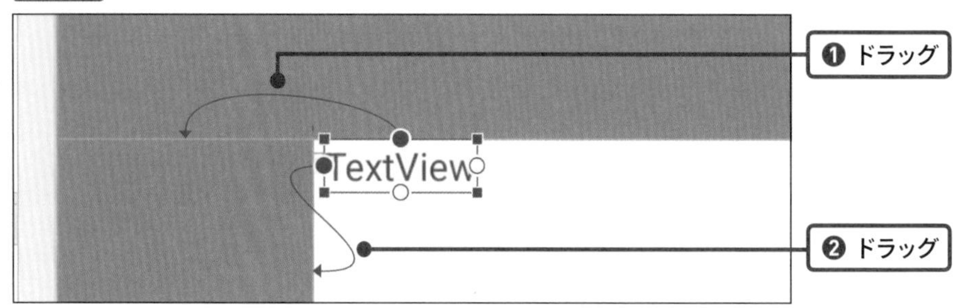

次に2つめのTextViewをデザインエディターにドラッグ&ドロップします（図3-26）。

図3-26 2つめのTextViewを配置

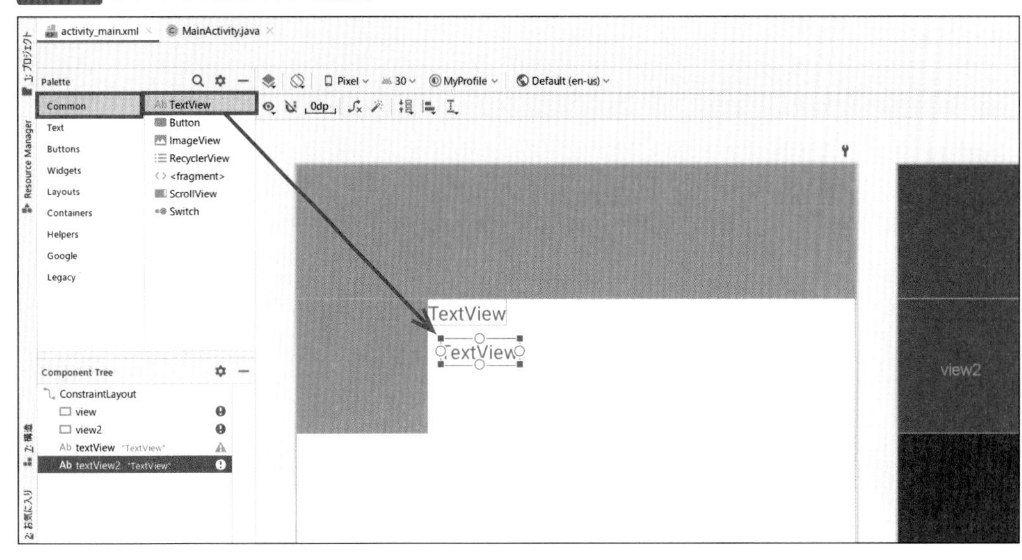

2つめのTextViewには、1つめのTextViewへの制約を付けます。今度は左辺同士を接続しつつ、2つめの上辺を1つめの下辺に繋いで、上から下に向かって並ぶようにします。マージンを設定していないため、詰まった見た目になってしまいますが、次節で調整するので今は気にしないことにします（図3-27）。

図3-27 2つめのTextViewの制約を設定

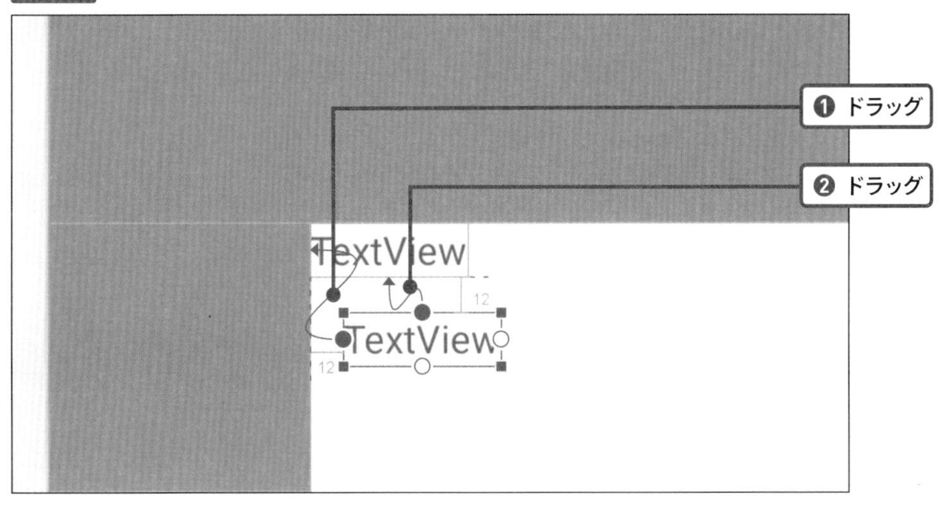

最後に3つめのTextViewをデザインエディターにドラッグ&ドロップします（図3-28）。

図3-28 3つめのTextViewを配置

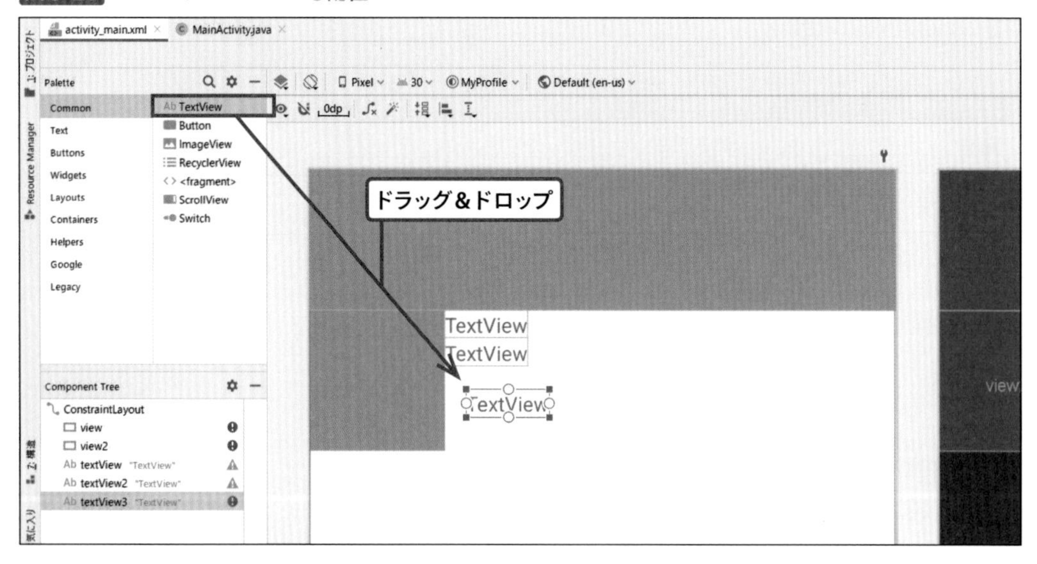

3つめのTextViewも2つめと同様に、左辺同士を接続しつつ、3つめの上辺を2つめの下辺に繋いで、すぐ上の2つめのTextViewに対する制約を付けます（図3-29）。

図3-29 3つめのTextViewの制約を設定

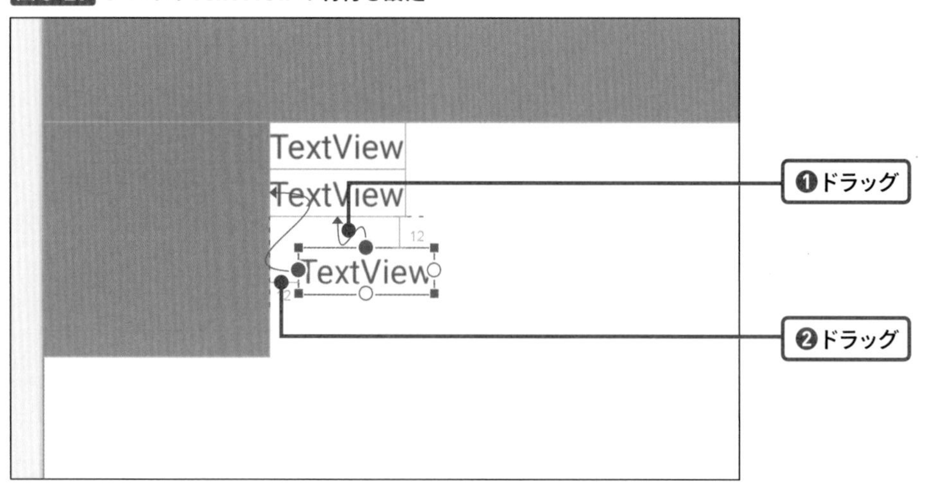

当初目指していたレイアウトに、だんだんと近づいてきました。次節では、TextViewに手を加えて、さらにデザイン案に近づけていきます。

アプリの文字や装飾を変更しよう

部品を画面内に配置することはできましたが、まだまだアプリと呼ぶには残念な見た目です。それぞれの部品には、文字のサイズや背景の色、隙間の空け方など、装飾を加えることができます。本節では、これらを設定することで、アプリらしい見た目に近づけていきます。

プロフィール画像（仮）のマージンを調整する

前節でConstraintLayoutのことは解説したので、今度は応用編にチャレンジしてみます。プロフィール画像（仮）の配置の仕上げです。コンテンツはできるだけ画面の端や他のコンテンツから離したほうがきれいに見えるので、プロフィール画像（仮）の左側と上側を少し空けてみます。

まずは、プロフィール画像（仮）を選択して、左側の白い丸を画面の左端に向かってドラッグ&ドロップします。今回の場合はすでにビューが左端にあるので、ドラッグ&ドロップというよりもクリックに近い動作になります。すると、ビューの左側から親の左端に向かって制約が付きます（図3-30）。制約が付くと、白い丸の中が塗りつぶされます。

図3-30 左側に制約を付ける

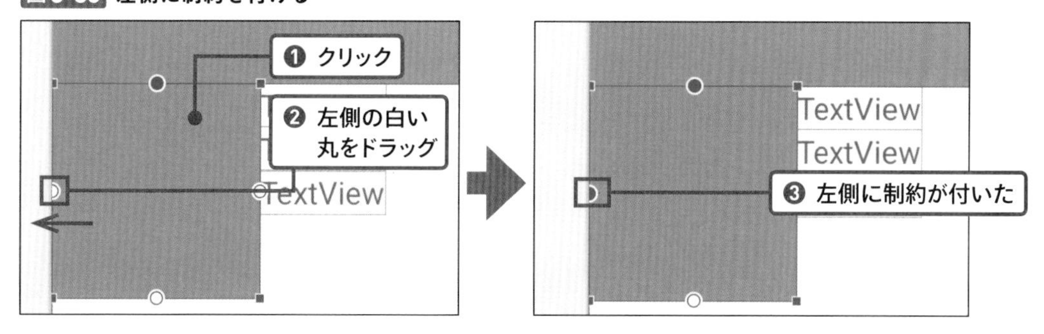

制約を付けたビュー同士の間には、隙間を指定できるようになります。この隙間のことをマージンと呼びます。マージンは画面上の情報に境目を設けて見やすくするという重要な役割を担っています。

さて、現状では各ビューは隙間なく配置されていますが、筆者が好むデザインルールに沿うと、画面端には16dpの隙間を空けたいところです。マージンの大きさを変えてみましょう。プロフィール画像(仮)を選択した状態で、＜Attributes＞の上部を見てみると、何やら四角形に線の生えた図形がありま す。これは制約の有無とマージンを表しているUIで、ここでマージンを変更することができます。今回変更したいのは左側なので、左側の＜0＞の表記をクリックして、選択肢の中から＜16＞を選択します(図3-31)。

図3-31 左側のマージンを選ぶ

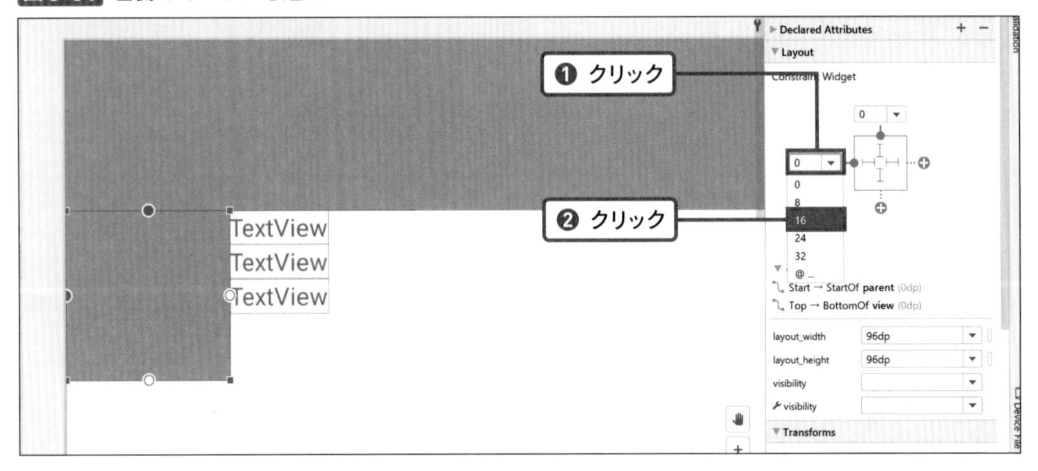

これで左側のマージンが16dpになりました。同様に、上側にも8dpのマージンを付けておきましょう(図3-32)。

図3-32 左側と上側にマージンが付いた

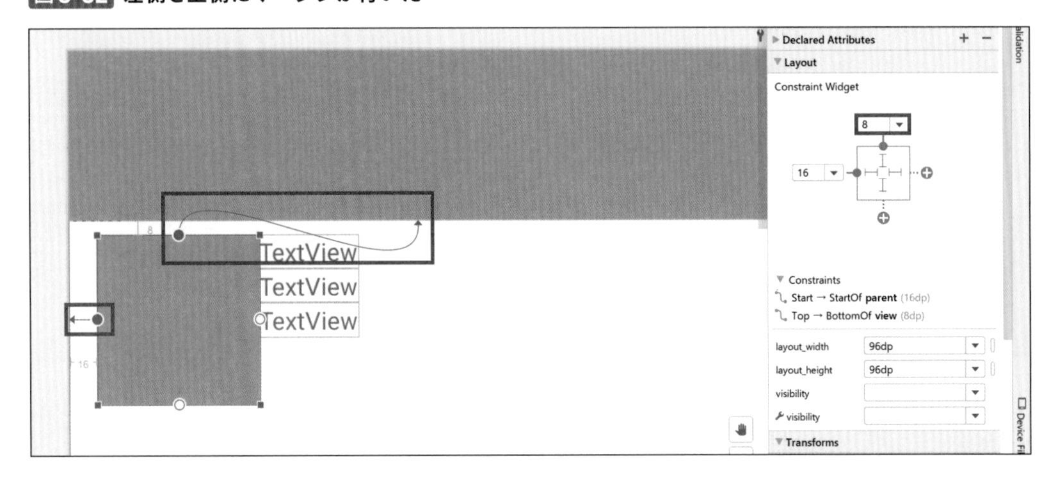

TextViewのマージンを調整する

次に、TextViewがプロフィール画像（仮）に密接してしまっているのを直します。1つめのTextViewを選択し、プロフィール画像（仮）のマージンを設定したときと同様に、＜Attributes＞でマージンを調整します。今回は＜8＞を選択します（図3-33）。

図3-33 左側の余白を8にする

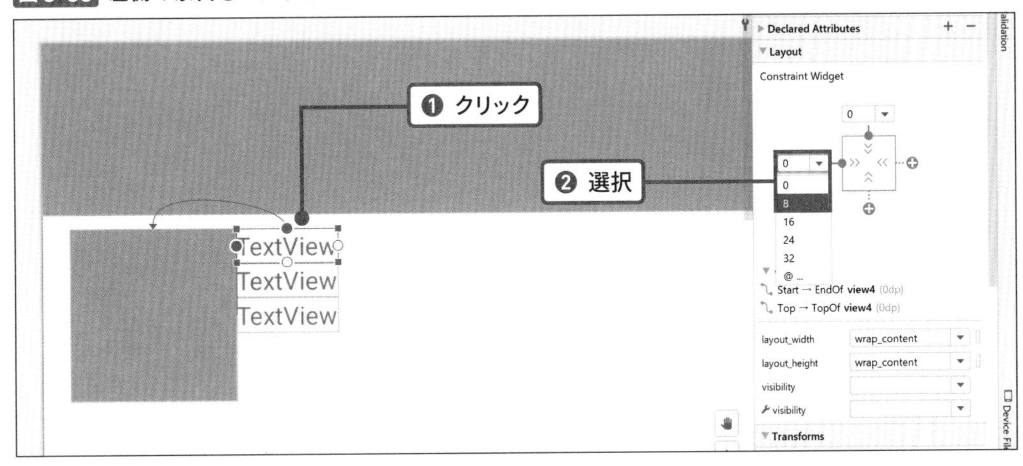

これでTextViewの左側に8dpのマージンが付きました（図3-34）。

図3-34 TextViewの左側にマージンが付いた

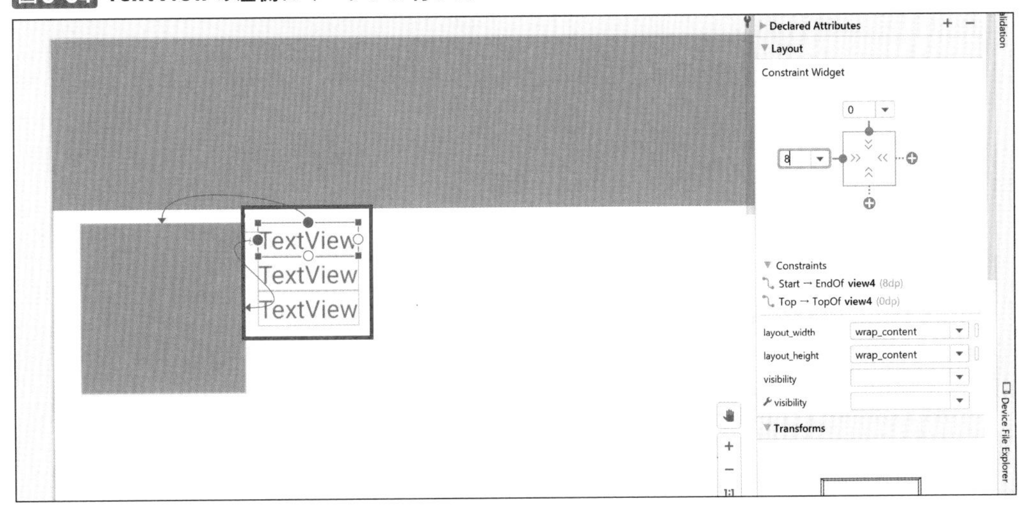

行の間が詰まっているのも気になるので、2つめ、3つめのTextViewを選択し、上方向に8dpのマージンをそれぞれ設定しましょう（図3-35）。

図3-35 上側の余白を8にする

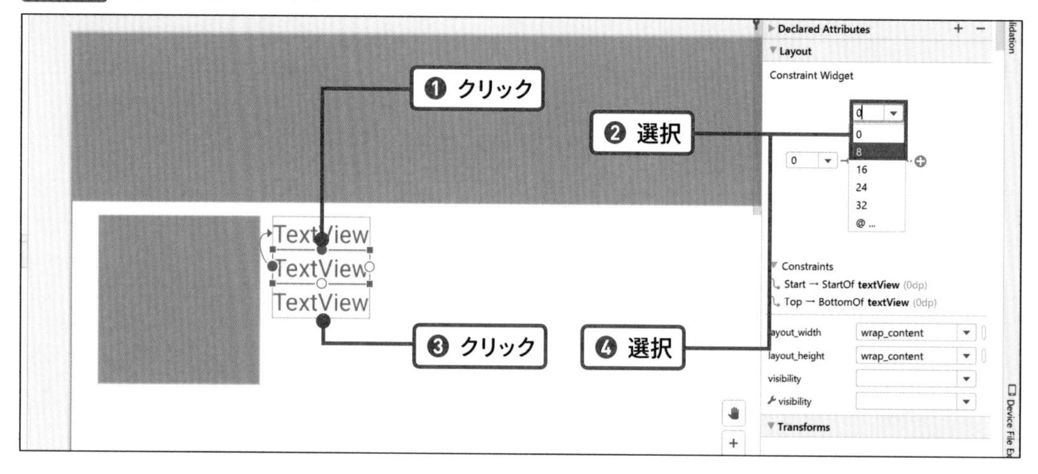

TextViewの間に行間を設けることができました（図3-36）。

図3-36 TextViewの間に行間ができた

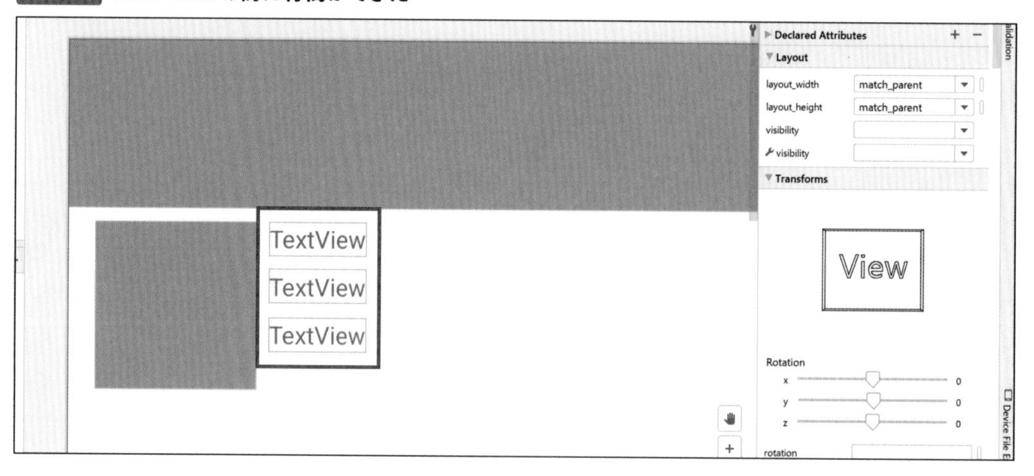

1つめのTextViewだけにプロフィール画像（仮）との間の余白が設定されており、2つめと3つめは1つめと左端を揃えているだけの設定になっているため、もしプロフィール画像（仮）とTextViewの間にもっと隙間を作りたい場合には、1つめのTextViewだけを設定し直せばよいということになります。気になる方は、余白をいろいろ調整しながら、結果を確認してみてください。

TextViewの文字を変更する

ここまでで3つのTextViewを配置しましたが、どれも初期表示の「TextView」という文字が表示されたままなので、表記を変えてみましょう。1つめのTextViewを選択し、TextViewの＜Attributes＞で、＜Common Attributes＞の欄を見てみます（図3-37）。

図3-37 TextView特有の属性

この中で、TextViewが表示するテキストにあたるのは、一番上の＜text＞です。2番めのスパナマークが付いた＜text＞に設定した文字もデザインエディターに表示されますが、実際に端末で動かすときには表示されないため、今回は使いません。Java側から文字を設定するつくりにする場合に、デザインエディター上でデザインを確認するために文字を仮置きする目的で使うことが多い機能です。

3つのTextViewを上から順に、次の文字と＜textAppearance＞（テキストアピアランス）で設定していきます（表3-1）。textAppearanceは書式スタイルのようなもので、フォントのサイズ（大きさ）やウェイト（太さ）をまとめたものです。

表3-1 テキストの設定

TextView	テキスト	textAppearance
1つめ	ドロイド君	@style/TextAppearance.AppCompat.Title
2つめ	2008年9月23日	@style/TextAppearance.AppCompat.Subhead
3つめ	アメリカ合衆国 カリフォルニア州 マウンテンビュー	@style/TextAppearance.AppCompat.Subhead

次のように設定します（図3-38）。

図3-38　3つのTextViewに設定する

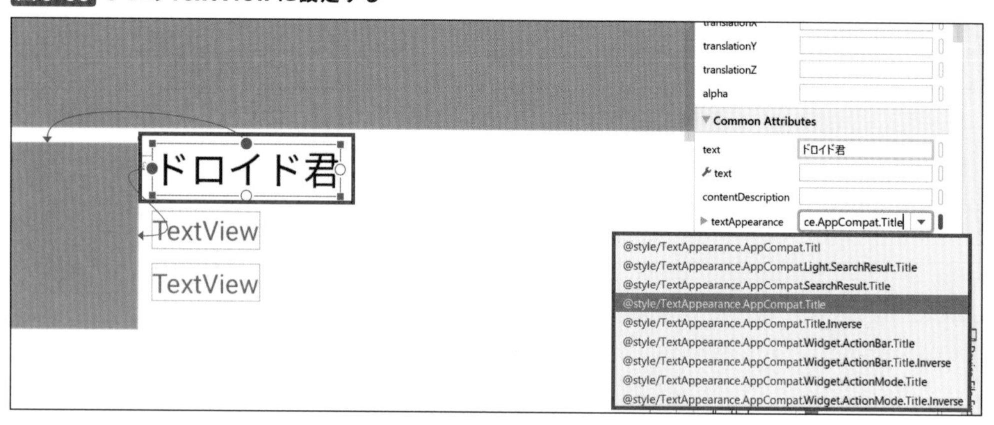

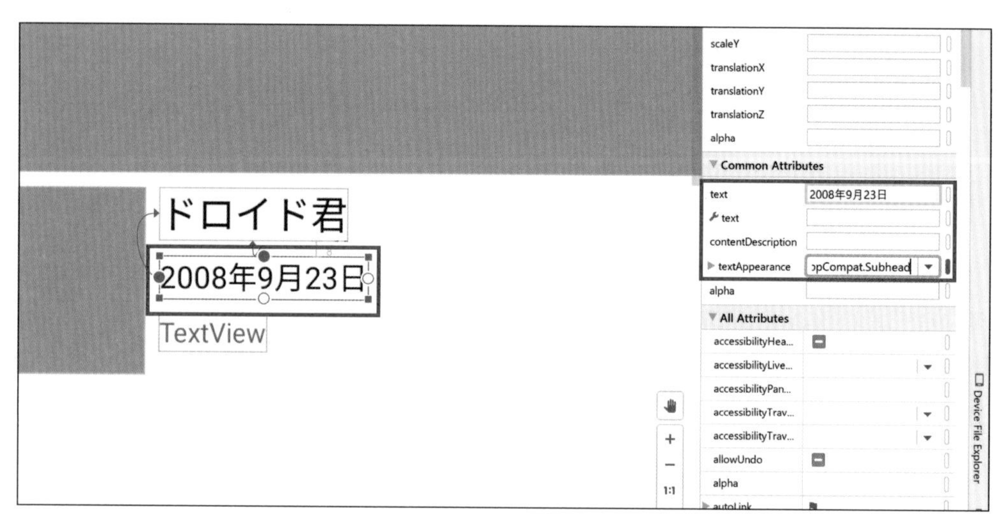

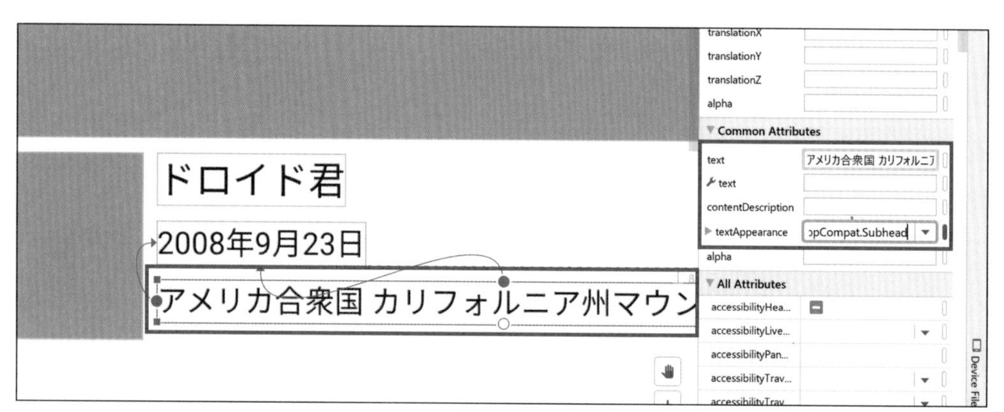

すると、次のような見た目になります（図3-39）。

図3-39 文字を入れたところ

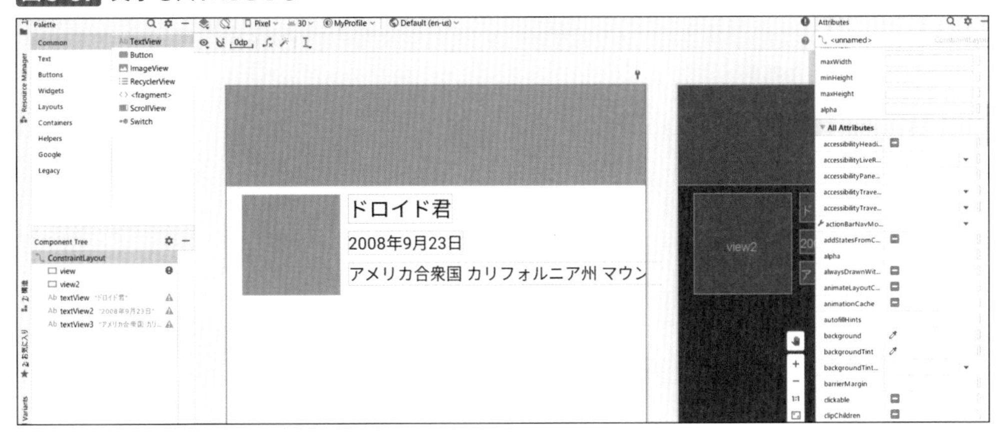

だんだんとそれらしくなってきました。まだアイコンが入っていませんが、この章の後半で入れます。

POINT

余談ですが、Androidのバージョン1.0は、2008年9月23日にリリースされました。

文字が長すぎる場合に末尾を省略する

さて、前項で文字を入れてみたところ、「マウンテンビュー」の末尾がはみ出してしまいました。画面の端に到達したら省略されるようにしてみましょう。

まず、TextViewの右端から親の右端への制約を作ります。ですが現状、TextViewの右端ははみ出してしまっているため、つかむことができません。こんなときは、一度制約を解除します。3つめのTextViewを右クリックすると、メニューの中に＜Clear Constraints of Selection＞という選択肢が出てくるので、これをクリックします（図3-40）。

図3-40 制約を解除する

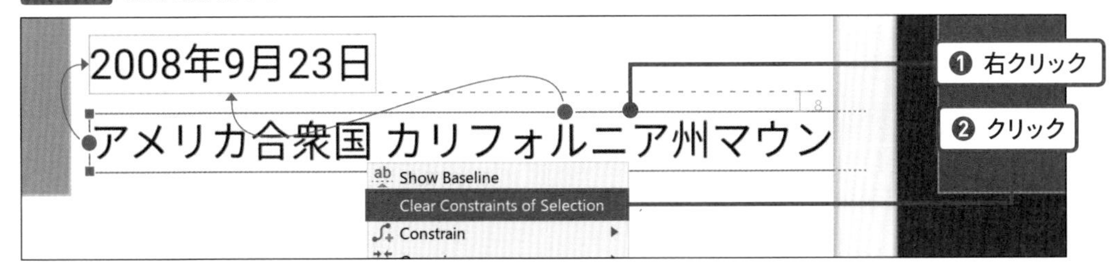

これで制約が解除されました（図3-41）。

図3-41 制約を解除した状態

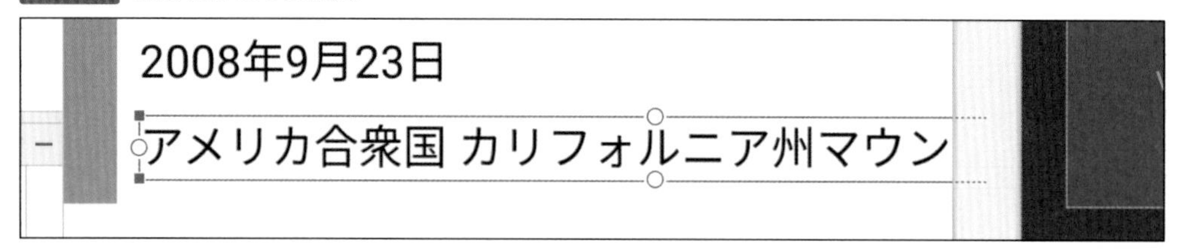

TextViewをドラッグして右端を画面内に入れて、親の右端への制約を付けます。このとき、マージンは16dpにしておきます（図3-42）。

図3-42 親の右端に制約を付ける

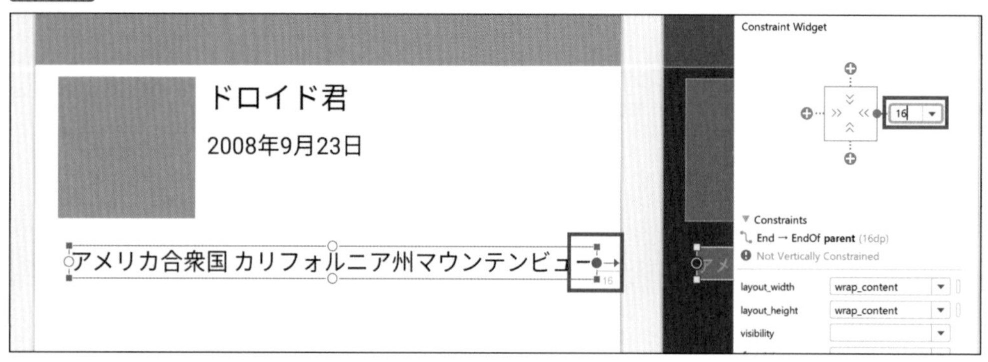

その後、3つめのTextViewと2つめのTextViewに対して制約を付けることで、左、上、右に制約を付けることができました（図3-43）。上に8dpのマージンを付けて、2つめと3つめのTextViewの間隔を再設定します。

図3-43 制約を付け終わった

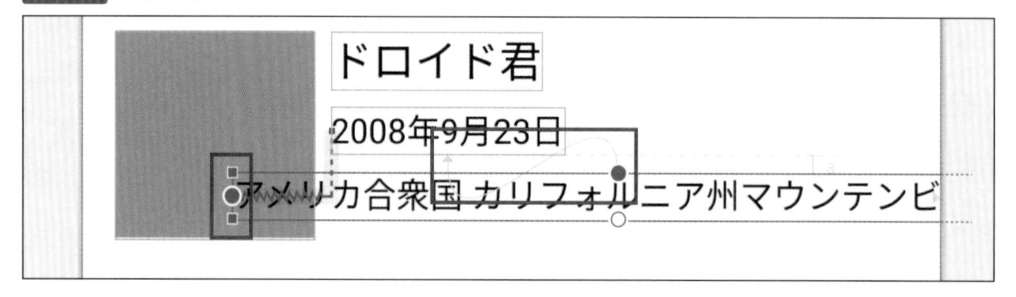

3つめのTextViewは現状ではすべての文字を表示しようとして、左端が揃わなくなっています。この状態を解消するため、TextViewにさらに詳細な設定を行います。P.62を参考に、＜Attributes＞の＜All Attributes＞を開き、次の3つの項目を設定します（表3-2）。項目はアルファベット順に並んでいます。

表3-2 TextViewの属性の設定

項目名	値	意味
layout_width	0dp(match_constraint)	周りの制約に合わせた幅にする
ellipsize	end	テキストの末尾を省略する
maxLines	1	最大1行を表示する

これで、末尾が省略されてきれいに画面に収まるようになりました（図3-44）。この挙動は、各項目の合わせ技で成り立っています。

図3-44 省略されるようになった

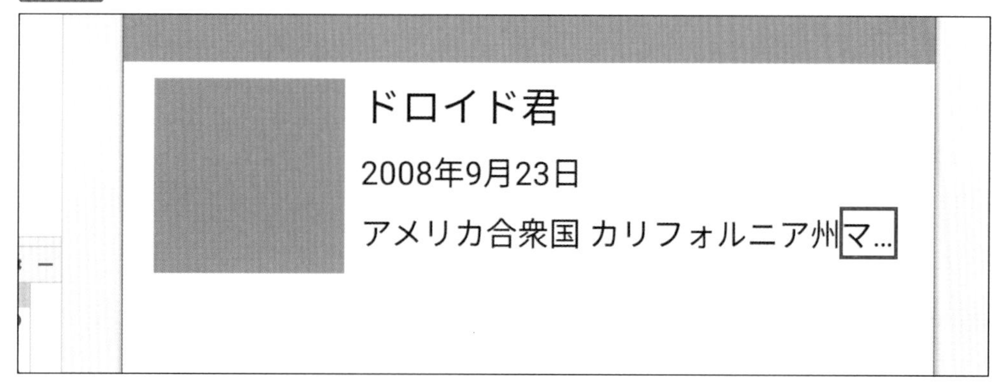

layout_width

まず、layout_widthです。どんなビューにも必ず定義しないといけないlayout_widthですが、これがwrap_contentになっている場合、そのビューはコンテンツのサイズに合わせた大きさになります。TextViewでいえば文字列がコンテンツなので、文字列の長さいっぱいまで横幅を取ろうとしていたわけです。これに対して「できるだけ外から定義された幅に合わせなさい」という指示になるのがmatch_constraint（実際には0dp）という指定です。

今回は左右どちらにも制約を設けてあるので、match_constraintにした場合はTextViewの幅はその間に収まるサイズになり、1行に入りきらなかった文字列については改行されます（図3-45）。

図3-45 layout_widthを0dpにしただけの場合の挙動

これで、TextViewは「文字が画面の端まで到達した（改行する必要があった）」ということを認識できるようになりました。

ellipsize

ellipsizeは文章を省略する場合に、先頭と真ん中と末尾のどこを「...」にするかを指定するための属性です。今回は末尾を省略したかったので、endになりました。

maxLines

maxLinesは改行した場合の最大の行数を指定する属性です。＜1＞を指定すれば1行しか表示されなくなります。

layout_widthのときとやっていることが逆だと感じるかもしれませんが、こちらはlayout_widthよりも立場が弱いので、1行に収めるために無理やり幅を広げたりはしません。では表示できなかった文字はどうなるのかというと、見えなくなるだけです。

見た目上は振り出しに戻ったように見えますが、右端から親への制約があるため、省略すべき場所をTextView自身が認識できるようになっている点で前進しています。

アプリに追加の要素をレイアウトしよう

前節までで、画面への部品の配置や装飾について、少しずつ感覚がつかめてきたでしょうか。本節では、これまでとは違った役割を持ったビューの扱い方を覚えながら、画面に新しい要素を追加していきます。レイアウト作りの引き出しを増やして、思い通りの画面を作れるようになりましょう。

自己紹介欄に使うビュー

自己紹介欄は、最終的に次のような形で画面の残りの部分を占拠する、長文のための文章欄です（図3-46）。

図3-46 自己紹介欄

Androidはスマートフォン向けのプラットフォームです。
現在、世界でナンバーワンのシェアを誇っています。
日本では「ドロイド君」と呼ばれる彼は、正式名称をbugdroid（バグドロイド）と言います。ドロイド君のほうが可愛いですね（笑）
そんな彼も12歳になりました。今後とも宜しくお願いします。

これもやはりTextViewで文字を表示することになります。ただ、文章が長くなりすぎて画面の下の方へはみ出していったときに、スクロールする機能がTextViewにはありません。スクロールさせる方の別のビューを用意する必要があります。

ここで活躍するのがScrollViewです。ビューグループの1つで、中に1つだけビューを持てます。中身のビューが縦方向に伸びて画面をはみ出し た場合に、スクロールして続きを読めるようにする機能を提供します。今回は、TextViewをScrollViewの中に入れる形で自己紹介欄を実現してみましょう。

自己紹介欄をレイアウトする

それでは、実際にビューを配置していきます。まず、ScrollViewを画面下部にドラッグ&ドロップします（図3-47）。

図3-47 ScrollViewを置いたところ

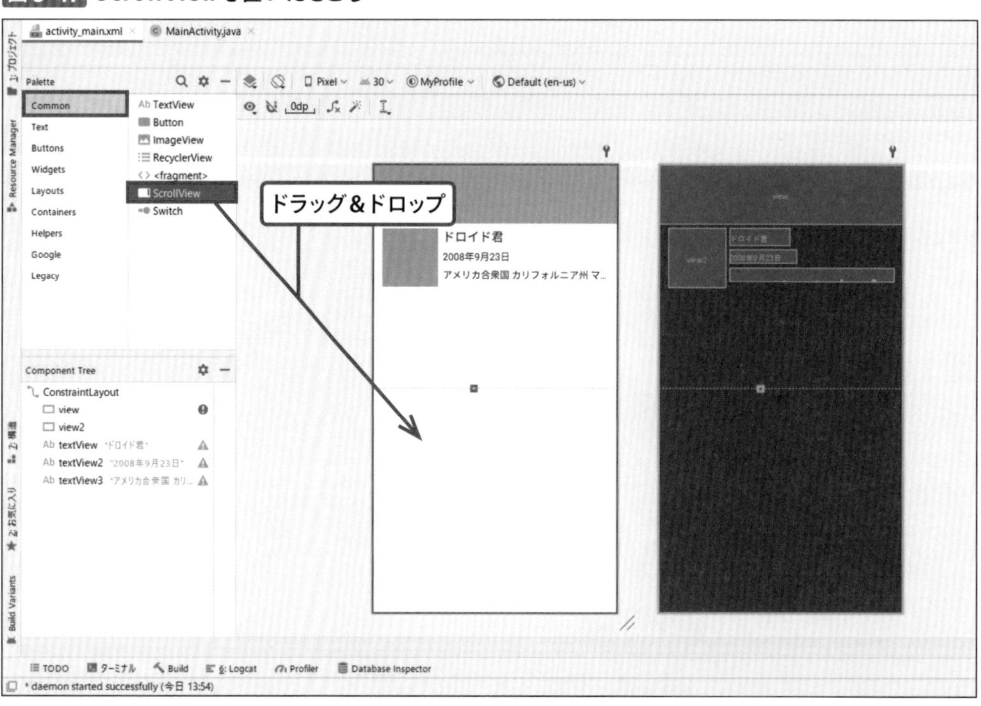

さて、ScrollViewが画面いっぱいに広がっているので、まずは制約を付けて、そのあとでwidthとheightを設定します。上はプロフィール画像（仮）でマージン8dp（図3-48）、下と左右は親に向けてマージンは0dpで制約を作ります（図3-49）。

すでに画面の端と接している左、右、下の制約を付けるには、白い丸をクリックします。

図3-48 上のマージンを8dpに設定

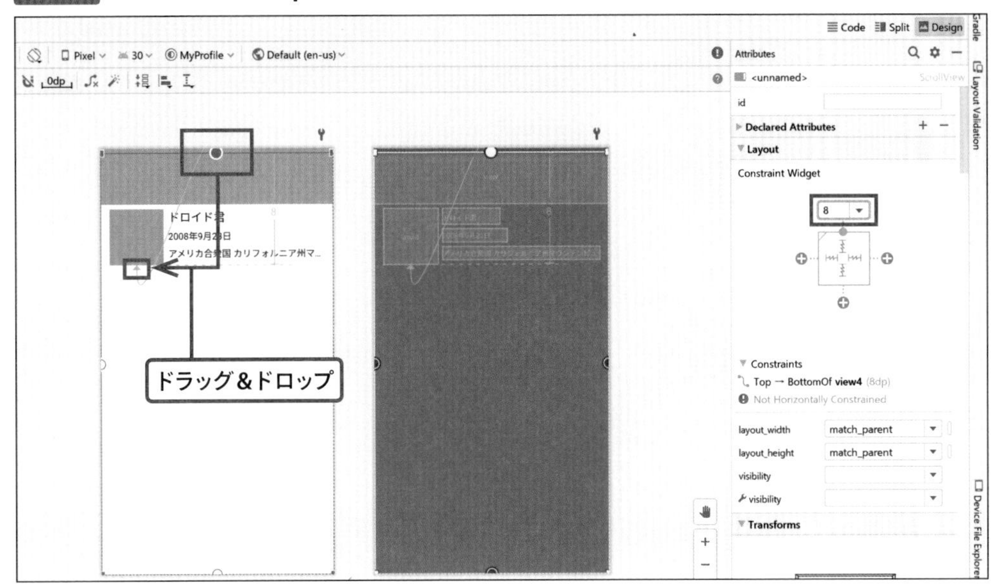

図3-49 左右と下のマージンを0dpに設定

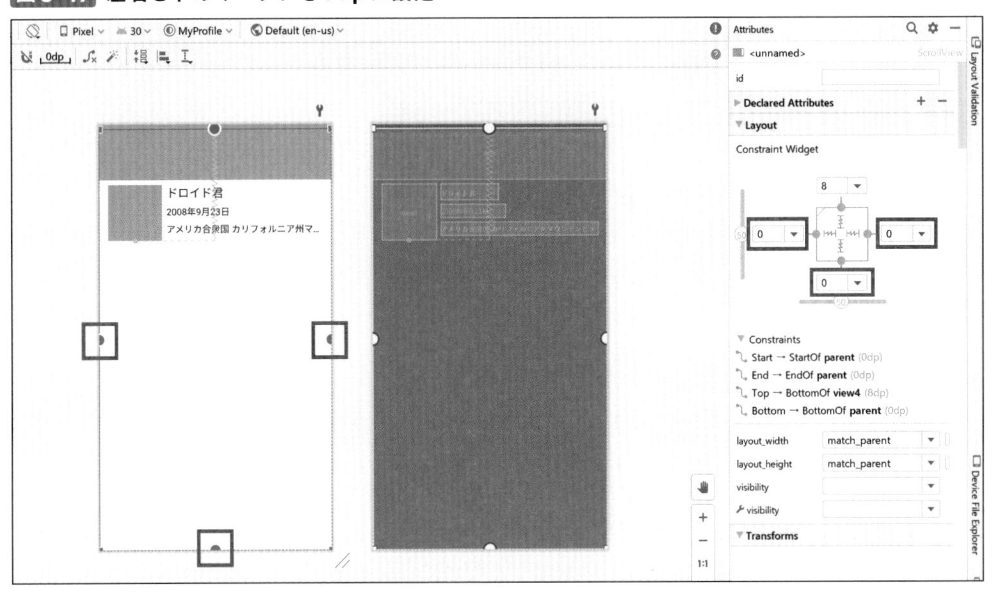

制約が作り終わったら、layout_widthとlayout_heightを両方とも0dpに設定します（図3-50）。これでScrollViewの外側に向けての設定は完了です。

図3-50 0dpに設定

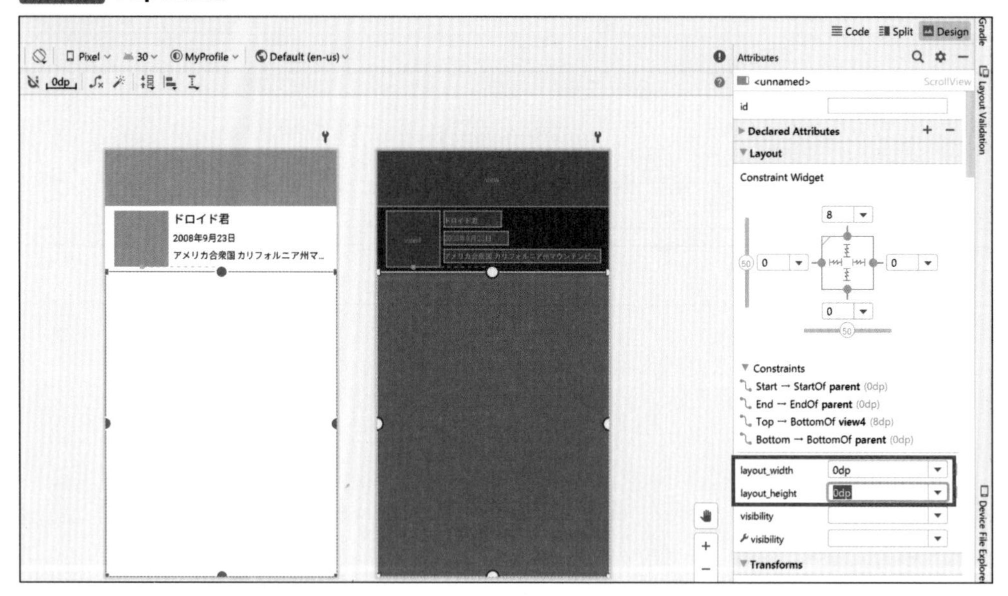

さて、ScrollViewを配置した時点で、中に自動的にLinearLayoutが組み込まれています(図3-51)。

図3-51 内部にLinearLayoutがある

ScrollViewの直下には1つしかビューを置けないので、先客がいると困ってしまいます。実際のアプリ開発ではScrollViewの中に複数のビューを配置するためにLinearLayoutなどを利用することも多いため、LinearLayoutの中にTextViewを配置するのもアリです。とはいえ、今回、ScrollViewの中に配置するビューはTextViewだけなので、LinearLayoutを削除することにします。デザインエディターでは高さが0のLinearLayoutをクリックできないので、コンポーネント・ツリー内のLinearLayoutを右クリックして削除しておきます(図3-52)。

図3-52 match_constraintに設定

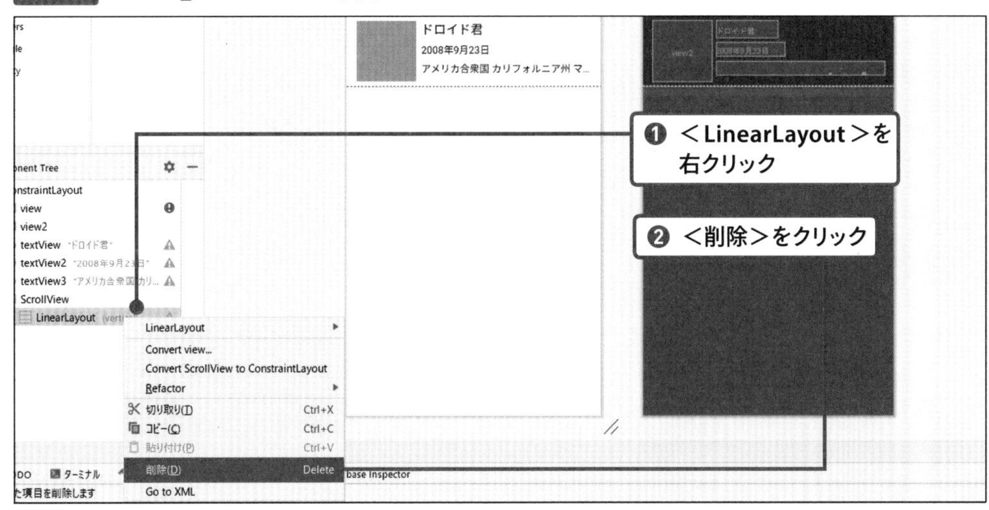

お膳立てが整いましたので、ScrollViewにTextViewを入れていきます。パレットからTextViewをデザインエディターのScrollViewの中にドラッグ＆ドロップします（図3-53）。

図3-53 TextViewを配置

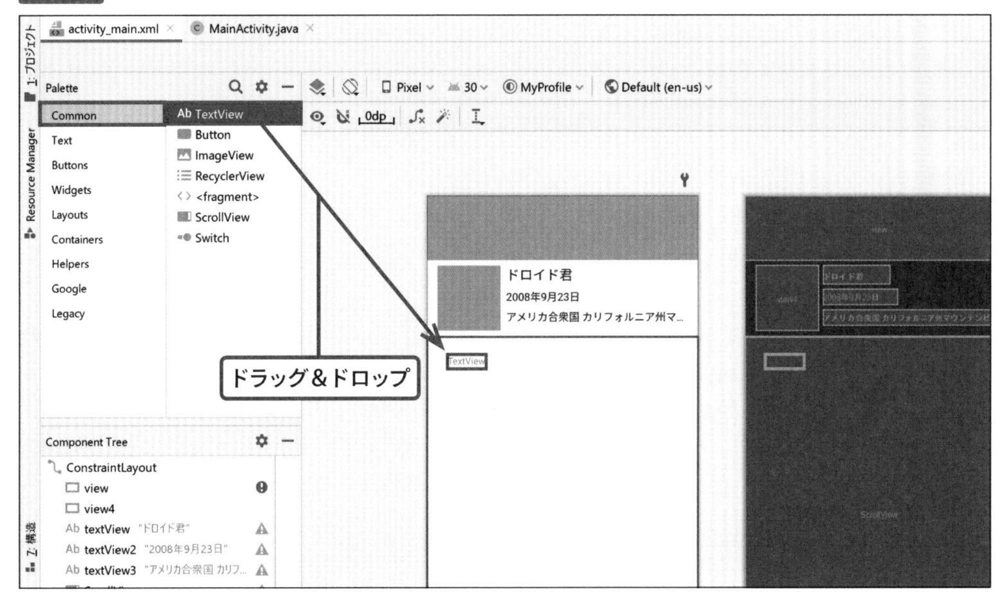

うまくいくとコンポーネント・ツリーが次のような見た目になり、ScrollViewの内側でTextViewが描画される形になります（図3-54）。

図3-54 ScrollViewの中にTextViewが入った

これであとはTextViewを調整するだけです。

TextViewを設定する

ScrollViewの中に入れたTextViewに対し、次の属性を指定します(表3-3)(図3-55)(図3-56)(図3-57)。なお、textに登場する¥nは、改行を意味する文字です(Macでは、\n)。本来はJavaで文字列を定義するときに使う文法ですが、TextViewにも使えます。

表3-3 TextViewに属性を設定

項目名	値
layout_width	match_parent
layout_height	wrap_content
TextAppearance	@style/TextAppearance.AppCompat.Headline
text	Androidはスマートフォン向けのプラットフォームです。¥n現在、世界でナンバーワンのシェアを誇っています。¥n日本では「ドロイド君」と呼ばれる彼は、正式名称をbugdroid(バグドロイド)と言います。ドロイド君のほうが可愛いですね(笑)¥nそんな彼も12歳になりました。今後とも宜しくお願いします。
layout_margin	16dp

POINT

macOSでは、改行を意味する文字は\nです。option キーを押しながら¥キーを押すと、入力できることがあります。

図3-55 TextViewに属性を設定

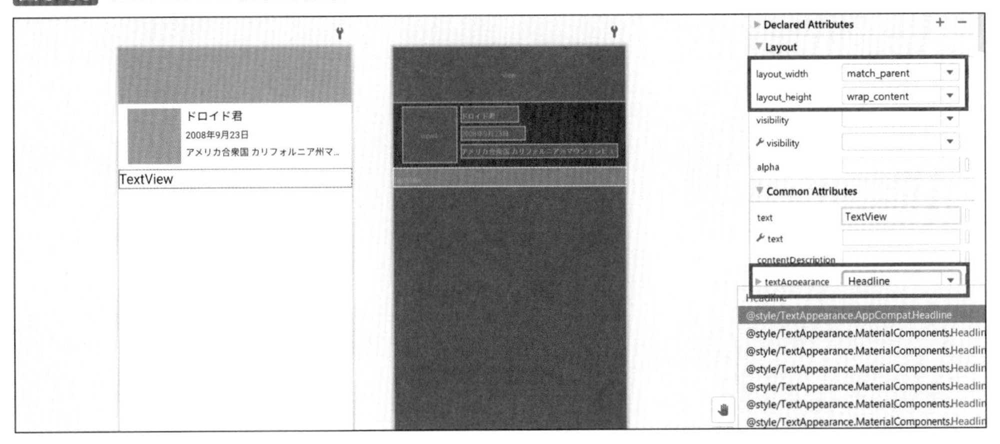

図3-56 テキストを設定

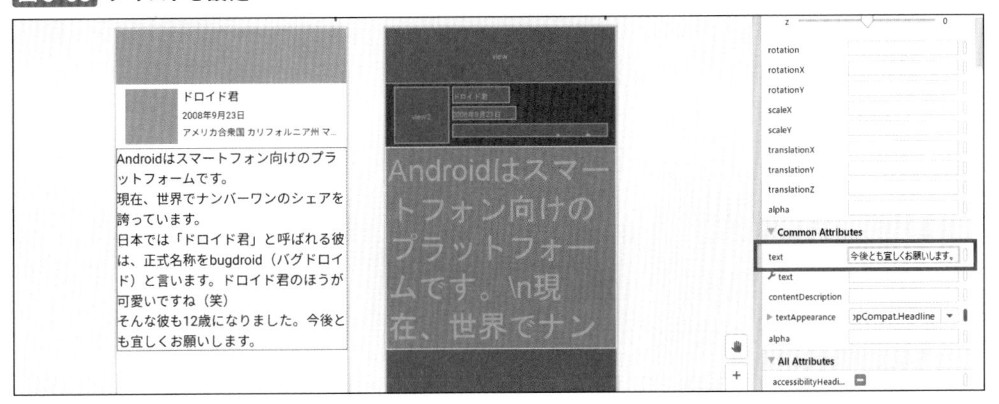

マージンの指定だけは少し特殊で、一段深いところにある＜layout_margin＞の欄に16dpを入力します（図3-57）。

図3-57 マージンを指定する

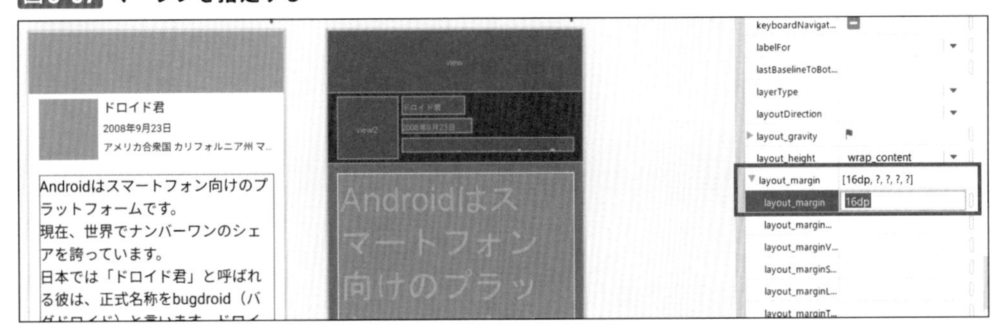

画像リソースを準備する

一段落ついたので、次は、ここまで仮置きにしてあった部分に画像を配置していきましょう。

さて、画像を配置していくにあたっての第一歩として、素材データ(リソース)を用意します。今回は写真とアイコンという2つのリソースが登場します。どちらも画像ですが、準備の仕方が少しずつ違うので、別々に解説していきます。

写真データを準備する

まずは写真です。サンプルファイルとして用意した次の写真データをダウンロードしておきます(図3-58)。画像はサンプルファイルをダウンロードして利用してください(P.4参照)。imageフォルダ内にあるphoto.jpgというファイルです。

図3-58 素材として使う写真：photo.jpg

この写真をプロジェクト内に配置します。写真データをエクスプローラーなどでコピーして、貼り付け可能な状態にしておきます(図3-59)。

図3-59 photo.jpgをコピー

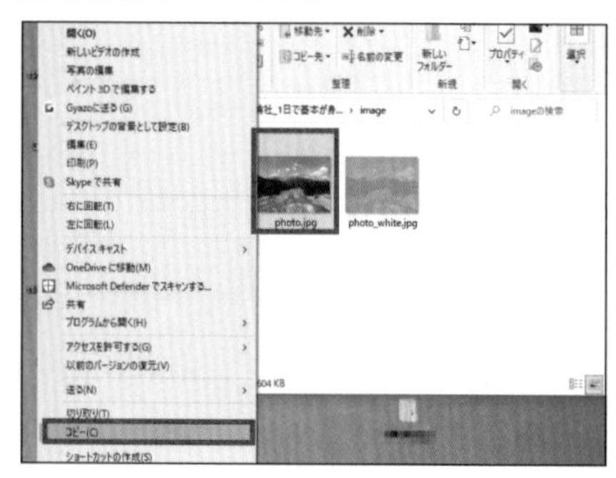

Android Studioのプロジェクトで、res¥drawableのフォルダを右クリックして、<貼り付け>を選択します(図3-60)。

図3-60 res¥drawableを右クリックして<貼り付け>を選ぶ

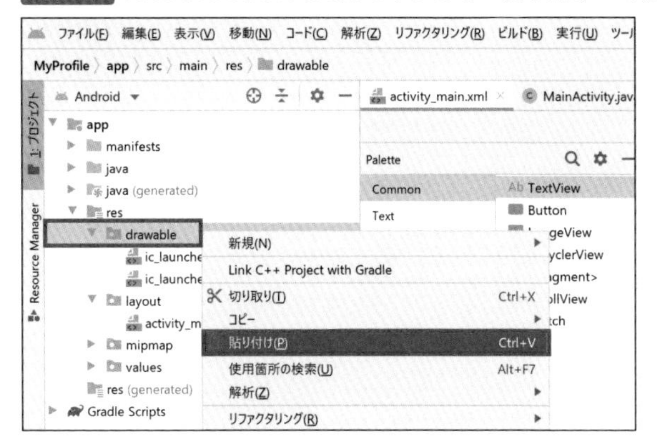

第2章でも触れましたが、ここで見えているフォルダは実際のフォルダ構造を取りまとめて仮想的に1つのフォルダに見せているだけのものです。そのため、ファイルを貼り付けるためには、実際のフォルダとしてどこに入れるのかを<作成先ディレクトリの選択>で指定する必要があります(図3-61)。

図3-61 貼り付け先のフォルダを選択する

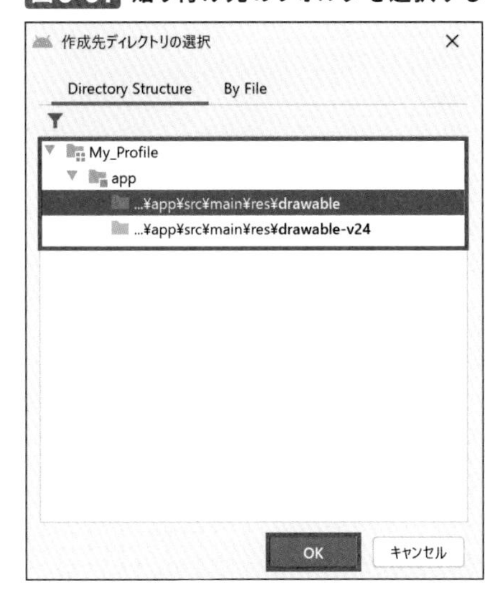

今回は...¥app¥src¥main¥res¥drawableを選択して、<OK>ボタンをクリックします。すると<コピー>ウィンドウが現れるので、ファイル名の確認を行います。名前を変更したい場合は、この時点で変更するとよいでしょう(図3-62)。

図3-62 画像のファイル名を指定する

ファイル名を決めて、＜リファクタリング＞（Macの場合は＜OK＞）ボタンをクリックすると、res¥drawableに画像ファイルが追加されます（図3-63）。

図3-63 photo.jpgがres¥drawableに追加された

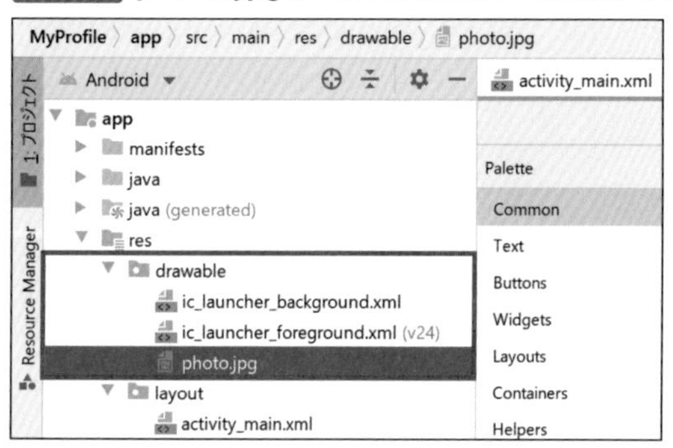

これで写真データの準備は完了です。

COLUMN resフォルダ内のファイルの命名について

res¥drawableやres¥layout内に配置したファイルの名前は、Javaプログラム内や、レイアウトのXMLに記載できるようになります。その関係で、Javaの命名ルールの制約に影響を受ける形で、次の命名ルールを守る必要があります。

- **半角英数とアンダーバー（_）のみで命名すること**
- **半角数値（0～9）から始まる名前は禁止**

また、慣例として、英字は大文字を使わずに小文字のみを使用することが多いです。そのため、resフォルダ内のファイルの命名ルールとしては、大文字を使うキャメルケース（activityMain.xml）やパスカルケース（ActivityMain.xml）ではなく、アンダーバーを使うスネークケース（activity_main.xml）を採用するのが慣例となっています。

アイコンデータを準備する

次に、アイコンデータを準備します。今回は、次の3つのアイコンを準備します。

- ドロイド君（Androidのキャラクター）のアイコン（96×96dp）
- ケーキのアイコン（24×24dp）
- 家のアイコン（24×24dp）

各アイコンは、Googleが提供しているマテリアルデザインと呼ばれるデザイン仕様書に定義されたアイコンを拝借して使うことにします。Android Studioを操作するだけで高品質で多様なアイコンが手に入るので、とてもお手軽ですし、JPEGやPNGなどのデータとは違ってSVGに似たベクターデータで入手できるので、端末の解像度に依存せずに使える点も魅力です。

では、まずはドロイド君のアイコンを用意してみましょう。resフォルダの中のdrawableフォルダを右クリックして、＜新規＞→＜Vector Asset＞の順に選択します（図3-64）。

図3-64 Asset Studioを起動する

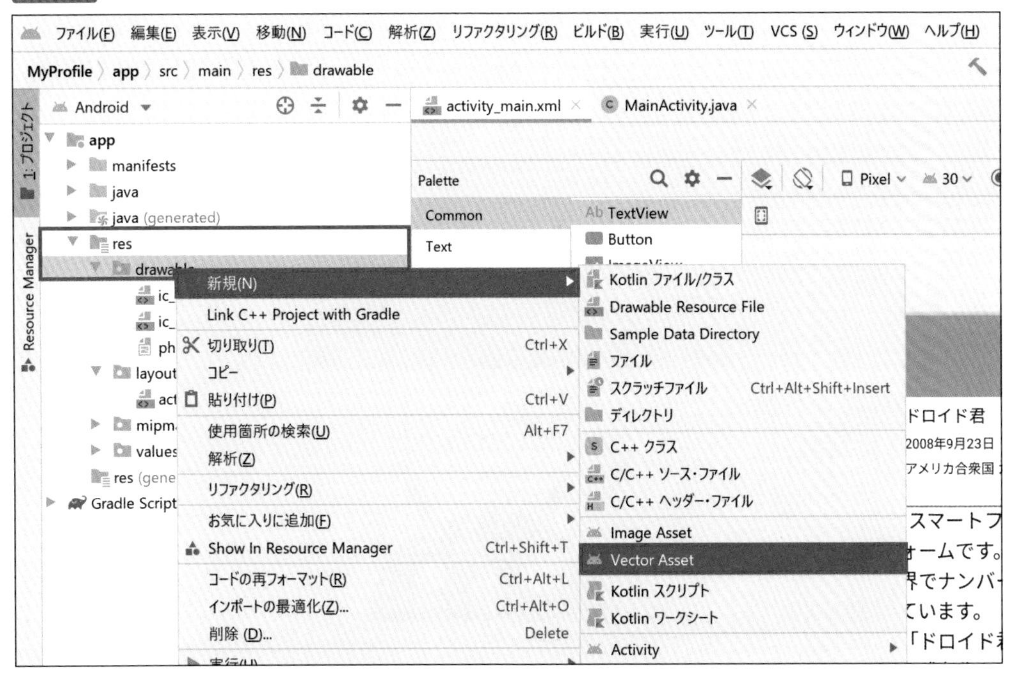

すると、Asset Studioが起動します。ここでアイコンを検索したり、サイズや色の調整を行います（図3-65）。

図3-65 Asset Studio

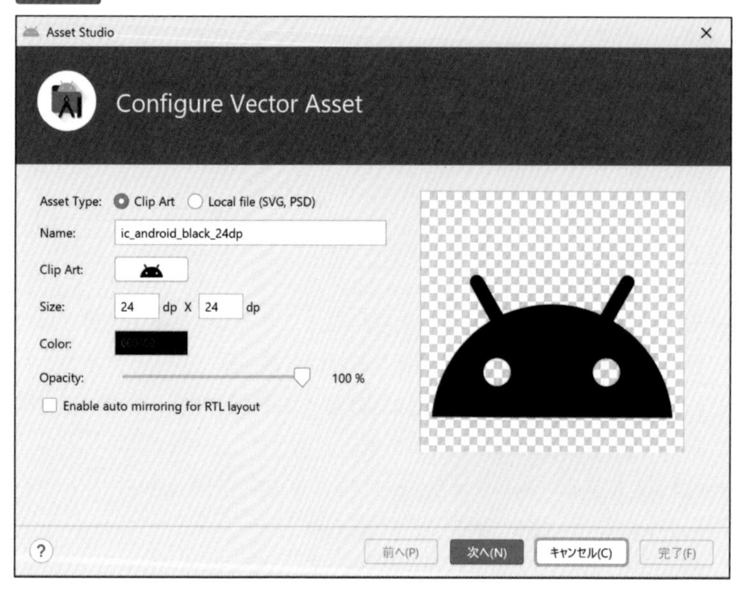

すでにドロイド君のアイコンは選択されているので、サイズを96dpに調整します。<Size>の行を96dp×96dpに書き替えます。また、アイコンの名前にも「24dp」の文言が入っていますが、「96dp」に書き替えておきましょう（図3-66）。

図3-66 アイコンのサイズと名前を変更する

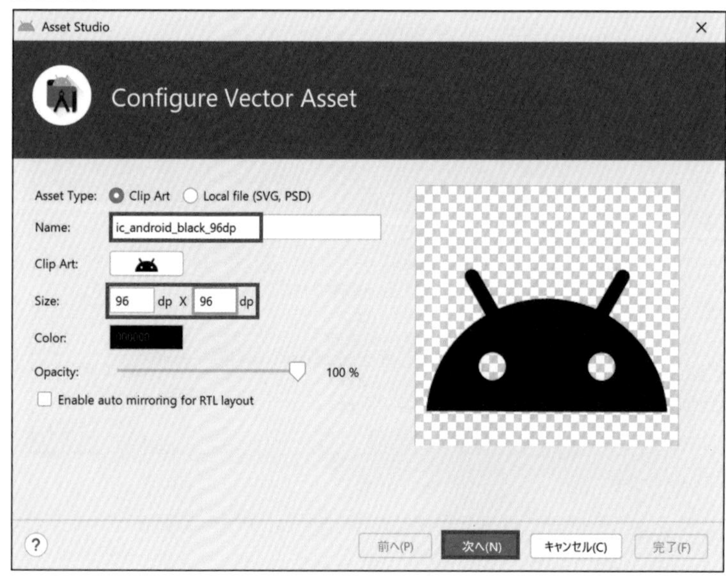

＜次へ＞ボタンをクリックすると、出力先を確認されますが、特に操作するところもないのでそのまま＜完了＞をクリックします。これで、アイコンが追加されました（図3-67）。

図3-67 アイコンが追加された

次に、ケーキと家のアイコンも追加してみましょう。先ほどと同様にdrawableフォルダを右クリックして、＜新規＞→＜Vector Asset＞の順に選択し、Asset Studioを起動して、＜Clip Art＞の行にあるドロイド君が表示されているボタンをクリックします（図3-68）。

図3-68 ドロイド君のボタンをクリック

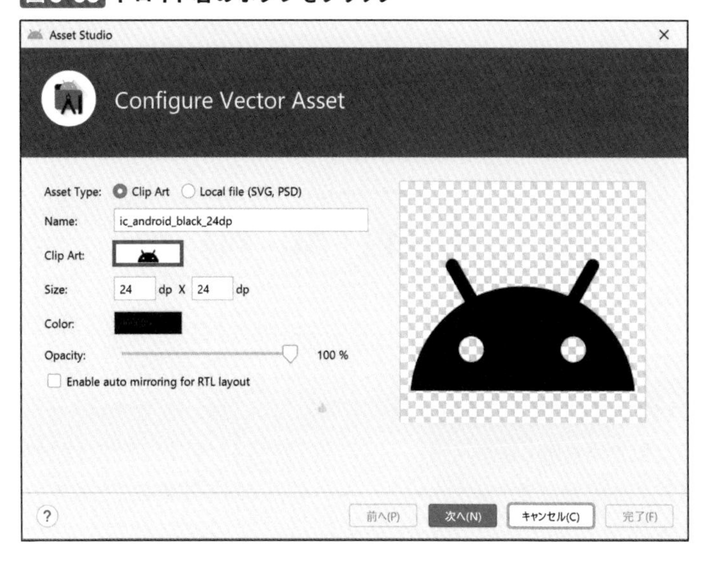

すると、＜Select Icon＞の画面が起動します。アイコンが大量に並んでいますが、左上の検索バーにキーワードを入力して、絞り込むことができます（図3-69）。

図3-69 **Select Icon**

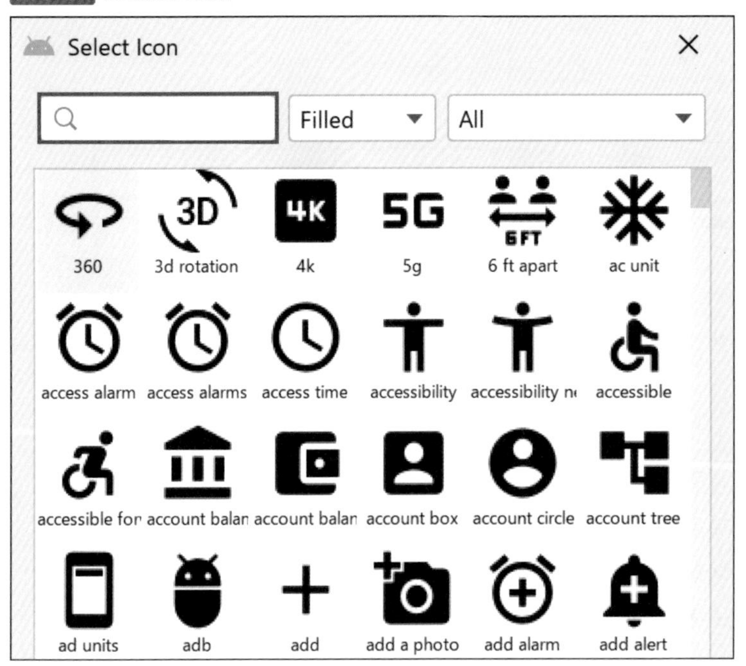

ケーキのアイコンは「cake」、家のアイコンは「home」で見つかります（図3-70）。

図3-70 **cakeやhomeを検索**

アイコンが見つかったら、アイコンをクリックして選択した後、＜OK＞ボタンをクリックして確定します。その後はドロイド君アイコンのときと同じ手順です。この2つのアイコンについては、24dpのままで問題ないので、サイズを変更する必要はありません（図3-71）。合計2回操作することになります。

図3-71 アイコンが揃った

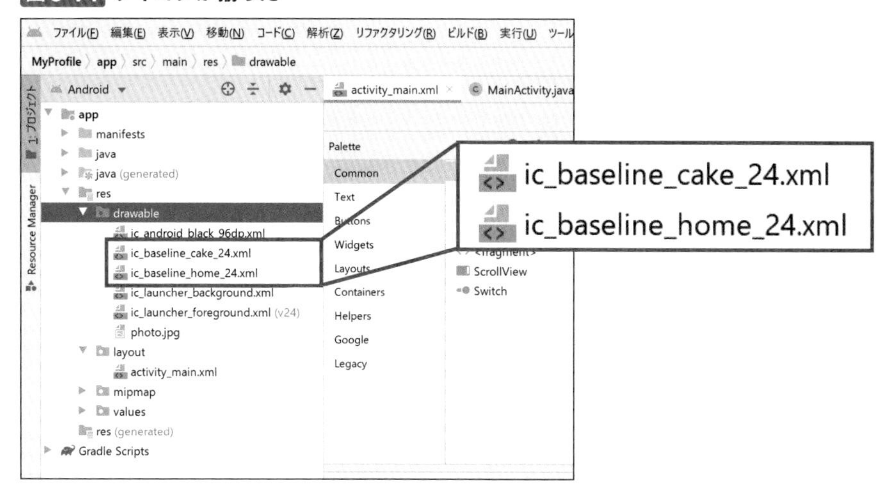

これで、画面内で使いたい写真とアイコンが一通り揃いました。次はいよいよレイアウトに配置していきます。

COLUMN 自作のアイコンを使う場合の注意点

今回のような形でアイコンを用意する場合にはdp単位でアイコンを作ることができますが、自前で用意したPNGやJPGのような画像をアイコンとして扱う場合は、端末のドットサイズに応じて、同じ画像をいくつかのサイズで用意する必要があります。

アプリアイコンが保存されている、res¥mipmap¥ic_launcherフォルダのic_launcher.pngは典型的な例ですので、興味がある方は見てみるとよいでしょう（図3-72）。

図3-72 複数の画像サイズを用意する例

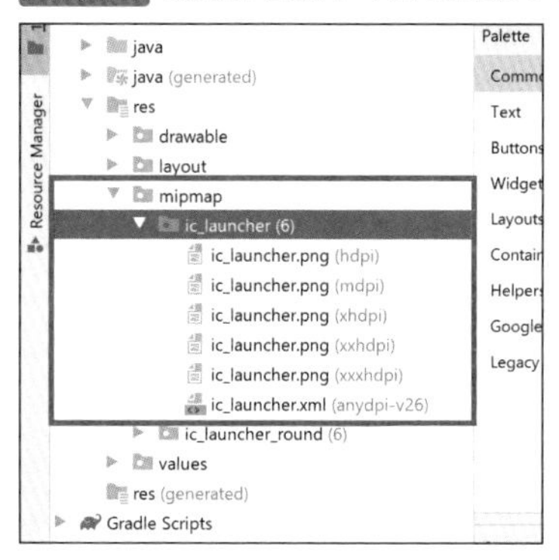

カバー画像を配置する

それでは、画面上部の写真（カバー画像）を配置していきますが、その前に1つ課題を解決しておきましょう。すでに灰色のViewに対して制約を付ける形でレイアウトを組んでありますが、このViewは削除して、画像を表示できるビューである**ImageView**に置き換えていきます。まずは、安全にViewを消す方法を紹介します。

レイアウトエディターのツールバーを見ると、赤いバツ印が付いたボタンがあります。ここにマウスポインタを乗せると、＜Clear All Constraints＞（すべての制約をクリアする）という説明が現れます（図3-73）。

もしボタンが見つからない場合は、何らかのビューを選択中かもしれません。デザインエディター内の何もないところをクリックして、選択を外すと表示されます。

図3-73 ツールバーの＜すべての制約をクリア＞ボタン

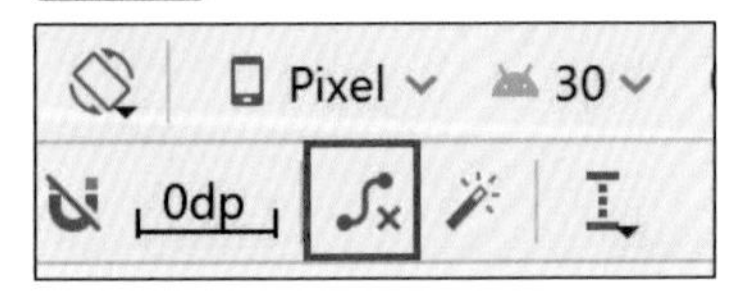

これはレイアウト内にある制約を、すべて外してしまうボタンです。せっかく付けた制約を外すのはもったいないようにも思えますが、一度組み上がったものの一部だけを変更すると、崩れてしまったりして収拾が付かなくなることも多いので、一度ゼロからやり直したほうがよいのです。

＜Clear All Constraints＞のボタンを押すと、本当に制約を消してもよいかを確認するダイアログが現れるので、＜はい＞をクリックします。すると、レイアウトエディターが次のような見た目になります（図3-74）。

図3-74 制約をすべて削除したところ

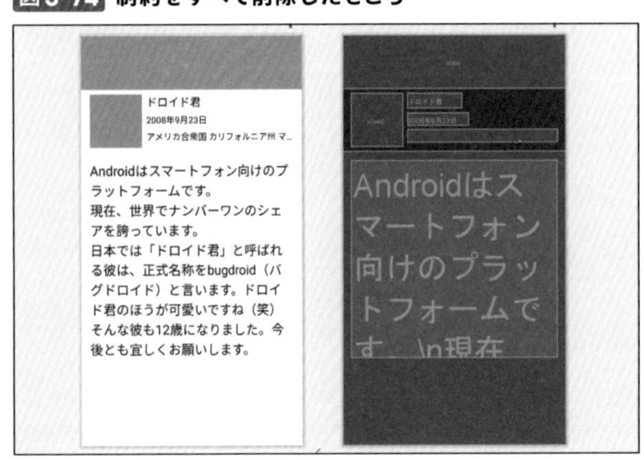

一見すると、これまでと変わっていないように見えますが、いずれかのビューをクリックしてみると、制約が1つも残っていないことがわかります。でも、デザインエディターはきれいに並んでいますね。これは、残念ながらデザインエディター上で仮に割り当てられた配置で、制約が付いているわけではありません。実際にこのままアプリを実行してみると、制約がないので次のように崩壊している様子が見られます（図3-75）。

図3-75 制約がないまま実行した場合の見た目

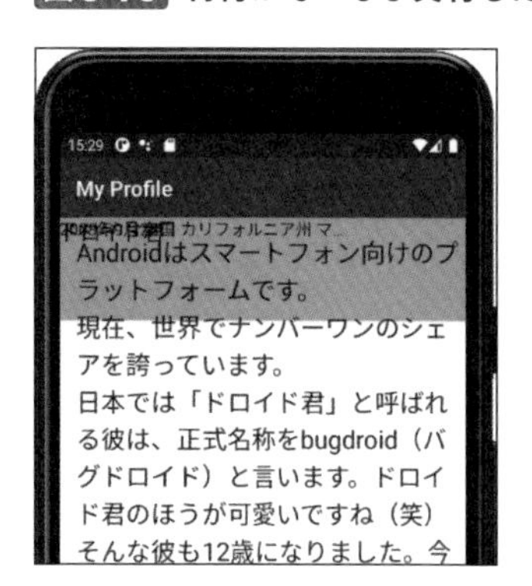

このままでは困ってしまいますが、ご安心ください。ImageViewの配置が終わったら、制約を付け直します。

では、ImageViewを配置していきましょう。パレットの＜Common＞カテゴリーから＜Image View＞を見つけて、コンポーネント・ツリーの＜view＞の下までドラッグ&ドロップします（図3-76）。すると、＜Pick a Resource＞画面が開くので、何の画像を表示したいのかを選択します。

図3-76 ImageViewを追加

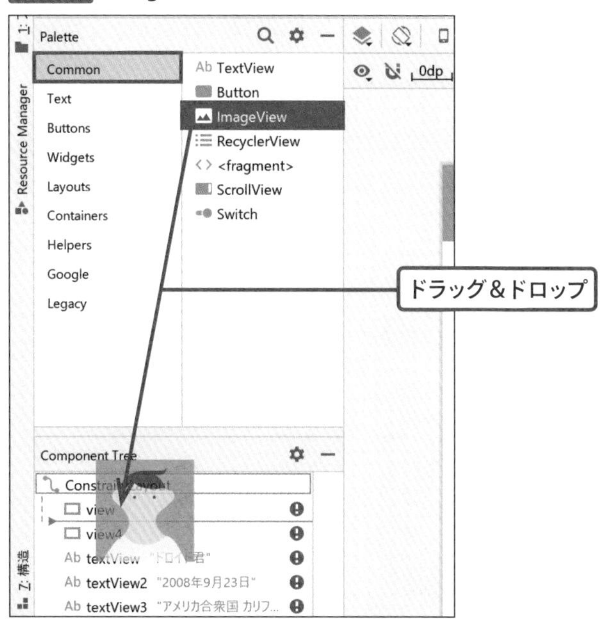

今回は写真を表示したいので、＜Drawable＞→＜My_Profile.app＞→＜photo＞の順で選択し、＜OK＞ボタンをクリックします（図3-77）。

図3-77 リソースを選択

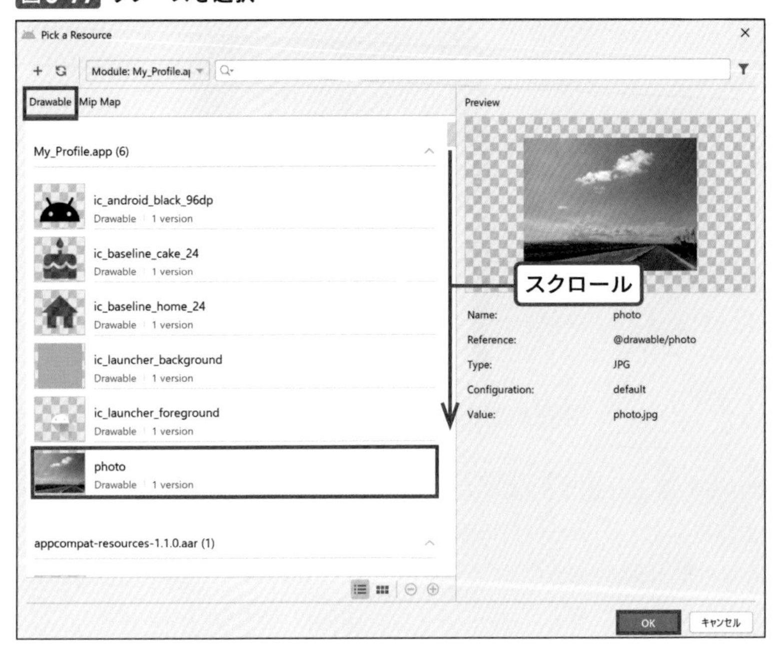

レイアウトにImageViewが配置され、デザインエディターに写真が現れました（図3-78）。

図3-78 写真が表示された様子

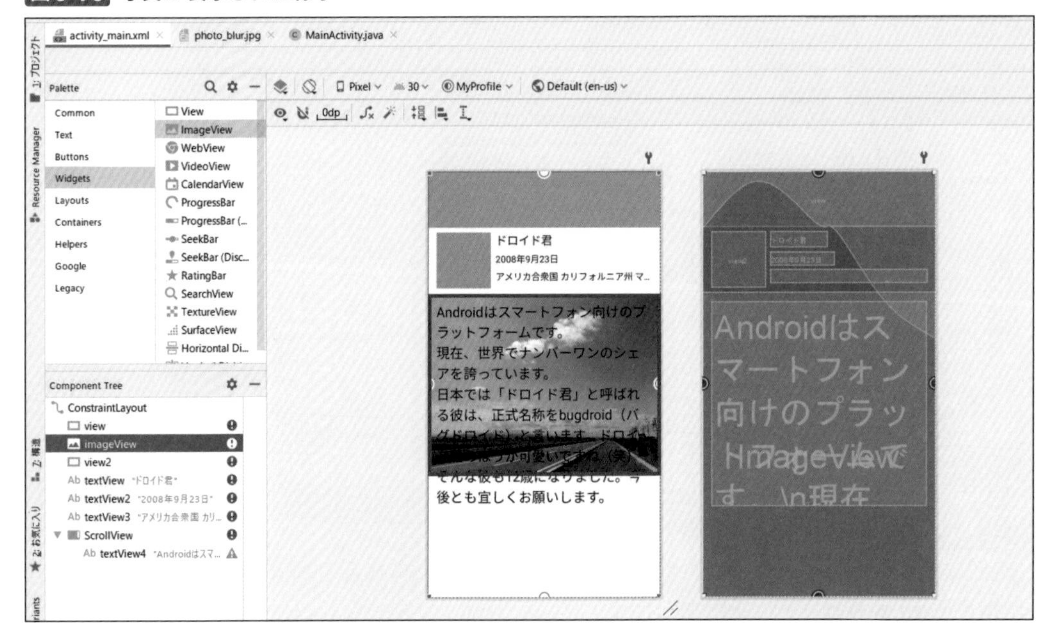

これを元々配置されていたViewと重なるようにしていきます。

コンポーネント・ツリーかデザインエディターでImageViewを選択した状態で、属性のlayout_height欄に「96dp」と入力します。これでImageViewの高さが96dpになります（図3-79）。

図3-79 高さを96dpにした

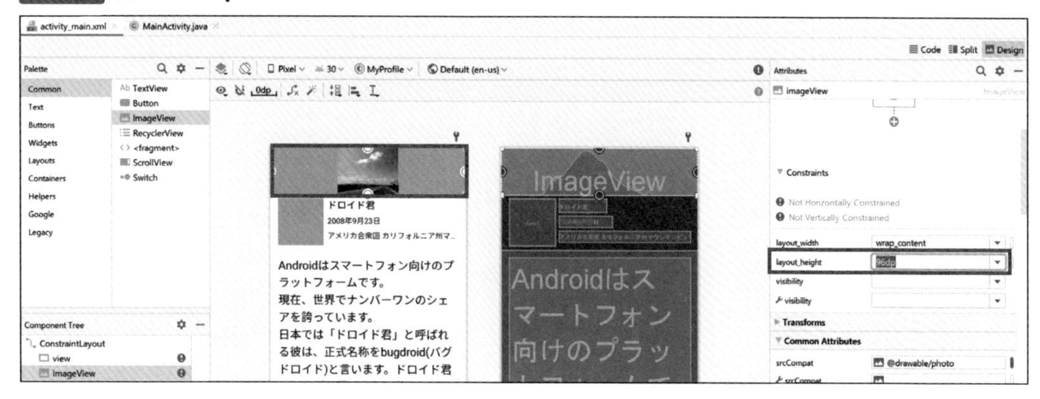

ImageViewはデフォルトでは写真の全体を表示しようとするので、ImageViewの高さが小さくなったのに合わせて写真も小さくなってしまいました。このままでは嬉しくないので、属性のscaleType欄から＜centerCrop＞を選択します。centerCropはImageViewの表示領域いっぱいに画像を表示できるようにズームしてくれる設定です（図3-80）。

図3-80 scaleTypeにcenterCropを適用した

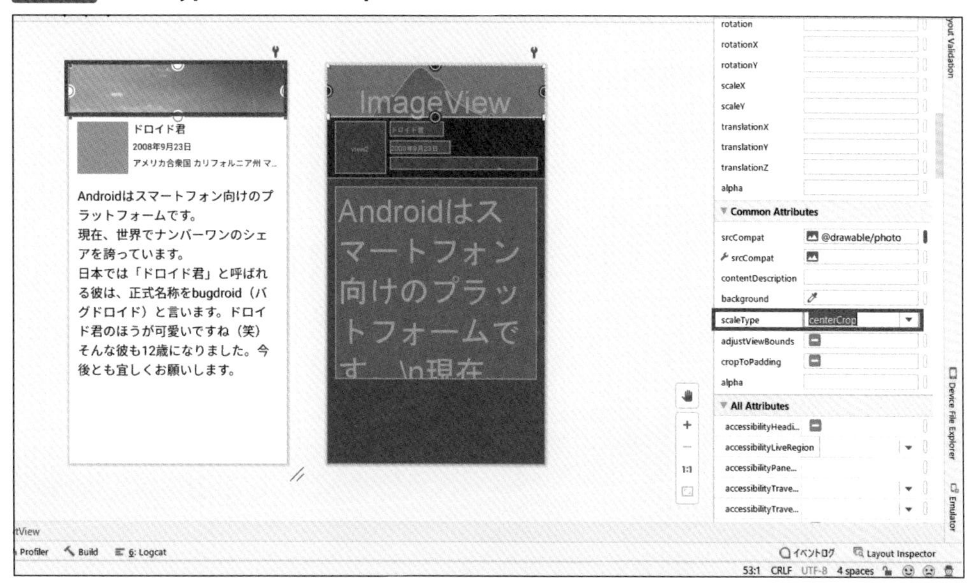

さて、ズームした結果、写真の真ん中あたりの空だけが見える形になりました。好みの話になってしまいますが、この写真は下のほうの道路と山脈が見えたほうがきれいですよね。見える部分を少し整えてみましょう。＜All Attributes＞→＜padding＞→＜paddingBottom＞の値を128dpにします（図3-81）。

図3-81 写真のpaddingBottomを128dpにした

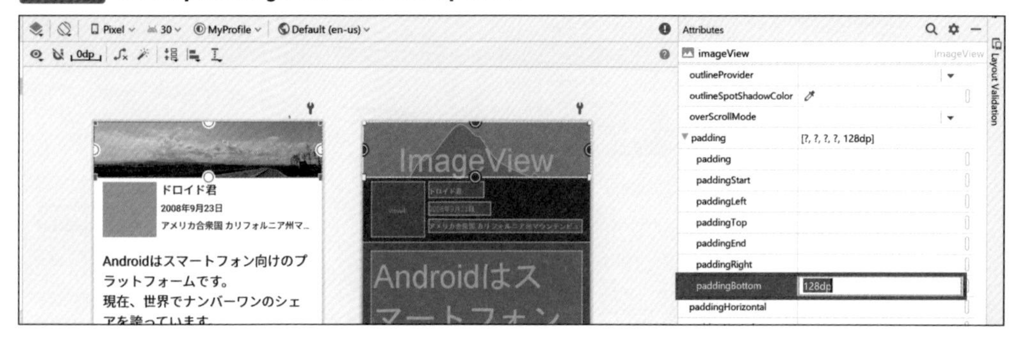

写真下部のきれいなところが見えるようになりました。＜margin＞はビューの外側に隙間を設ける属性でしたが、＜padding＞はビューは内側に隙間を設けるための属性です。＜paddingBottom＞を指定することで、ImageViewの内側を下から128dpの長さ分だけ押し上げて、画像の見える部分をずらした形になります。

これでカバー画像を配置できました。最後に、要らなくなったViewを削除します。コンポーネント・ツリーにある＜view＞を右クリックして、メニューから＜削除＞を選択します（図3-82）。

図3-82 要らなくなったViewを削除する

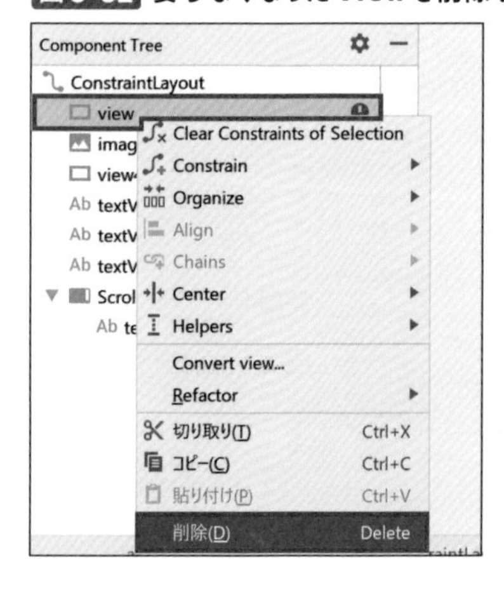

これで、カバー画像のビューを取り替えることができました。

ImageViewにアイコンを配置する

今度はプロフィールの顔写真の代わりになる、ドロイド君のアイコンを表示してみましょう。カバー画像を配置したときと同じように、コンポーネント・ツリーの仮置きのビューである＜view2＞の下に、パレットからImageViewをドラッグ&ドロップします（図3-83）。＜リソース＞画面では、今度は＜ic_android_black_96dp＞というドロイド君のアイコンを選んで＜OK＞をクリックします（図3-84）。

図3-83 view2の下にImageViewをドラッグ

図3-84 ドロイド君のアイコンを選択する

配置してみると、先ほどのカバー画像とアイコンが重なってしまいました（図3-85）。

図3-85 カバー画像と重なってしまった

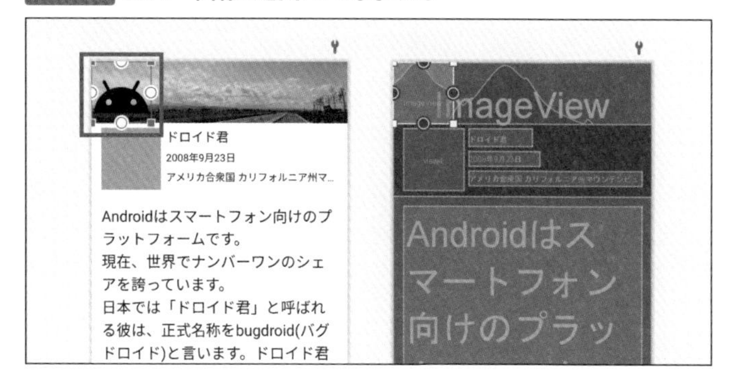

ここからは本章の前半と同じく、制約を付けていく作業です。ドロイド君のImageViewには、次のように制約を付けていきます（表3-4）。カッコ内は制約に付けるマージンです。制約を付けたあと、＜Attributes＞で設定してください。

表3-4 ImageViewに付ける制約

ビュー	左	右	上	下
imageView2	画面の左端（16dp）	-	imageViewの下端（8dp）	-

すると、次のように仮置きのViewの中にすっぽりと収まります（図3-86）（図3-87）。

図3-86 アイコンを仮置きと同じ場所に配置できた

図3-87 imageView2に付けた制約

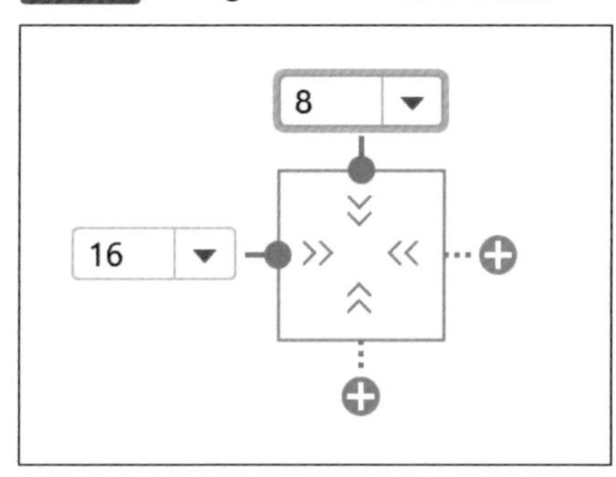

これで、アイコンの仮置きに使っていたビューもお役御免です。コンポーネント・ツリーから＜view2＞を選択して、削除しましょう（図3-88）。

図3-88 アイコンを仮置きと同じ場所に配置できた

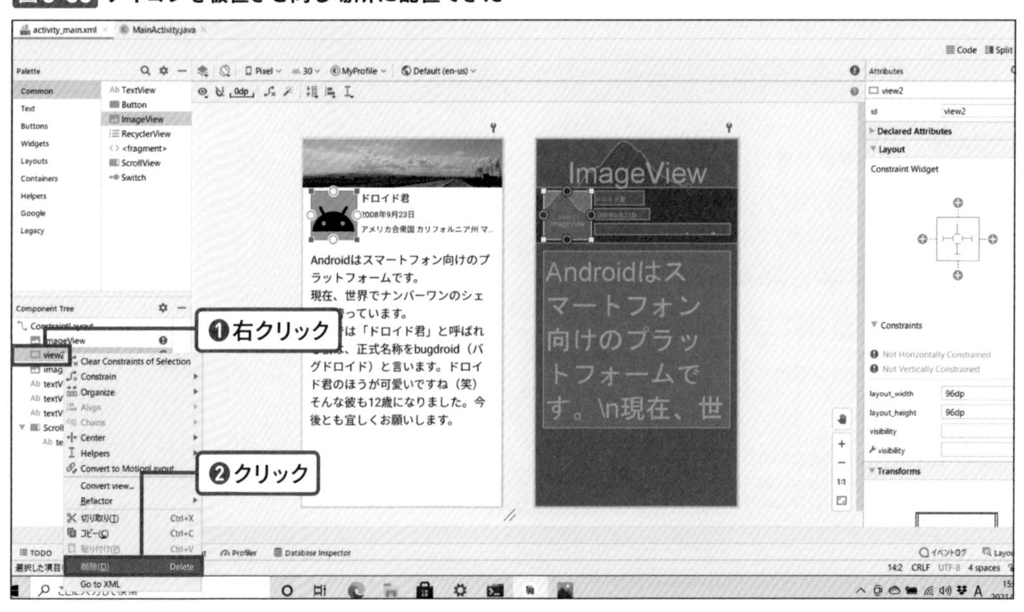

これで、仮置きだった画像の表示が、ImageViewによるものに置き換えられました。

ここから先は、本章の前半とまったく同じ手順で制約を付けるだけです。復習のつもりで、P.64～P.78を参考にしてもう一度、それぞれの制約を繋げてみてください。

TextViewにアイコンを配置する

次は、TextViewの左端にもアイコンを追加してみましょう。TextViewにはテキストの上下左右にアイコンを配置するための仕組みが標準で備わっているので、ImageViewは使いません。「2008年9月23日」のTextViewの＜Attributes＞で、＜drawableLeft＞を見つけてください（図3-89）。

図3-89 Attributesから drawableLeftを設定

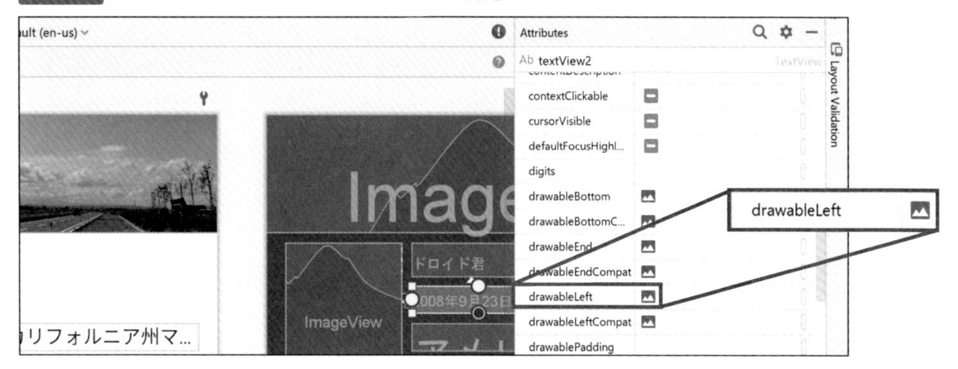

＜drawableLeft＞の行にある画像アイコンをクリックすると、見覚えのある＜Pick a Resource＞画面が開きます（図3-90）。ケーキのアイコンを選択して、＜OK＞ボタンをクリックしてください。

図3-90 ケーキのアイコンを選択

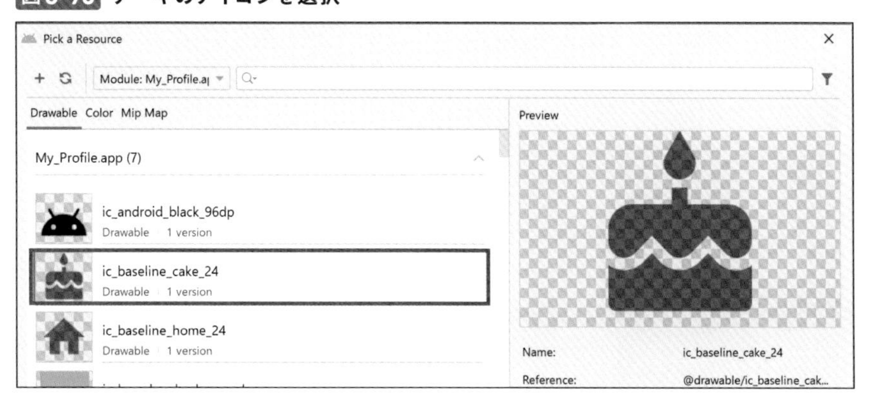

すると、TextViewの左端に、ケーキのアイコンが現れました（図3-91）。

図3-91 ケーキのアイコンが表示される

同様の操作で、「アメリカ合衆国〜」のTextViewにも家のアイコンを追加しましょう（図3-92）。

図3-92 TextViewに家のアイコンが表示される

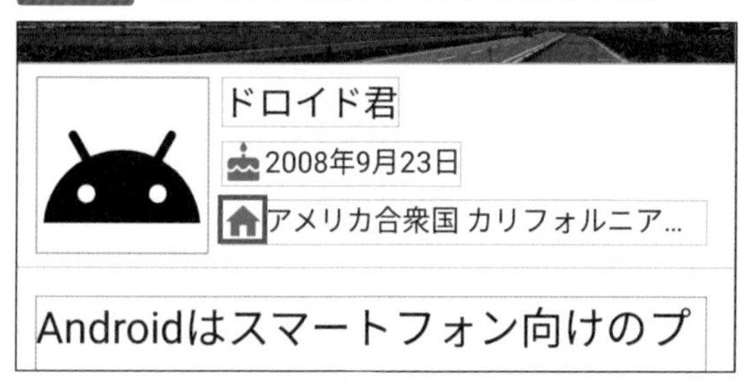

このように、テキストにアイコンを添えることで、何の情報を扱っているのか、視覚的にわかりやすくなります。ちょうどよいアイコンが見つかった場合は、添えておくとよいでしょう。

ScrollViewに背景を付ける

それでは最後に、ScrollViewに背景を付けてみましょう。背景用に写真を少し白っぽくしたデータを用意しておきます（図3-93）。画像はサンプルファイルをダウンロードして利用してください（P.4参照）。

図3-93 背景用の画像

この画像はP.88〜P.90を参考に「photo_blur.jpg」という名前でresフォルダの中のdrawableに登録しておきます（図3-94）。

図3-94 背景用の画像を追加する

さて、ScrollViewの背景にこの画像をセットしましょう。再度＜activity_main.xml＞をクリックして、画面を切り替えます。＜ScrollView＞を選択して、＜Attributes＞を設定しますが、ここで注意が必要です。デザインエディターをクリックすると、内側のTextViewが選択されてしまうので、コンポーネント・ツリーで＜ScrollView＞を選択してください（図3-95）。

図3-95 コンポーネント・ツリーでScrollViewを選択する

ScrollViewが選択できたら、＜Attributes＞の中にあるbackgroundの項目を使います。＜Attributes＞の＜background＞を選択します。テキスト入力のほうは無視して、右端のボタンをクリックします（図3-96）。現バージョンでは不具合でボタンが細長くなっており、クリックしづらいですが、なんとかクリックしてください。

図3-96 background属性

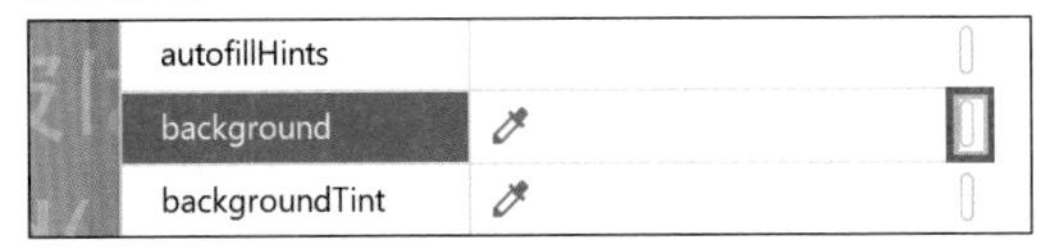

すると、＜Pick a Resource＞画面が開きます（図3-97）。

図3-97 リソース画面で背景用画像を選ぶ

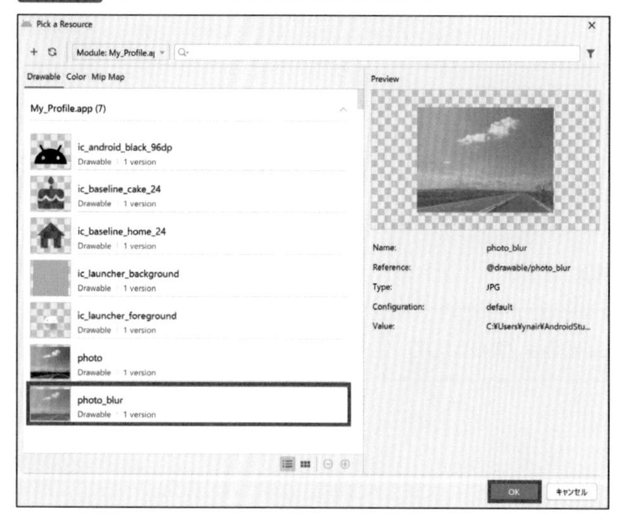

これまでと同じ要領で、背景用画像を選択して＜OK＞をクリックします（図3-98）。

図3-98 背景が表示される

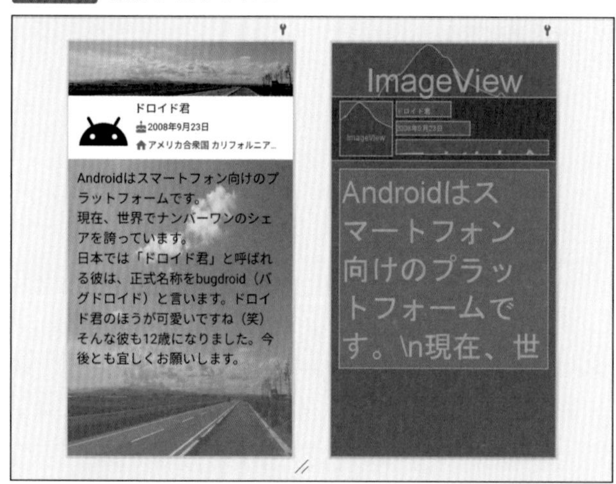

ScrollViewの背景に画像が現れました。画像さえ用意できれば、背景はこのように手軽に設定することができます。

ここまでで、レイアウトエディターの使い方についてはひとまず卒業です。次章ではこのレイアウトに対して動きを付けるためのJava言語の使い方などについて解説していきます。

CHAPTER 4

Javaプログラムを編集しよう

SECTION 01

Androidの Javaプログラムの基本

さて、いよいよJava言語によるプログラミングについての解説を始めます。Java言語を用いることによって、これまでレイアウトを定義したとおりにしか表示できなかったアプリが、命を持って動き始めます。手始めに、本節では、Androidアプリ開発における、Java言語を用いたプログラミングの基本を解説します。手を動かしながら、一歩ずつ、感覚をつかんでいってください。

Javaを練習する環境を作る

本章では、AndroidにおけるJava言語の扱い方について学んでいきます。まずはJavaプログラムを書いたり動かしたりするための環境作りをしてみましょう。

前章のプロフィールアプリのプロジェクトを開いたままになっている場合は、ウィンドウ左上から＜ファイル＞→＜プロジェクトを閉じる＞の順に選択して、プロジェクトを閉じておきます（図4-1）。

図4-1 プロジェクトを閉じる

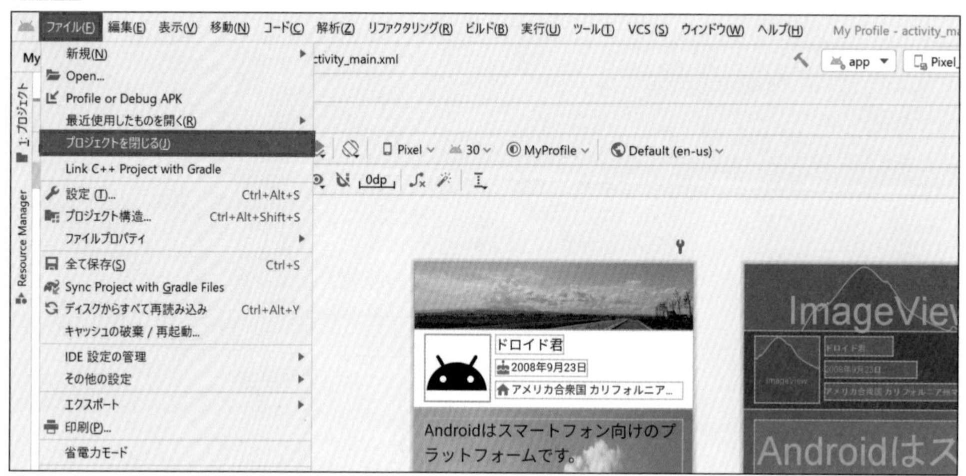

プロジェクトを閉じると、＜Android Studioへようこそ＞の画面が表示されます（図4-2）。

図4-2 Android Studioへようこそ

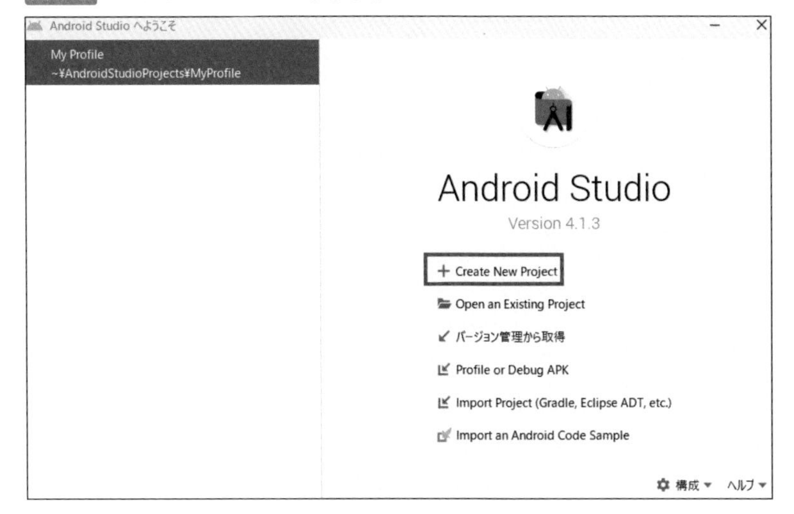

練習用のプロジェクトを作成する

Android Studioで新しく練習用のプロジェクトを作成します。

まずは、＜Android Studioへようこそ＞の画面で＜Create New Project＞をクリックします。次に現れる＜Select a Project Template＞の画面では、＜Empty Activity＞を選択して、＜次へ＞をクリックしてください（図4-3）。

図4-3 空のアクティビティーを選択する

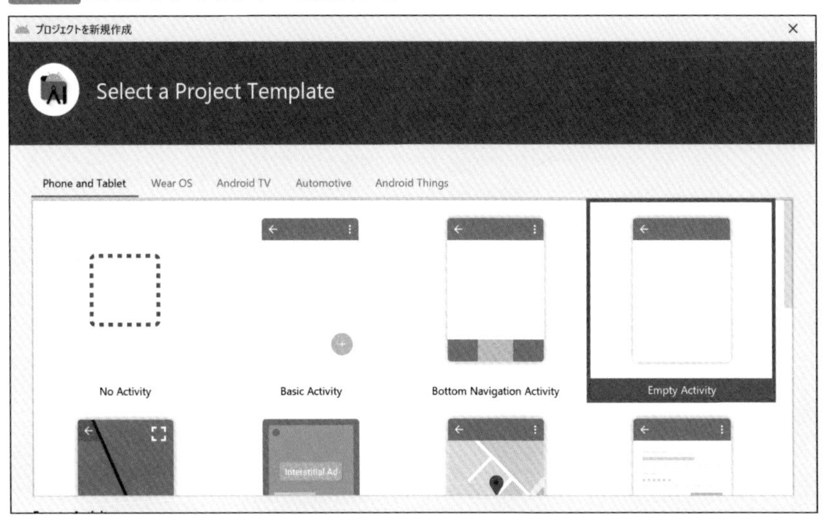

その次に現れる＜Configure Your Project＞の画面では、次の情報を入力します（表4-1）（図4-4）。

表4-1 新規プロジェクトの設定値

項目名	値
Name	MyFirstAndroidJava
Package name	com.example.myfirstandroidjava
Save location	C:¥Users¥< ユーザー名 >¥AndroidStudioProjects¥MyFirstAndroidJava
	/Users/＜ユーザー名＞/AndroidStudioProjects/MyFirstAndroidJava（Macの場合）
Language	Java
Minimum SDK	API 30: Android 11.0 (R)

図4-4 新規プロジェクトの設定

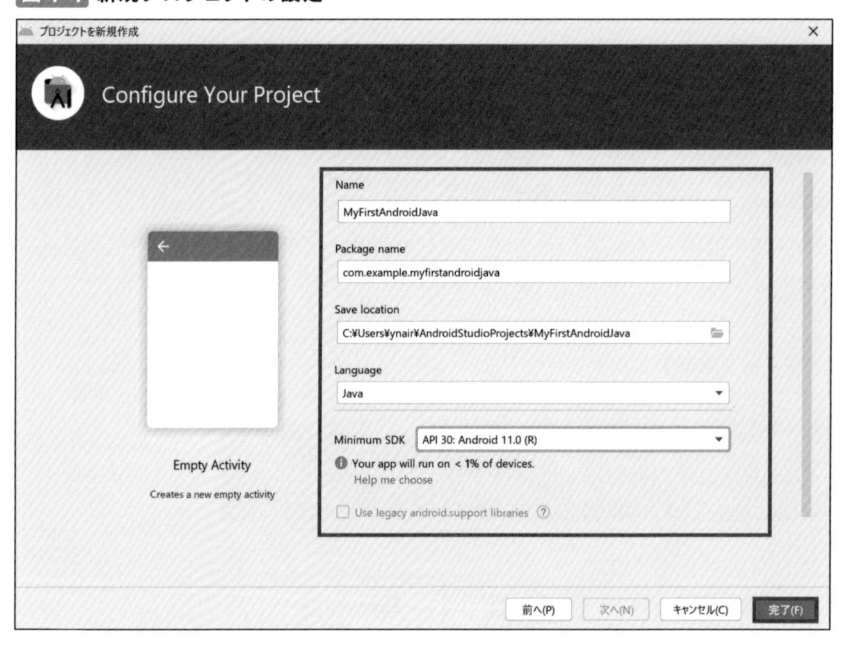

これで＜完了＞のボタンをクリックすれば、練習用のプロジェクトの作成は完了です。

Javaエディターの見かた

プロジェクトの作成が完了すると、Javaエディターが開きます。左側のファイル一覧から、「App」→「java」→「com.example.myfirstandroidjava」→「MainActivity」の順にダブルクリックしても開くことができます（図4-5）。

図4-5 Javaエディター

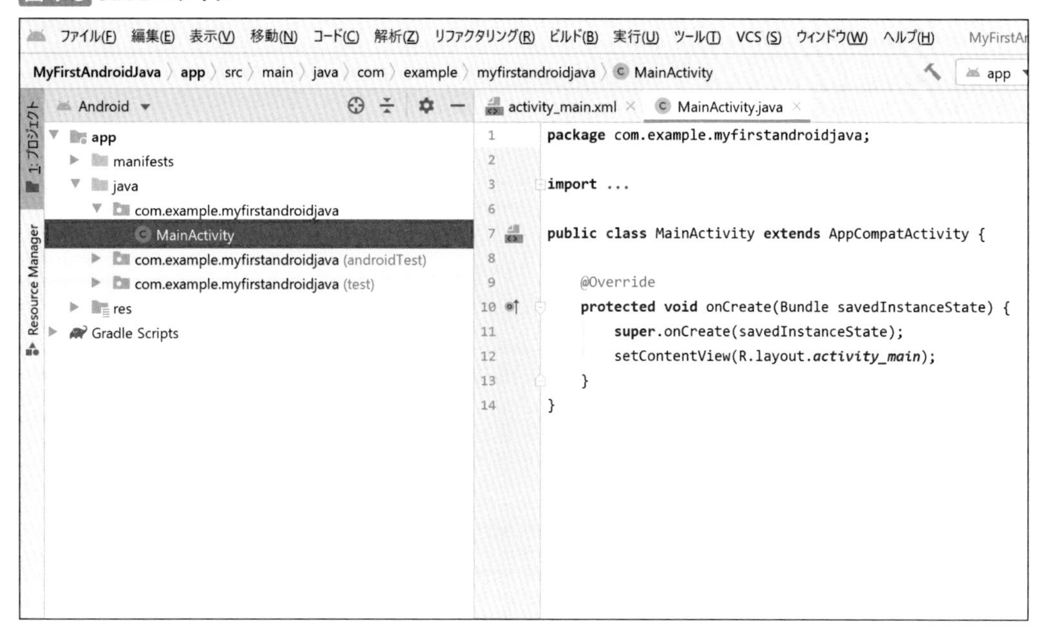

Javaエディターは、レイアウトエディターに比べるとシンプルな見た目です。Javaプログラムを入力するのが主な用途になります。

この説明だけだとメモ帳と何が違うのかわかりませんね。実際には、Android StudioのJavaエディターには、次のような機能があります。

- **Javaプログラムに色付けして見やすくする**
- **入力する量を減らせるように、プログラムを補完する**
- **レイアウトエディターへ簡単に移動する**
- **Javaプログラム間の移動をスムーズにする**
- **プログラム中の問題がある行や文字に、赤や黄色でハイライトを付ける**

イメージとしては、日本語変換ソフトが途中まで入力した文字の続きをサジェスト（提案）してくれたり、ワープロソフトが文法ミスを指摘してくれたりするような、そんな機能を持っているとご理解ください。

少し特殊な機能としては、レイアウトエディターへの移動があります。MainActivity.javaを見ると、R.layout.activity_mainという記述がありますね。これは、レイアウトのXMLファイルを指定するためのものです。キーボードのCtrlキー（macOSではcommandキー）を押しながら、マウスカーソルをactivity_mainの部分に合わせてみましょう。クリック可能を表す指の形になります（図4-6）。

図4-6 Javaプログラムをクリックできる

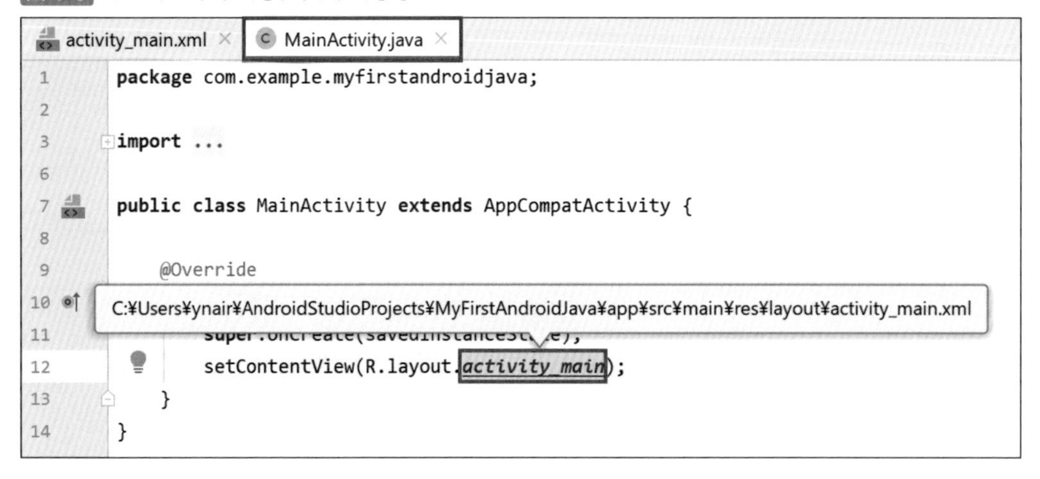

実際にクリックしてみると、レイアウトエディターが開きます（図4-7）。

図4-7 レイアウトエディターが開く

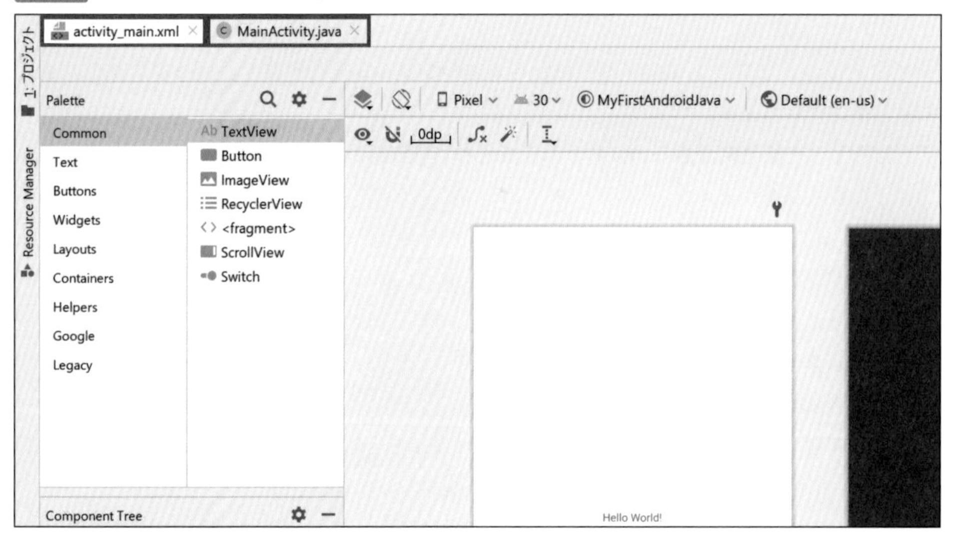

アプリ開発をしていく中では、Javaエディターとレイアウトエディターを行き来する機会が多くあります。そんなときに、このようにマウスによるクリックでファイル間を移動できるのは、便利ですね。

このように、メモ帳のように見えても、アプリ開発に役立つ機能がいろいろと入っているのがAndroid StudioのJavaエディターです。他の機能については、本書の中で随時紹介していきます。

MainActivity.javaのタブをクリックして、元の画面を表示します。

Javaの動作を確認する

では、実際にJavaプログラムを書き始めてみましょう。編集するのはMainActivity.javaというファイルの次の部分です（リスト4-1）。この後、import文（後述）を挿入する前後で、紙面とお手元のプログラムの行数がずれる場合があるので注意してください。

リスト4-1 MainActivity.java

```
001: package com.example.myfirstandroidjava;
002:
003: import androidx.appcompat.app.AppCompatActivity;
004:
005: import android.os.Bundle;
006:
007: public class MainActivity extends AppCompatActivity {
008:
009:     @Override
010:     protected void onCreate(Bundle savedInstanceState) {
011:         super.onCreate(savedInstanceState);
012:         setContentView(R.layout.activity_main);
013:
014:         // ここにプログラムを追記していきます
015:
016:     }
017: }
```


Androidアプリが起動すると、最初のアクティビティー（画面）であるMainActivityが起動します。MainActivityはJava言語のクラスという文法で定義されています。アクティビティーが起動すると、まずはonCreateというメソッドがAndroidによって呼び出されます。プログラミングの世界では、こういった最初に呼び出される処理のことをエントリーポイントと呼ぶことがあります。メソッドについては後ほど解説します。

POINT

クラスは、データや処理の組み合わせに名前を付けて管理するための仕組みです。後述する参照型のデータは、すべてこのクラスによって記述されています。

本項では、まずログを表示していきます。ログはアプリ開発における動作確認（デバッグ）の際によく使われる機能です。Javaプログラムが内部でどんなデータを処理しているのかを、アプリの画面ではなくAndroid Studio上で表示することができます。

COLUMN コメントについて

Javaプログラムの中にスラッシュ2つ(//)を記述すると、その行のそれ以降の文字がJavaプログラムとして認識されなくなり、自由な文字を記述できます。これはコメントと呼ばれるものです。

```
int a = 1; // ここに書いた文字は無視されます
```

プログラムを読み返したときに助けになるような、日本語の説明などを書いておくときに使います。また、特定の行のプログラムを実行したくないけれど、あとで参考にするかもしれないので消したくないといった場合には、行頭に//を書くことで、その行を実行対象から外すこともできます。このテクニックをコメントアウトといいます。

```
// この行は実行されません
// Log.d("MainActivity", "Hello, World!");
```

Android Studioでは、キーボードショートカットでCtrl+/キー(macOSではcommandキー+/キー)を押すと簡単にコメントアウトとコメントの解除ができるようになっていますので、ぜひ活用してみてください。

Logクラスを使ってログを表示するための処理を記述する

それでは、ログを表示できるようにプログラムを編集します。Javaエディター上で、次のように「Log.」と入力します。ドットまで入力したところで、一度手を止めます(リスト4-2)。

リスト4-2 MainActivity.java

```
007:  public class MainActivity extends AppCompatActivity {
008:
009:      @Override
010:      protected void onCreate(Bundle savedInstanceState) {
011:          super.onCreate(savedInstanceState);
012:          setContentView(R.layout.activity_main);
013:
014:          Log.
015:      }
016:  }
```

すると、Logから呼び出せる機能の一覧が現れます(図4-8)。

図4-8 Logで使用できる機能の一覧

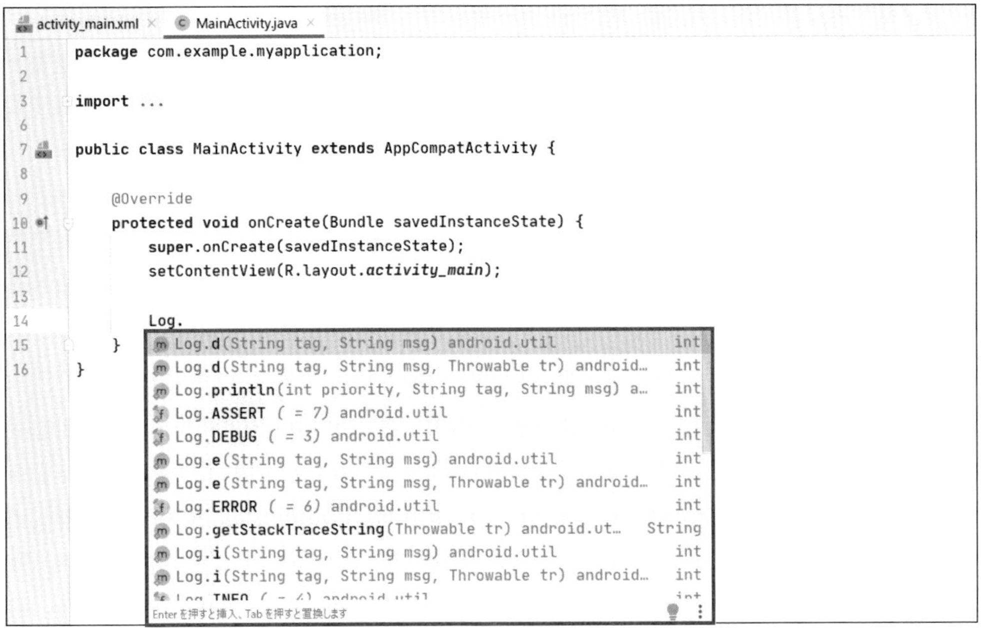

```
activity_main.xml × | MainActivity.java ×
1   package com.example.myapplication;
2
3   import ...
6
7   public class MainActivity extends AppCompatActivity {
8
9       @Override
10      protected void onCreate(Bundle savedInstanceState) {
11          super.onCreate(savedInstanceState);
12          setContentView(R.layout.activity_main);
13
14          Log.
15      }  Log.d(String tag, String msg) android.util               int
16  }      Log.d(String tag, String msg, Throwable tr) android…     int
           Log.println(int priority, String tag, String msg) a…     int
           Log.ASSERT ( = 7) android.util                           int
           Log.DEBUG ( = 3) android.util                            int
           Log.e(String tag, String msg) android.util               int
           Log.e(String tag, String msg, Throwable tr) android…     int
           Log.ERROR ( = 6) android.util                            int
           Log.getStackTraceString(Throwable tr) android.ut…     String
           Log.i(String tag, String msg) android.util               int
           Log.i(String tag, String msg, Throwable tr) android…     int
           Enter を押すと挿入、Tab を押すと置換します
```

今回は、＜Log.d(String tag, String msg) android.util　　int＞を選択します。これはデバッグログと呼ばれる種類のログを表示するための命令です。マウスでクリックしても構いませんし、カーソルキーで上下に選択して Enter キーを押しても構いません。筆者はカーソルキーと Enter キーで操作することが多いです。

＜Log.d(String tag, String msg) android.util　　int＞を選択すると、これまで入力していたドットの後ろにd()が入力され、カッコの間にカーソルが入ります（図4-9）。

図4-9 Log.dに引数を入力する

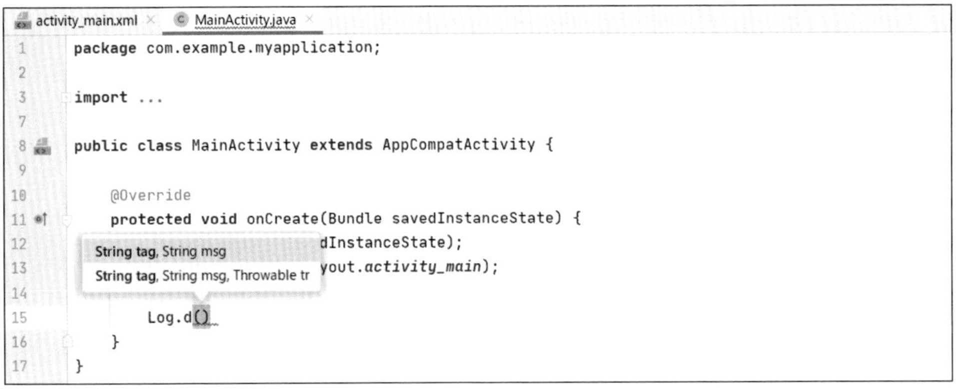

```
activity_main.xml × | MainActivity.java ×
1   package com.example.myapplication;
2
3   import ...
7
8   public class MainActivity extends AppCompatActivity {
9
10      @Override
11      protected void onCreate(Bundle savedInstanceState) {
12          [String tag, String msg]                        dInstanceState);
13          [String tag, String msg, Throwable tr]          yout.activity_main);
14
15          Log.d()
16      }
17  }
```

何やら灰色のバルーンが現れていますね。これは「Log.dにデータを渡す方法は2つあります」「1つはtagという名前の文字列データとmsgという名前の文字列データを渡す方法です」「もう1つはtagという名前の文字列データとmsgという名前の文字列データ、それにtrという名前のエラーデータを渡す方法です」という情報を表現しています。String msgのような表記の読み方・書き方については後述します。

今回は前者の方法を採用して、Log.dに文字列データを2つ渡すことにしましょう。次のようにカッコの中を埋めます。なお、「"MainActivity"」と入力すると「tag: "MainActivity"」と表示され、「"Hello, World!"」と入力すると「msg: "Hello, World!"」と表示されますが、そのままで構いません。

```
Log.d("MainActivity", "Hello, World!");
```

文字列を表現するために使った「"」は、ダブルクォートという1文字の文字です。シングルクォート(')を2つ書いてもエラーになりますので、間違えないようにしてください。最後にセミコロン(;)を記述するのもお忘れなく。プログラム全体としては次のような形になります(リスト4-3)。

リスト4-3 MainActivity.java

```
008: public class MainActivity extends AppCompatActivity {
009:
010:     @Override
011:     protected void onCreate(Bundle savedInstanceState) {
012:         super.onCreate(savedInstanceState);
013:         setContentView(R.layout.activity_main);
014:
015:         Log.d("MainActivity", "Hello, World!");
016:     }
017: }
```

今回はLog.dに渡す1つめのデータ(tag)にMainActivityという文字列を書きました。tagは、後述するログキャットでログを探しやすくするためのものです。わかりやすければどんな文字列を書いても構いませんが、クラスの名前を書くのが慣例です。

さて、これでログを表示できるようになりました。次は仮想デバイスを起動して、実際にログが表示されるところを見ていきましょう。

Logcatでログを表示する

それでは、アプリを動かして、ログが表示される様子を見ていきましょう。ログはLogcat(ログキャット)というツールウィンドウに表示されます。もし、Android Studioの下部に＜Logcat＞の表示があればそちらをクリックしてもいいですが、見当たらない場合は、上部のメニューから<表示>→<ツールウィンドウ>→<Logcat>の順に選択して、ログキャットを開きます(図4-10)。

図4-10 ログキャットを開く

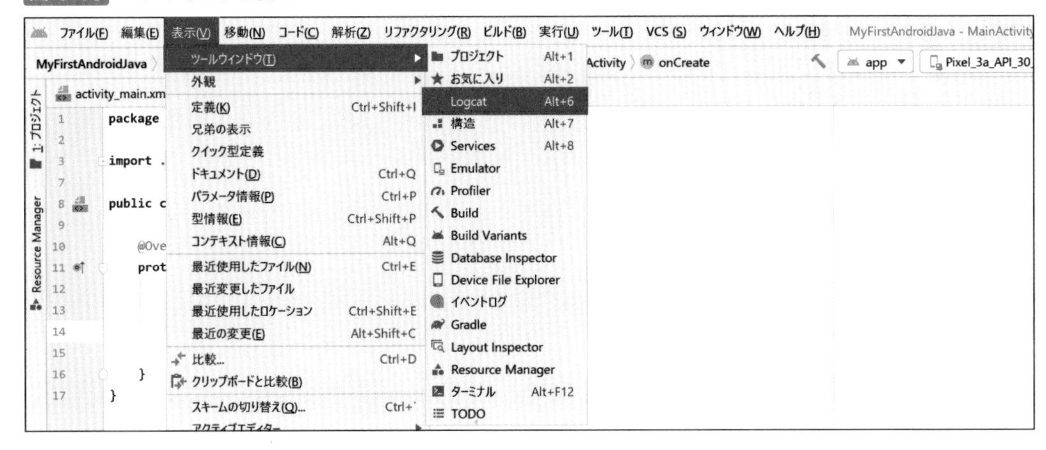

ログキャットはAndroid Studioの下部を占拠する形で現れます。次のような見た目になります(図4-11)。

図4-11 ログキャットが開いた様子

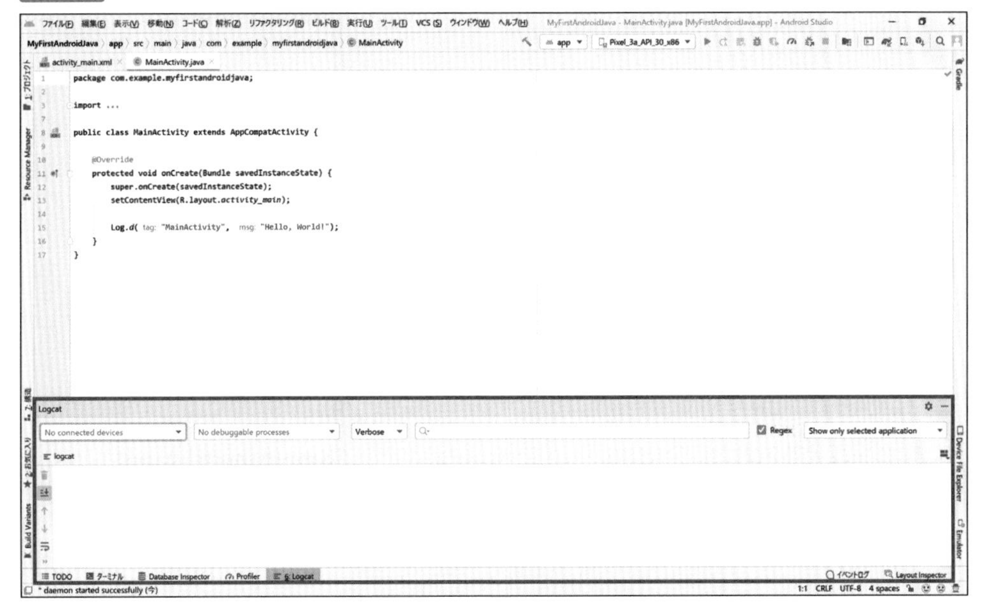

ログキャットは仮想デバイスやUSBケーブルで繋いだ端末のログを表示するための場所です。その

ため、それらを動かしたり接続したりしていない場合は、何も表示されません。

では、実際にアプリを起動して、ログキャットの動作を見てみましょう。第2章で解説したのと同様に、アプリを実行する<▶>のボタンをクリックします（図4-12）。

図4-12 アプリを起動する

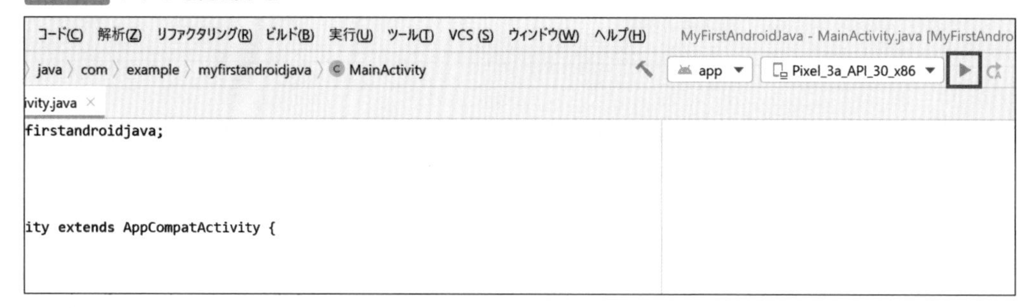

アプリのビルドと、仮想デバイスの起動が同時に行われるので、少し時間がかかることもありますが、辛抱強く待ちましょう（図4-13）。

図4-13 仮想デバイスの起動とアプリのビルドを待つ

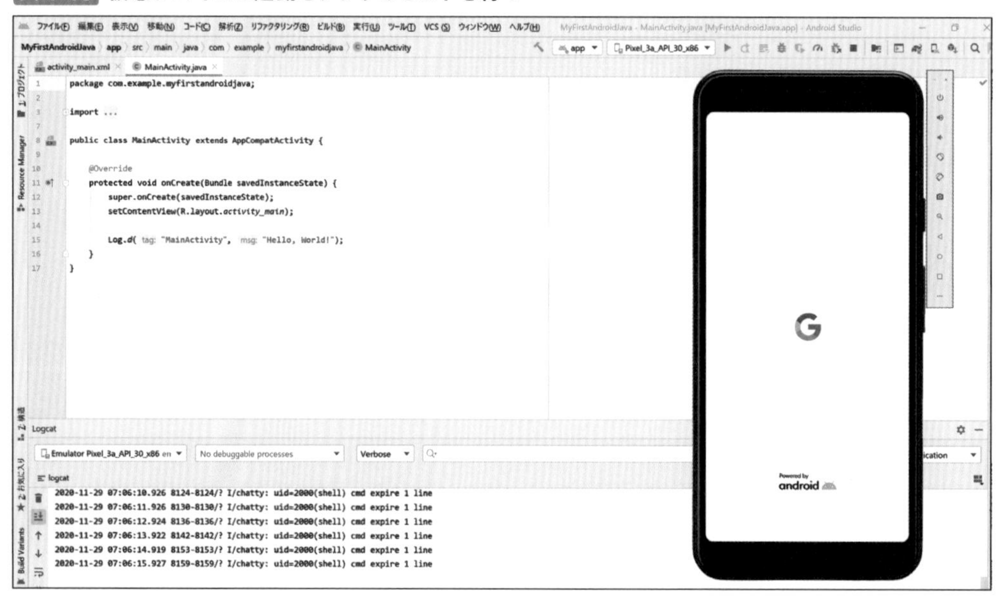

仮想デバイスの起動が完了すると、ログキャットに仮想デバイス内の情報が流れ始めます。これらはAndroidが開発者向けに提供している情報であったり、インストールされているアプリが公開情報としてログを流しているものだったりします（図4-14）。

図4-14 ログキャットにシステムログが表示される

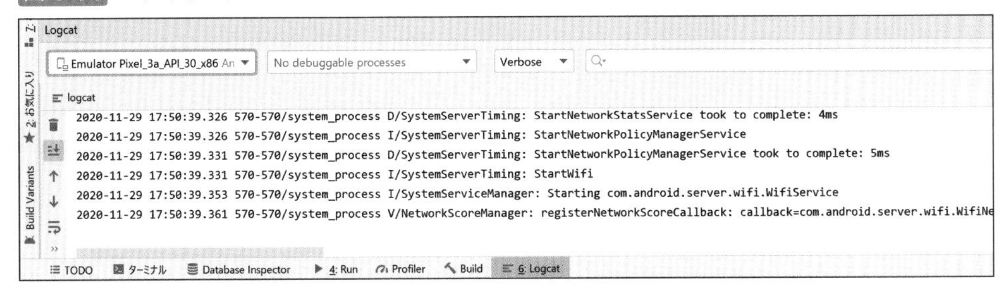

さて、しばらく待つとアプリが起動します。ログキャットに表示されるログも、実行中のアプリに関するもののみになります(図4-15)。

POINT

ログキャットの虫眼鏡アイコンの入力欄でログをフィルターできるので、「MainActivity」と入力しておくとサンプルプログラムの結果を探しやすくなります。

図4-15 ログキャットにアプリのログが表示される

ログキャットに表示されるログをスクロールして探してみると、次のようなログが見つかります。

```
D/MainActivity: Hello, World!
```

tagとして記述した「MainActivity」と、msgとして記述した「Hello, World!」が、見事に表示されています。ログキャットを使うと、このように、画面のレイアウトに関係なくJavaプログラム内で処理されている最中のデータを表示することができます。

COLUMN import文について

Java言語の文法上、Logのような機能を使用するためにはプログラムの上部にimport（インポート）という文を記述する必要がありますが、Android Studioでは通常、import文が省略されています（図4-16）。

図4-16 省略されたimport文

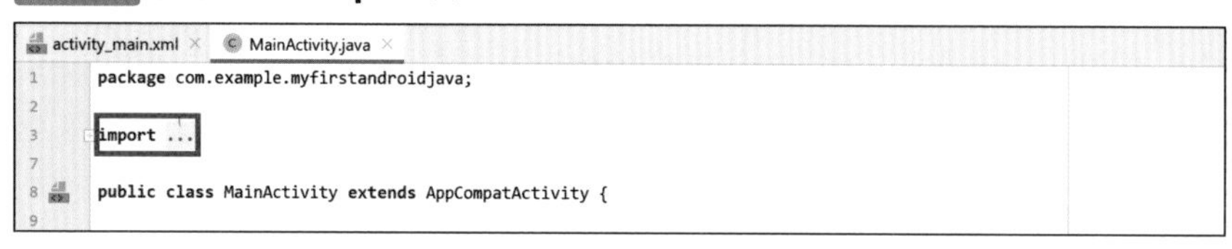

これは...の部分をクリックすると展開することができ、プロジェクト作成時点では次のようになっています。

```
003:  import androidx.appcompat.app.AppCompatActivity;
004:
005:  import android.os.Bundle;
```

Javaの文法上、Logを使用するためにはimport android.util.Log;というimport文を追記する必要がありますが、ここまでそのような解説はしていませんでした。
しかし、Log.dを選択したあとのimport文を見ると、次のようになっています。

```
003:  import androidx.appcompat.app.AppCompatActivity;
004:
005:  import android.os.Bundle;
006:  import android.util.Log;
```

これはAndroid Studioの便利な機能の1つで、自動インポートと呼ばれるものです。自分ですべてのプログラムを書くのではなく、Android Studioが提案したものの中から選ぶことで、それに見合ったimport文が自動で追記されます。
この自動インポートがあるために、普段プログラマーがimport文を書く機会はほとんどありません。そのため、import文はJavaエディター上で省略されているのです。
なお、自動インポートによってimport文が追加されると、当然ですが行が増えます。そのため、紙面に掲載しているリストの行番号は、自動インポートの実行前後で食い違いがあるように見えることにご注意ください。

Javaのリテラルと変数

データを見る方法がわかったので、次はデータの生み出し方や取り回し方について学んでいきましょう。本項で解説するJavaプログラムは、前項で「Hello, World!」を表示したときと同様に、MainActivityのonCreateの中に記述していきます。

さて、前項で解説したLog.dの使い方では、"MainActivity"と"Hello, World!"という2つの文字列を指定して、ログを出力していました。これらの文字列のように、Javaプログラム内で利用されるデータのことを値といいます。また、プログラム内に値を直接記述する表現のことをリテラルといいます。前項の例は「Log.dに文字列リテラルで生み出した値を2つ渡して、ログ出力を実現した」と表現することができます。

変数の宣言と代入

値は変数を使うことによって、より柔軟に扱うことができるようになります。例えば、Hello, World!の例は、次のように書き替えることができます。

```
010:  @Override
011:  protected void onCreate(Bundle savedInstanceState) {
012:      super.onCreate(savedInstanceState);
013:      setContentView(R.layout.activity_main);
014:
015:      String hello = "Hello, World!";
016:
017:      Log.d("MainActivity", hello);
018:  }
```

Log.dに渡していた2つめの文字列リテラルが、上の行に移動しました。代わりに、Log.dには「hello」という文字が渡されていますね。このhelloが変数です。ここで、アプリを実行する▶や↻のボタンを押して、再度プログラムを実行してみましょう。前に実行したままのアプリがあると「プロセス 'app'を終了しますか？」という表示が出るので、＜終了＞をクリックしてください。すると、ログキャットに以前と同じ形でHello, World!が表示されます。helloが"Hello, World!"の代わりとしてLog.dに認識されているようですね。

変数は、データに名前を付けてデータの性質をわかりやすくしたり、プログラム内で繰り返し使ったりするために使うものです。変数に関する文法には、宣言と代入の2つがあります。同時に使うことも多いですが、まずはそれぞれ分けて解説します。

宣言

変数の宣言とは、変数の名前（変数名）と、そこに代入できる値の種類（型）を記述したものです。次の図のように記述します（図4-17）。

図4-17 変数を宣言する

```
String hello;
└────┘ └───┘
  型   変数名
```

左側に型を記述し、その右側に変数名を記述して、最後にセミコロンを書きます。型として記述可能なものに関しては後述します。変数名は自由に命名して構いませんが、数値から始まる文字（1textのようなもの）にすることはできません。記号については_（アンダーバー）と$（ドルマーク）のみ使用することができます。誤ったルールで命名してしまった場合には、Android Studioが赤文字や下線で示してくれるので、それで判別できます（図4-18）。

図4-18 変数名として不適な場合の表示

```
String 0_hello;
```

また、慣例として、変数名はキャメルケースと呼ばれる規則で命名することが多いです。例えば、苗字（Family Name）を表す文字列データの変数を宣言する場合は、String familyName;のように記述します。キャメルケースによる命名を行う場合は、次のルールを守ってください。

❶英単語を繋げる
❷最初の単語は小文字のみで記述する
❸ 2つめ以降の単語は頭文字を大文字にする

本書の中でも、基本的に変数名はキャメルケースで命名します。

代入

変数への代入とは、変数に対して値を割り当てる処理を表す式です。式は、Javaプログラムの中で記述する処理としては最小の単位で、代入やメソッド呼び出し（後述）などが式にあたります。式の末尾には必ずセミコロンを付けてください。

文字列リテラルによる値を、宣言済みの変数helloに代入する場合は、次のような書き方になります（図4-19）。

図4-19 変数に値を代入する

```
hello = "Hello, World!";
```

変数名　値（文字列リテラル）

これによって、代入式より下の行では、helloは"Hello, World!"を直接記述した場合と同じ使い方ができるようになりました。

宣言と代入を同時に行う

さて、宣言と代入について解説しましたが、これらは同時に記述することができます。すでに例の中で出てきましたが、次のような形になります（図4-20）。

図4-20 宣言と代入を同時に行う

```
String hello = "Hello, World!";
```

型　変数名　値（文字列リテラル）

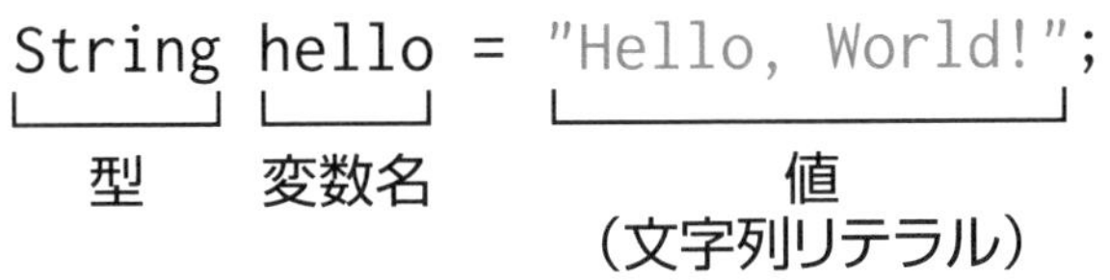

実際にアプリを書いていく上では、宣言と代入を分けて書く必要があるケースというのは比較的少なく、この書き方をすることのほうが多くなります。とはいえ、分けて書くケースもまったくないわけではないので、両方とも覚えておきましょう。

COLUMN プログラムに表示される下線

図4-18で示したように、Android Studioはプログラムに赤い下線を表示することがあります。これは、アプリが実行不可能なレベルの致命的な問題を検出した場合に表示されるものです。主に、次のような問題を検出した場合に表示されます。

- **Java言語の文法上の誤り（図4-18のようなケース）**
- **Android SDKの利用方法の誤り**

また、もう少し弱い警告としてテキストの背景が黄色くなる場合もあります。こちらも無視すると後々困る問題がある場合に表示されるものですので、できるだけ気にするようにしましょう。

型とリテラル

変数を生み出す要素に関して、まだ解説していないことがありました。それが型とリテラルです。

型はデータの種類を表します。型にはいくつかの種類がありますが、大きく分けてデータ型と参照型に分けられます。参照型については本書の範囲を超えますので解説しませんが、基本的には小文字で始まるのがデータ型、大文字で始まるのが参照型です。

データ型はJavaプログラム上で最小の単位となるデータの種類です。参照型も元をたどればデータ型を組み合わせて作られています。

さて、データ型は何種類かありますが、大枠としては四則演算が適用可能な数値型と、true/falseで表現される真偽型、そして文字を表す文字列型の3種類だけがあります。細かい内訳は、次の表のとおりです(表4-2)。

表4-2 主なデータ型

型	説明
String	文字列型
char	文字型(16ビットUnicode文字 \u0000～\uFFFF)
byte	整数型(8ビット整数 -128～127)
short	整数型(16ビット整数 -32768～32767)
int	整数型(32ビット整数 -2147483648～2147483647)
long	整数型(64ビット整数 -9223372036854775808～9223372036854775807)
float	小数型(32ビット単精度浮動小数点数)
double	小数型(64ビット倍精度浮動小数点数)
boolean	真偽型(true/false)

これらのうち、よく使うのは**String**(ストリング)型、**int**(イント)型、**long**(ロング)型、**float**(フロート)型、**double**(ダブル)型、**boolean**(ブーリアン)型で、リテラルでも扱いやすい形で提供されています。String型は大文字始まりなので、本来は参照型ですが、代入やリテラルの観点ではデータ型に近い扱いをするため、一緒に説明します。

では次に、リテラルについて、よく使うものについて例を挙げて解説します。各種のリテラルを右辺に置いて、左辺にそのリテラルの型を表す変数宣言を置いて、代入式で表現しました。23行目～27行目に"" +を付けたのは、右辺の型を文字列型に変換するためのおまじないです。Log.dに数値型の変数を渡すことはできないので、こうして文字列型に変換しています。実際には、Log.d(tag: "MainActivity", msg: "" + intValue);のようになります。

リスト4-4 MainActivity.java

```
010:    @Override
011:    protected void onCreate(Bundle savedInstanceState) {
012:        super.onCreate(savedInstanceState);
013:        setContentView(R.layout.activity_main);
014:
015:        String hello = "Hello, World!";
016:        int intValue = 12345;
017:        long longValue = 12345L;
018:        double doubleValue = 12.345;
019:        float floatValue = 12.345F;
020:        boolean booleanValue = true;
021:
022:        Log.d("MainActivity", hello);
023:        Log.d("MainActivity", "" + intValue);
024:        Log.d("MainActivity", "" + longValue);
025:        Log.d("MainActivity", "" + doubleValue);
026:        Log.d("MainActivity", "" + floatValue);
027:        Log.d("MainActivity", "" + booleanValue);
028:    }
```

これも実行してみましょう。アプリを実行する<▶>のボタンをクリックすると、次のようなログが出てきます（図4-21）。

図4-21 実行結果

```
logcat
2020-11-29 17:58:57.456 4797-4797/com.example.myfirstandroidjava W/irstandroidjav: Accessing hidden method Landroid/view/View;->co
2020-11-29 17:58:57.457 4797-4797/com.example.myfirstandroidjava W/irstandroidjav: Accessing hidden method Landroid/view/ViewGroup
2020-11-29 17:58:57.499 4797-4797/com.example.myfirstandroidjava D/MainActivity: Hello, World!
2020-11-29 17:58:57.499 4797-4797/com.example.myfirstandroidjava D/MainActivity: 12345
2020-11-29 17:58:57.499 4797-4797/com.example.myfirstandroidjava D/MainActivity: 12345
2020-11-29 17:58:57.499 4797-4797/com.example.myfirstandroidjava D/MainActivity: 12.345
2020-11-29 17:58:57.499 4797-4797/com.example.myfirstandroidjava D/MainActivity: 12.345
2020-11-29 17:58:57.499 4797-4797/com.example.myfirstandroidjava D/MainActivity: true
2020-11-29 17:58:57.554 4797-4874/com.example.myfirstandroidjava D/HostConnection: HostConnection::get() New Host Connection estab
2020-11-29 17:58:57.560 4797-4874/com.example.myfirstandroidjava D/HostConnection: HostComposition ext ANDROID_EMU_CHECKSUM_HELPER
TODO  ターミナル  Database Inspector  4: Run  Profiler  Build  6: Logcat
Success: Operation succeeded (1 分前)
```

```
D/MainActivity: Hello, World!
D/MainActivity: 12345
D/MainActivity: 12345
D/MainActivity: 12.345
D/MainActivity: 12.345
D/MainActivity: true
```

それぞれのリテラルは、次の表のとおりの特性を持っています（表4-3）。

図4-3 リテラルの特性

表記の例	リテラル	表現する型
"Hello, World!"	文字列リテラル	String
12345	整数リテラル	int
12345L	整数リテラル	long
12.345	小数リテラル	double
12.345F	小数リテラル	float
true	真偽リテラル	boolean

int型とdouble型のリテラルは電卓に数字を打ち込むときと同じ感覚で使えるので、わかりやすいですね。boolean型のリテラルもtrueかfalseのどちらかを書くだけです。少し特殊なのが、long型とfloat型のリテラルですね。int型の範囲外の数値(3000000000など)を表したい場合に、末尾にLを付けることで、long型の値を表現できます。また、小数リテラルをfloat型の範囲に収めたい場合には、末尾にFを付けることで表現できます。LやFは大文字でも小文字でも構わないので、読みやすいほうを選んでください。

POINT

アプリの起動中は実行ボタンが▶ではなく で表示されることもありますが、これ以降は、この本では原則として実行ボタンは＜▶＞と表記します。

Javaの基本的な計算

Javaプログラムの中では、変数やリテラルを元にデータを処理していきます。そこで具体的には何をするかというと、数値の計算や文字列の変換を行うことが多くなります。ここでは、その片割れである数値の計算について解説します。文字列の変換については後述する「メソッドを呼び出す」で解説します。

演算子で式を作る

さて、変数やリテラルを使った計算には演算子(えんざんし)と呼ばれる記号を利用します。Java言語で主に使用する演算子は次の表のとおりです(表4-4)。

図4-4 主な演算子

演算子	意味	例	結果
+	加算	1 + 1	2
-	減算	6 - 4	2
*	乗算	7 * 8	56
/	除算	7.0 / 2	3.5
%	剰余（割り算の余り）	5 % 2	1
+	文字列の結合	"hello" + "world"	"helloworld"

数学での数式と同様に、演算子の両側に数値のリテラルや数値型の変数で表現される値を配置することで、計算が実施されます。計算結果もまた値として、代入に使うことができるので、次のイメージで扱います（図4-22）。

図4-22 演算子を用いた式

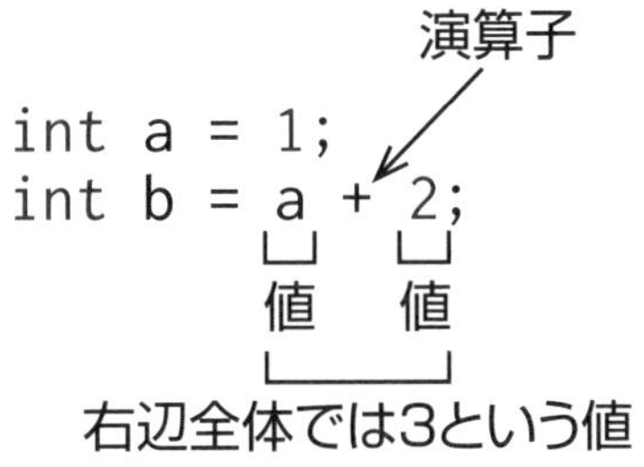

少し特殊な挙動をするのが文字列の結合です。数値的な計算を行うのではなく、文字列を繋ぎ合わせた新しい文字列を生み出します。加算の＋と同じ記号で計算するため、次のような挙動になることに留意してください。

```
int n1 = 1;
int n2 = 1;
int n3 = n1 + n2;
// n3は2

String s1 = "1";
String s2 = "1";
String s3 = s1 + s2;
// s3は"11"
```

数値同士を＋記号で繋いだn3は、加算の計算が行われて、2という数値になりました。一方で、文字列同士を＋記号で繋いだs3では、文字列の結合が行われて、"11"という文字列になりました。見た目は同じでも、型によって結果が変わってくるため、どちらの目的で+を使っているのかを意識しながら式を記述しましょう。

メソッドで処理を部品化する

Javaには何行かの処理をまとめて部品として定義するために、メソッドという文法が用意されています。メソッドはクラス内に記述します。まずはMainActivityに次のようなプログラムを書いてみましょう（リスト4-5）。

リスト4-5 MainActivity.java

```
008: public class MainActivity extends AppCompatActivity {
009:
010:     @Override
011:     protected void onCreate(Bundle savedInstanceState) {
012:         super.onCreate(savedInstanceState);
013:         setContentView(R.layout.activity_main);
014:
015:         int result = sum(1, 2); // メソッドを呼び出して値を作る
016:         Log.d("MainActivity", "" + result); // 3
017:     }
018:
019:     // 足し算をするメソッドを定義する
020:     private int sum(int a, int b) {
021:         return a + b; // 足し算の結果を返す
022:     }
023: }
```

足し算をする機能を持ったsumという名前のメソッドを定義して、onCreateの中で呼び出して（実行して）みました。<▶>をクリックして実行すると、1と2を足した「3」という結果が表示されます（図4-23）。

図4-23 実行結果

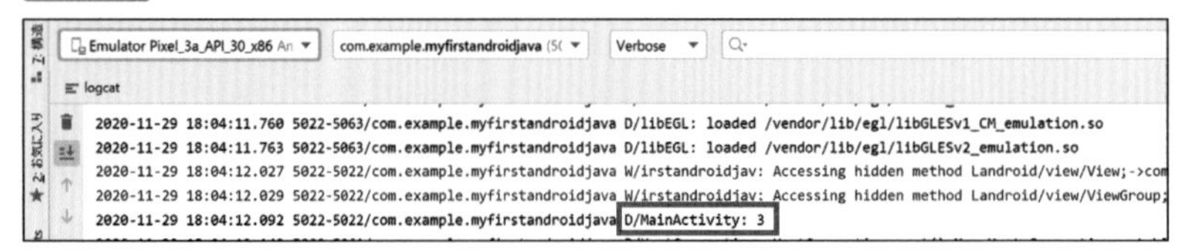

メソッドの呼び出し方

まずは、呼び出しているところを見てみましょう。

```
int result = sum(1, 2);
```

これまでのリテラルを使った代入の式とは違って、右辺が見慣れない形になっていますね。これがメソッドを呼び出す文法です。メソッドの名前の隣に、カッコ書きで渡したい値をリテラルや変数で渡します。複数個渡したい場合には、カンマ記号(,)で区切ります。

さて、前述のような代入が成立するということは、sum(1, 2)は最終的にint型の値を生み出しているはずです。その値はどのように生まれているのかを知るために、今度はメソッドがどのように定義されているのかを見てみましょう。

メソッドの定義の仕方

メソッドの文法と各部の名前は、次のようになっています(図4-24)。

図4-24 メソッドの文法

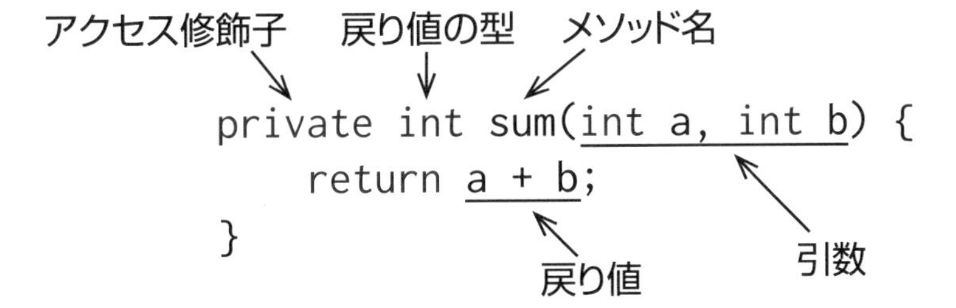

アクセス修飾子、戻り値の型、メソッド名を記述したあと、丸カッコ(())で引数を囲み、その後ろに波カッコ({})を記述します。この波カッコの中に処理を書いていくことになります。例では波カッコの中に1行しか処理が書いてありませんが、複数行の記述が可能です。

アクセス修飾子は本書でサポートする範囲を超えるため、詳しく説明しませんが、privateを指定するとクラスの中でしか使えない、publicを指定するとクラスの外からでも使えるようになる、といった特性があります。

戻り値の型と戻り値はセットで覚えましょう。returnキーワードの後ろに値を配置することで、メソッドの中で行われた処理の結果を返却することができます。このとき、returnした値の型と、メソッドに戻り値の型として宣言した型は、一致しているか、互換性があるものでなければなりません。

引数はメソッドが処理をするための材料です。すでに解説した呼び出す側の処理でsum(1, 2)のように渡されていたカッコの中身が渡されてくる場所でもあります。引数の定義は変数宣言の一種で、メソッドの中では変数として振る舞います。通常の変数との違いは、メソッド内で代入の式を書かなくても、呼び出す側から値をもらっているため、初めから何らかの値が入っている点です。

POINT

引数は変数と同じようにメソッド内で値を代入することも可能ですが、実用上は混乱を招くことが多いので、Java言語に慣れるまでは引数への代入は控えてください。

何も返さないメソッド

メソッドには戻り値の型を指定しますが、「何も返さない」という特殊なメソッドを定義することもできます。この場合、戻り値の型にはvoidを指定し、returnを記述しません。

```
// ログを出すときに"MainActivity"を省略するためのメソッド
private void d(String message) {
  Log.d("MainActivity", message);
  // returnは不要
}
```

これを呼び出す場合には、代入式の形ではなく、メソッド呼び出しのみを記述します。

```
d("Hello, World!");
// Logcatには "D/MainActivity: Hello, World!" が出力される
```

値を返すメソッドと返さないメソッド、それぞれ使い分けていくことで、処理の流れがわかりやすくなることがあります。大きめのプログラムを書き始めたら、メソッドによる処理の部品化について気にしてみてください。

式の中でメソッドを扱う

メソッドの書き方がわかったので、あらためてメソッドを呼び出すプログラムを見てみましょう。

```
int result = sum(1, 2);
// sumメソッドの結果の値が3なので、resultは3になる
```

sumメソッドは、戻り値の型がint型なので、実行すると式の中でint型の値として扱われます。そのため、次のように記述することも可能です。

```
int result = sum(1, 2) + 3;
// resultは3+3で6になる
```

メソッドの計算結果である3と、リテラルとしての3を加算して、6という値がresultに入りました。数値を返すメソッドでは、このような使い方をすることも多いです。

メソッドが定義された場所にジャンプ（移動）する

まとまった処理に名前を付けて部品に切り出すことで、大元のonCreateなどにおける処理の流れを見やすくする効果が期待できます。しかし、数が増えてくるとメソッドがどこに定義されているのか探すのも大変になってきてしまいます。

そんな問題に対処するため、Android StudioのJavaエディターには、メソッドを使っている行からメソッドを定義している行まで、一気に移動できる機能が備わっています。キーボードのCtrlキー（macOSではcommandキー）を押しながら、マウスポインタをメソッド名に重ねてみましょう（図4-25）。

図4-25 Ctrlキーを押しながらマウスポインタをメソッド名に重ねる

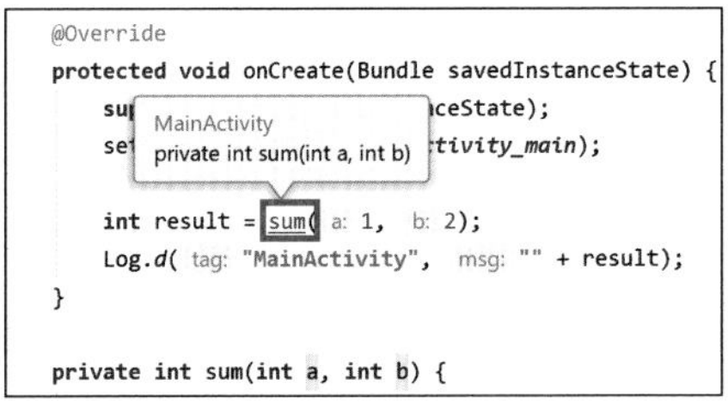

```
@Override
protected void onCreate(Bundle savedInstanceState) {
    su[                  ]ceState);
    se[                  ]tivity_main);
      MainActivity
      private int sum(int a, int b)

    int result = sum( a: 1,  b: 2);
    Log.d( tag: "MainActivity",  msg: "" + result);
}

private int sum(int a, int b) {
```

Webページのリンクのような見た目になりました。このままクリックしてみます。すると、カーソルがメソッドを定義した場所にジャンプします（図4-26）。

図4-26 メソッドの定義に移動する

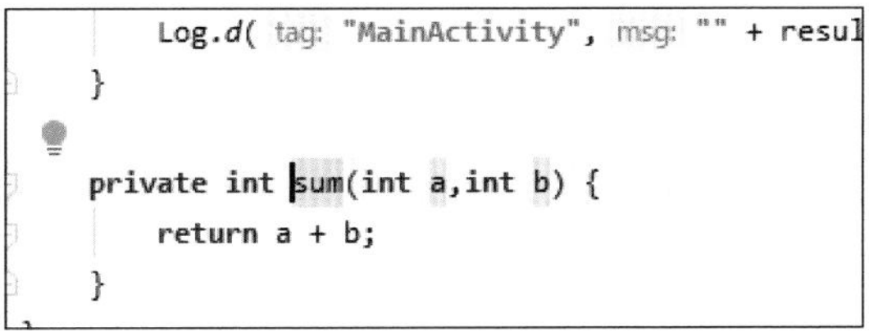

```
        Log.d( tag: "MainActivity", msg: "" + resul
    }

    private int sum(int a,int b) {
        return a + b;
    }
```

この機能を使うと、人間の目でメソッド定義を探さなくても瞬時に移動できるので、とても楽です。逆に、メソッドを定義しているほうのメソッド名をCtrlキー（macOSではcommandキー）を押しながらクリックすると、使っている場所にジャンプします。

プログラムが大規模になってくると、ファイル内を上下に行ったり来たりするのが面倒になってきますので、こういった機能を活用していきましょう。

参照型のクラスや変数からメソッドを呼び出す

自分で定義したものだけではなく、参照型のクラスや変数からもメソッドを呼び出すことができます。クラスから呼び出せるメソッドのことをクラスメソッド、変数から呼び出すメソッドのことをインスタンスメソッドと呼びます。

クラスメソッド

まずはクラスメソッドの例を解説しますが、すでにご存知のLog.dがそうです。

```
Log.d("MainActivity", "こんにちは");
```


「Logクラスにはdというクラスメソッドが定義されており、String型の引数を2つ取る」といった言い方をします。次のような文法で記述します（図4-27）。

図4-27 クラスメソッドの呼び出し方

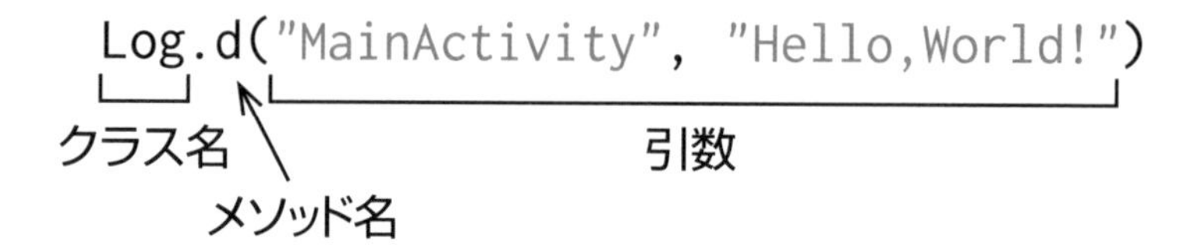

変数ではなくクラスから直接呼び出せるため、基本的にどんなクラスからでも利用できます。

インスタンスメソッド

次に、最も頻繁に使うことになる、インスタンスメソッドについて解説します。これについては、String型の変数から呼び出す例を挙げてみましょう。"Hello, World!"の「World」の部分を置き換えた、新しい文字列を作ってみます。文字列を置き換えるには、replaceメソッドを使用します。第1引数の文字列で変数の中身を検索して、第2引数の文字列に置き換えます。"Hello, World!"を"Hello, Android!"に置き換えたい場合は、次のように書きます。

```
String helloWorld = "Hello, World!";
// "World"を"Android"に置き換えた文字列を作る
String helloAndroid = helloWorld.replace("World", "Android");
Log.d("MainActivity", helloAndroid); // "Hello, Android!"
```

「String型の変数からはreplaceというインスタンスメソッドを呼び出すことができ、String型の引数を2つ取る」といった言い方をします。次のような文法で記述します(図4-28)。

図4-28 インスタンスメソッドの呼び出し

```
helloWorld.replace("World", "Android")
```

変数名　メソッド名　引数

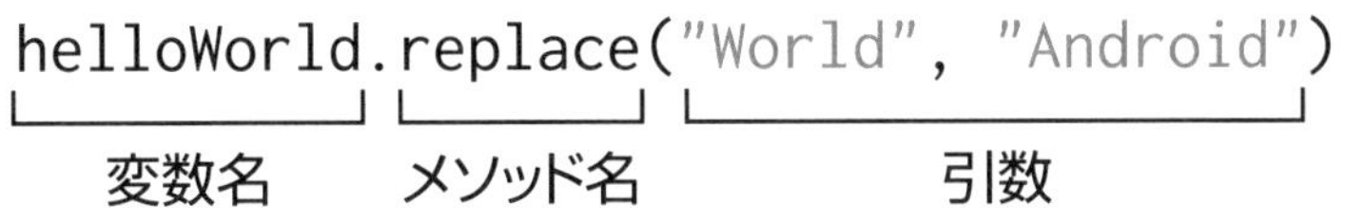

クラスメソッドとの違いとして、基本的に変数から呼び出すものである、という点があります。そのため、元となる変数が使える場所でしか使えないという特徴があります。変数が使える場所(スコープ)については、次の項で解説します。

インスタンスメソッドの機能は大きく分けて2種類に分けられます。

- **呼び出し元の変数の中身を変えるもの**
- **呼び出し元の変数の中身を変えないもの**

String型のインスタンスメソッドは、すべて後者です。元々の変数の中身を変えずに、新しい文字列データを生み出して戻り値として返してきます。一方で、次のセクションで解説するTextViewなどに代表されるビューのデータは、変数自身のデータを書き替えるタイプのインスタンスメソッドを持っていることが多いです。

COLUMN クラス内のメソッドはインスタンスメソッド

これまで、MainActivity内に定義したメソッドについては、クラス名も変数名も使わずに、メソッド名から書き始めていました。

これは3つめの種別のメソッドがあるわけではなく、インスタンスメソッドです。同じクラス内に記述されたメソッドを呼び出す場合には、変数にあたる記述を省略できるため、変数がなくても呼び出せるような見た目になってしまっていました。

省略しない場合の呼び出し方は、次のような形になります。

```
int result = this.sum(1, 1);
```

このthisというキーワードが、クラス内での変数名の代わりです。こう書き替えてみると、インスタンスメソッドの呼び出しらしくなりましたね。thisについては詳しく解説しませんが、クラス内でクラス自身を参照型のデータとして扱うための変数のようなものとして覚えておいてください。

変数の生存期間を定めるスコープ

変数についての理解が少しずつ深まってきたでしょうか。変数を中心にメソッドやクラスについて解説してきた最後のトピックとして、変数の有効範囲について解説します。

変数には、定義された場所に応じて種類が3つあります。

- **ローカル変数**
- **インスタンス変数**
- **スタティック変数**

本項ではローカル変数とインスタンス変数について解説します。スタティック変数については本書では解説しません。

それぞれ、大きさは違うものの、使える範囲を持っています。それぞれの種類の変数が使える範囲のことをスコープといいます。本項では、各スコープと、その中で使える変数の有効範囲について解説します。

メソッドのスコープとローカル変数

ローカル変数は、主にメソッドの中に定義された変数のことです。次の2つのルールで有効範囲が決まっています。

❶メソッドまたは各種構文の{}で囲まれた範囲(スコープ)内で有効
❷❶の範囲内で変数を宣言したあとの行で有効

ログキャットに「Hello, World!」を表示するプログラム(図4-29)を例に挙げると、次のような範囲になります。

図4-29 ローカル変数の有効範囲

```
protected void onCreate(Bundle savedInstanceState) {
    super.onCreate(savedInstanceState);
    setContentView(R.layout.activity_main);

    String hello = "Hello, World!";

    Log.d( tag: "MainActivity", hello);
}
```

hello変数が使える範囲

同じスコープ内に同じ名前の変数を定義することはできませんが、別々のメソッドであればスコープが違うので、同じ名前の変数を定義することができます。

後述するif文やfor文といった構文でも{}で囲まれた部分が作られますが、こちらもローカル変数を定義するスコープになっており、閉じカッコ(})の時点でその変数の有効期間が終わります。

クラスのスコープとインスタンス変数

インスタンス変数は、メソッドの外側、クラス定義の直下に定義された変数です。すべてのメソッドからアクセスできるのが特徴です。例えば、Log.dを行うlogメソッドを定義してあるMainActivityに、インスタンス変数としてtagを定義してある場合、次のような範囲になります(図4-30)。

図4-30 インスタンス変数の有効範囲

```
import android.util.Log;

public class MainActivity extends AppCompatActivity {

    private String tag = "MainActivity";

    @Override
    protected void onCreate(Bundle savedInstanceState) {
        super.onCreate(savedInstanceState);
        setContentView(R.layout.activity_main);

        String hello = "Hello, World!";

        log(hello);
    }

    private void log(String msg) {
        Log.d(tag, msg);
    }
}
```

tag変数が使える範囲

インスタンス変数tagをクラス定義の直下で定義し、その後にonCreateメソッド、logメソッドを定義しています。onCreateメソッドではString型の変数helloに文字列を代入してから、ログキャットにログを表示するためのメソッドであるlogメソッドを呼び出します。

logメソッドは、インスタンス変数tagとonCreateメソッドから受け取った引数を使ってログを出力します。

onCreateからでもlogからでも共通で使用できます。どこからでも使用できるという点では便利ですが、代入を繰り返すと何の値が入っているのか把握しづらくなるので、代入に関しては乱用を避けてください。

インスタンス変数の宣言について

インスタンス変数を宣言するための基本的な文法は、ローカル変数とほとんど変わりませんが、次の2点で違いがあります。

- **メソッドと同じようにアクセス修飾子を付けられる**
- **初期化（代入）しなくても使える**

ローカル変数は、使用するまでに何らかの値を代入しておかないとエラーになりますが、インスタンス変数は初期化してもしなくてもよいという性質があります。初期化しなかった場合は、自動で初期値が入ります。そのとき代入される値は、宣言された変数の型によって、次のようなルールで決められます（表4-5）。

表4-5 型と初期値

型	初期化に使われる値
整数型	0
小数型	0.0
真偽型	false
参照型	null

nullは参照型にのみ代入できる特別な値で、「何もデータがない」ことを表します。nullが入っている変数からメソッドを呼び出すと、アプリが異常終了しますので注意してください（図4-31）。

図4-31 nullが入っている変数からメソッドを呼び出すとエラーが発生する

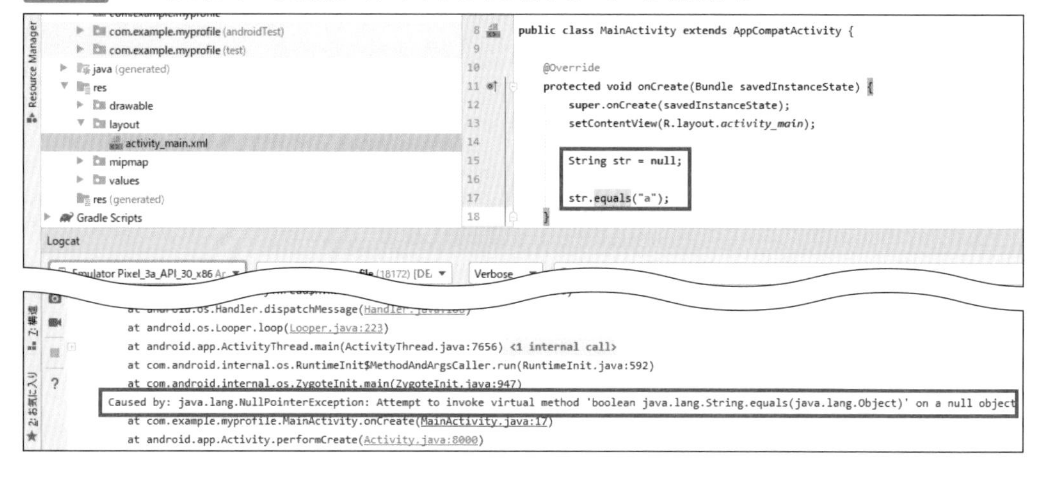

レイアウトに配置したビューを呼び出そう

前章まででは、レイアウトはレイアウトエディターを使って、固定の情報で見た目を作ることしかできませんでした。本セクションでは、レイアウトに配置したビューを変数に代入することにより、Java側からビューを操作できるようにします。

レイアウトにIDを定義する

それではまず、下準備としてレイアウトエディターを使って、ビューにID（識別子）を付けていきます。前セクションで作った「MyFirstAndroidJava」プロジェクトのレイアウトファイル、activity_main.xmlを開きます。すでにJavaエディターでActivityを表示している場合には、setContentView(R.layout.activity_main)のactivity_mainを Ctrl キー（macOSでは command キー）を押しながらクリックしてもレイアウトファイルを開くことができます（図4-32）。すでにレイアウトファイルが開いている場合は、＜activity_main.xml＞タブをクリックして画面を切り替えてもよいでしょう（図4-33）。

図4-32 Ctrl キーを押しながらクリック

```
    @Override
C:¥Users¥ynair¥AndroidStudioProjects¥MyFirstAndroidJava¥app¥src¥main¥res¥layout¥activity_main.xml
        super.onCreate(savedInstanceState);
        setContentView(R.layout.activity_main);
    }
}
```

図4-33 すでに開いているactivity_main.xmlのタブをクリック

```
MyFirstAndroidJava 〉 app 〉 src 〉 main 〉 java 〉 com 〉 example 〉 myfirstandroidjava 〉 MainActivity 〉 sum
activity_main.xml ×   MainActivity.java ×
6   import android.util.Log;
7
8   public class MainActivity extends AppCompatActivity {
9
10      @Override
11      protected void onCreate(Bundle savedInstanceState) {
```

<Code>タブが表示された場合は、<Design>タブをクリックしてください(図4-34)。

図4-34 **<Design>モードのボタンをクリック**

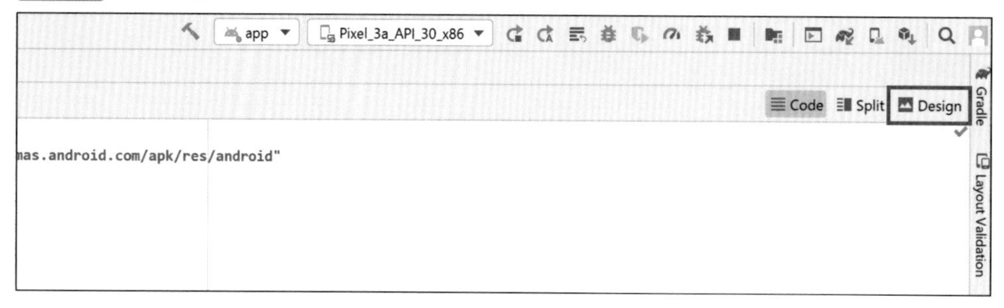

MyFirstAndroidJavaプロジェクトでは、まだレイアウトを編集していませんので、activity_main.xmlには次のようにHello, World!のレイアウトがそのまま残っています(図4-35)。

図4-35 **生まれたままの姿のHello, World!**

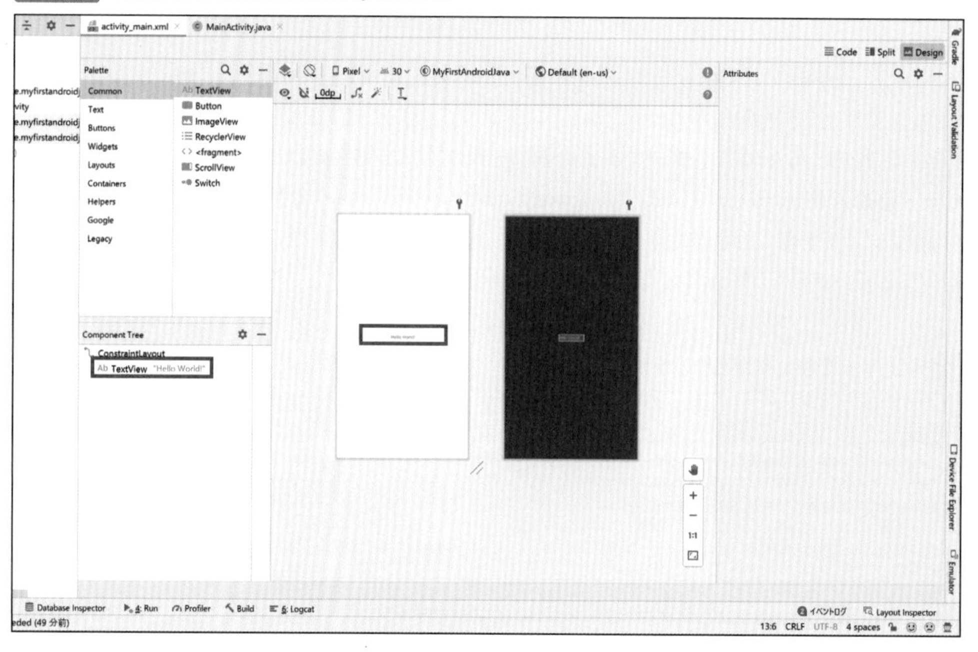

この、真ん中に表示されているTextViewにIDを割り振って、Javaから取り出せるようにします。IDを割り振るには、まず、コンポーネント・ツリーかデザインエディターで<TextView>を選択し<Attributes>ビューを確認します。<Attributes>ビューの一番上にあるidの項目に、textview_helloと入力します(図4-36)。

図4-36 idを入力する

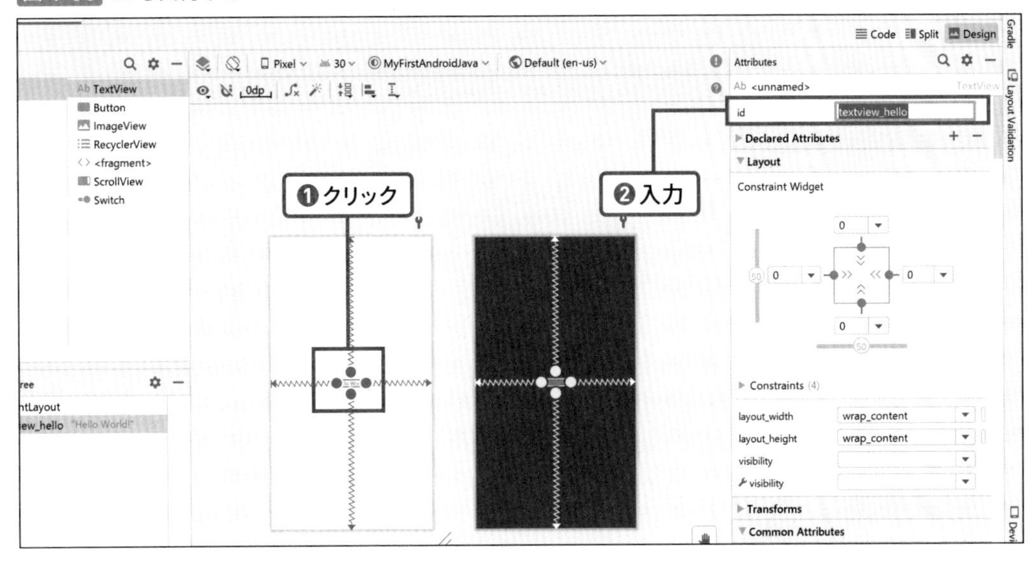

これでレイアウト側の準備は完了です。次はJava側を操作していきましょう。

Javaの変数にビューを代入する

次はJavaプログラムを編集します。SECTION 01で作成した内容は削除して、MainActivityクラスの内容を次のような状態にしてください。

```
007:  public class MainActivity extends AppCompatActivity {
008:
009:      @override
010:      protected void onCreate(Bundle savedInstanceState) {
011:          super.onCreate(savedInstanceState);
012:          setContentView(R.layout.activity_main);
013:      }
014:  }
```

では、MainActivityのonCreateにTextViewの変数を作っていきましょう。先に完成形を確認しますと、次のような1行を書きます。

```
TextView hello = findViewById(R.id.textview_hello);
```

＜MainActivity.java＞タブをクリックして画面を切り替えます（図4-37）。

図4-37 MainActivity.javaに切り替える

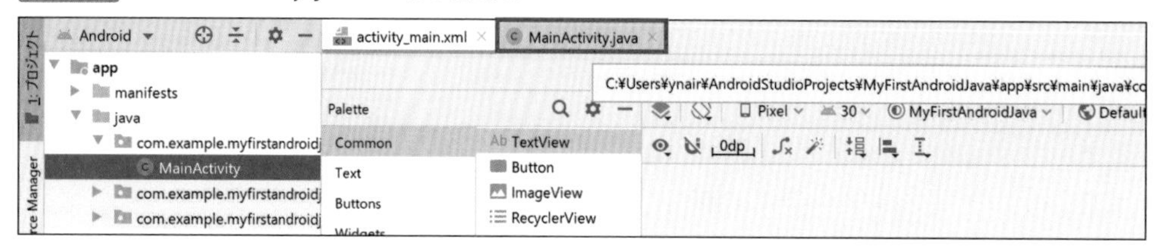

途中に現れる補完を存分に活用しながら書いていくことにします。まず、TextVと途中まで記入すると、TextViewが補完の候補に現れるので、これを選択して Enter キーを押します(図4-38)。

図4-38 補完を使ってTextViewを入力する

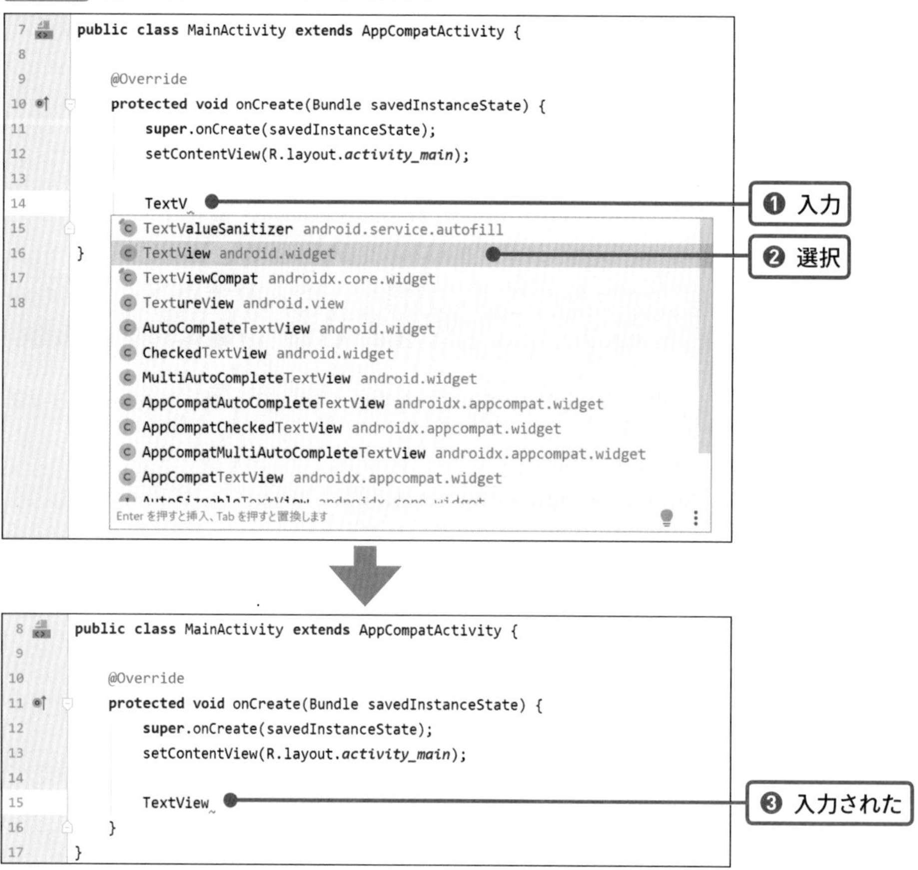

TextViewが入力されました。たった3文字を省略することに意味があるのかと思われるかもしれませんが、補完を使って入力すると、import文が自動で挿入されるので、少し楽になるのです。

COLUMN クイックフィックスで補完を使わずにクラス名をimportする

TextViewなどのクラス名を入力するとき、実はすべて自分で入力しても構いません。ただ、その場合はimport文が自動で入らないため、あとからimport文を追加する必要があります。Android Studioには、そういった場合にも便利な機能が備わっています。
import文がまだない状態でTextViewまで入力したあと、補完から候補を選ばずに、スペースキーを押すと、次のような注釈が現れます(図4-39)。

図4-39 TextViewのクイックフィックス

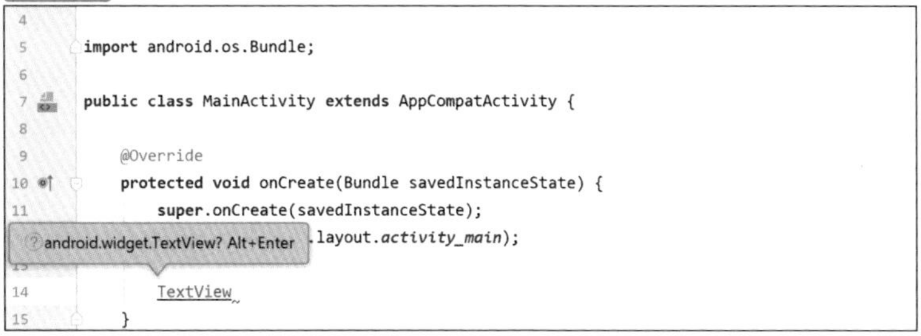

```
4
5   import android.os.Bundle;
6
7   public class MainActivity extends AppCompatActivity {
8
9       @Override
10      protected void onCreate(Bundle savedInstanceState) {
11          super.onCreate(savedInstanceState);
    ? android.widget.TextView? Alt+Enter  .layout.activity_main);
14          TextView
15      }
```

表示されているとおりに、Altキーを押しながらEnterキー(Macの場合はoption＋Enterキー)を押すと、なんと、import文が追加されます(図4-40)。

図4-40 import文が追加された

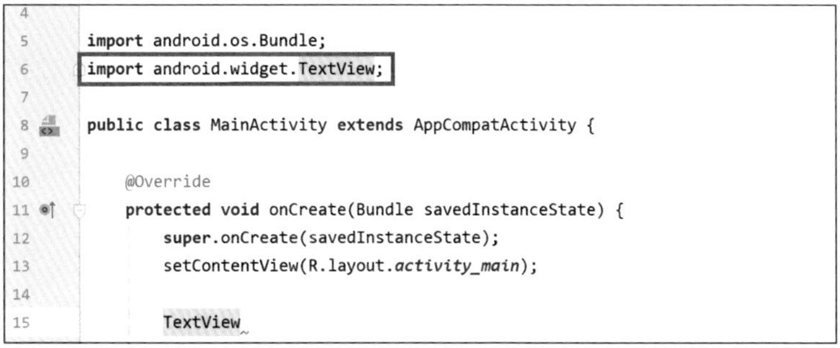

```
4
5   import android.os.Bundle;
6   import android.widget.TextView;
7
8   public class MainActivity extends AppCompatActivity {
9
10      @Override
11      protected void onCreate(Bundle savedInstanceState) {
12          super.onCreate(savedInstanceState);
13          setContentView(R.layout.activity_main);
14
15          TextView
```

これは、Android Studioの機能でクイックフィックスというものです。頻繁に行う操作について、Android Studio側から「これ、やっておこうか？」という提案をしてくれます。その起点がAlt+Enterキー(Macの場合はoption＋Enterキー)なのです。
今回の文脈では「このTextViewという文字は、もしかしてandroid.widget.TextViewのことですか？もしよければimportしましょうか？」という提案でした。
import文の追加だけではなく、他にも変数の自動作成など、多彩な機能を備えています。もし何か操作を誤って注釈が消えてしまったとしても、Alt+Enterキー(Macの場合はoption＋Enterキー)を押せば同様の効果がありますので、安心して使ってください。

続けて、TextView hello＝までは普通に入力します。そして、その次のfindViewByIdメソッドの入力には、また補完を使いましょう。findまで入力すると候補が残り1つまで絞られますので、ここで選択します（図4-41）。

図4-41 補完を使ってfindViewByIdを入力する

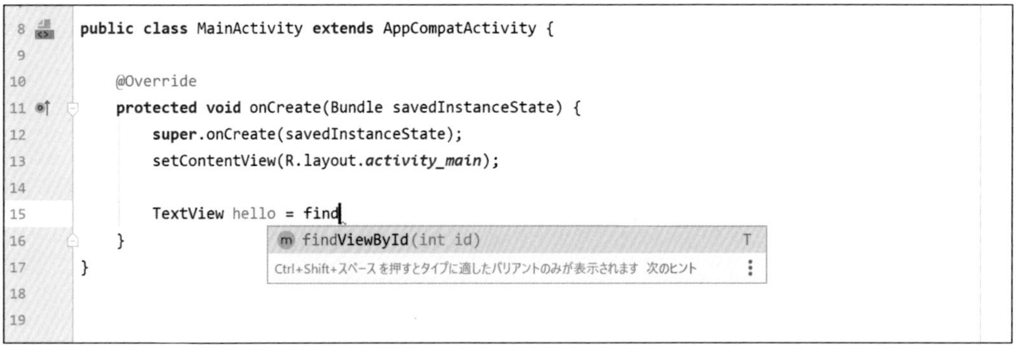

```
8   public class MainActivity extends AppCompatActivity {
9
10      @Override
11      protected void onCreate(Bundle savedInstanceState) {
12          super.onCreate(savedInstanceState);
13          setContentView(R.layout.activity_main);
14
15          TextView hello = find
16      }              m findViewById(int id)                T
17  }                  Ctrl+Shift+スペース を押すとタイプに適したバリアントのみが表示されます 次のヒント
18
19
```

すると、findViewByIdがどんな引数を取るのかが表示されます（図4-42）。

図4-42 findViewByIdの情報が表示される

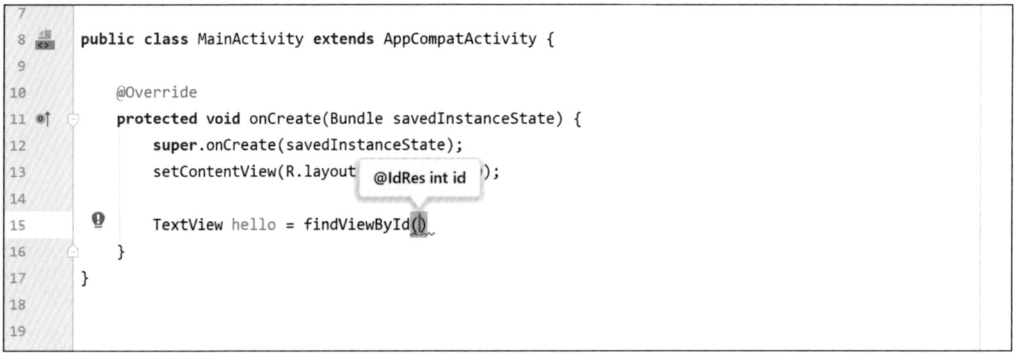

```
7
8   public class MainActivity extends AppCompatActivity {
9
10      @Override
11      protected void onCreate(Bundle savedInstanceState) {
12          super.onCreate(savedInstanceState);
13          setContentView(R.layout  @IdRes int id  );
14
15          TextView hello = findViewById()
16      }
17  }
18
19
```

今回は@IdRes int idというのが引数に関する情報です。「IDリソースとして作られた、int型のidという名前の引数を取る」という意味です。@IdResはJava言語のアノテーションという文法です。本書では扱いませんが、クラスやメソッド、変数などに追加の意味付けをするために使われます。

さて、findViewByIdがidをほしがっていることはわかりましたが、何を渡せばよいのでしょうか。ここで登場するのが、先ほどレイアウトエディターで設定したIDです。findViewByIdは、レイアウトエディターで配置したビューを、Javaプログラムから扱えるように呼び出すためのメソッドです。

レイアウトエディターで設定したIDは、R.id.＜ID名＞という記法で呼び出すことができます。試しに、findViewByIdの引数として、R.id.texまで入力してみましょう（図4-43）。

図4-43 補完を使ってIDを入力する

```
7
8   public class MainActivity extends AppCompatActivity {
9
10      @Override
11      protected void onCreate(Bundle savedInstanceState) {
12          super.onCreate(savedInstanceState);
13          setContentView(R.layout.activit   @IdRes int id
14
15          TextView hello = findViewById(R.id.tex)
16      }                                   textview_hello ( = 1000025)   int
17  }                                       Enter を押すと挿入、Tab を押すと置換します
18
19
```

レイアウトエディターで設定したIDであるtextview_helloが現れました。これをこのまま選択します（図4-44）。

図4-44 IDが入力された

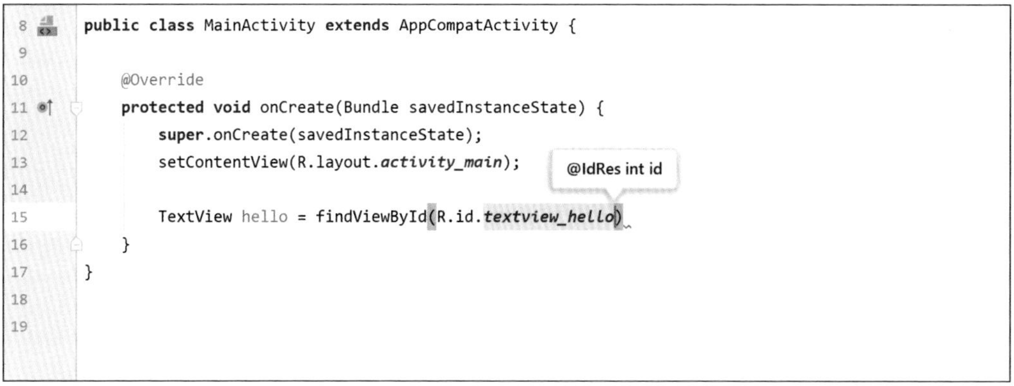

```
8   public class MainActivity extends AppCompatActivity {
9
10      @Override
11      protected void onCreate(Bundle savedInstanceState) {
12          super.onCreate(savedInstanceState);
13          setContentView(R.layout.activity_main);   @IdRes int id
14
15          TextView hello = findViewById(R.id.textview_hello)
16      }
17  }
18
19
```

textview_helloはint型の定数と呼ばれるもので、代入のできない変数のようなものです。レイアウトエディターで設定されたIDは、すべてこのようにint型の定数に自動変換されます。

最後にセミコロンを付けたら、レイアウトからビューを取り出して変数に代入する式の完成です。

```
TextView hello = findViewById(R.id.textview_hello);
```

これまでレイアウトエディターでしか見たことがなかったTextViewという言葉が、Javaプログラムに登場しました。これでJavaプログラムで、レイアウトの中にあるTextViewを操作できるようになります。

COLUMN findViewByIdはどこに定義されているのか

MainActivityの中にメソッドが定義されているわけでもないfindViewByIdが使えたことに驚いた方もいるかもしれません。これは、定義されていないわけではなく、AppCompatActivityから引き継いだものです。クラスの宣言で、extendsというキーワードの後ろに書いてありますね。

```
public class MainActivity extends AppCompatActivity {...}
```

これはJava言語の継承という文法を使っており、MainActivityクラスがAppCompatActivityクラスの性質を受け継ぎます。性質を受け継ぐと、元となったクラスに定義されていたメソッドなどを使用できるようになります。
findViewByIdは何もないところから現れたわけではなく、AppCompatActivityを通じてすでに定義されていたメソッドだったので、呼び出すことができたというわけです。

ログで確認する

ここではTextViewに表示されている文字列データを取り出して、本当に「Hello, World!」が入ったTextViewなのかを確認してみましょう。onCreateの中に、次のようなプログラムを書きます（リスト4-6）。

リスト4-6 MainActivity.java

```
010:  @Override
011:  protected void onCreate(Bundle savedInstanceState) {
012:      super.onCreate(savedInstanceState);
013:      setContentView(R.layout.activity_main);
014:
015:      // レイアウトからTextViewを取り出す
016:      TextView hello = findViewById(R.id.textview_hello);
017:      // TextViewにセットされている文字を抜き出す
018:      String text = hello.getText().toString();
019:      // ログに出力する
020:      Log.d("MainActivity", text);
021:  }
```

これを実行すると、次のようなログがログキャットに表示されます。

```
D/MainActivity: Hello World!
```

どうやら本当に、レイアウトに配置されているTextViewをそのまま変数に入れられたようです。

Viewを操作しよう

データの変更に応じて画面の表示を書き替えるのは、アプリにとって重要な要素の1つです。画面に配置されたビューは、変数を通じてJavaプログラムから参照できるようになりました。本セクションでは、ビューの変数からメソッドを呼び出して、ビューの設定を変更する方法を学んでいきましょう。

TextViewの文字を変更する

それでは手始めに、TextViewに表示されている文字を変えてみましょう。Javaプログラム側でTextView型の変数を操作することで、レイアウトエディターに配置したTextViewを操作することができます。TextView型の変数には、setTextというメソッドがあります。これは文字列型の変数を1つ取り、その文字列でTextViewの表示を上書きできるというものです。

実際に動かしてみましょう。前のセクションで使ったtextview_helloのIDのTextViewについて、次のようなプログラムを書きます（リスト4-7）。

リスト4-7 MainActivity.java

```
010: @Override
011: protected void onCreate(Bundle savedInstanceState) {
012:     super.onCreate(savedInstanceState);
013:     setContentView(R.layout.activity_main);
014:
015:     // レイアウトからTextViewを取り出す
016:     TextView hello = findViewById(R.id.textview_hello);
017:     // 画面に表示するデータを用意する
018:     String text = "Hello, Android!";
019:     // TextViewにデータをセットする
020:     hello.setText(text);
021: }
```

実行してみましょう（図4-45）。

図4-45 <▶>ボタンをクリックして実行

これを実行すると、TextViewに「Hello, Android!」の文字が表示されるはずです。早速、確認してみましょう。仮想デバイスでアプリを実行すると、次のようになります（図4-46）。仮想デバイスでアプリを実行する方法は、P.49を参照してください。

図4-46 setTextで表示するテキストを変更したTextView

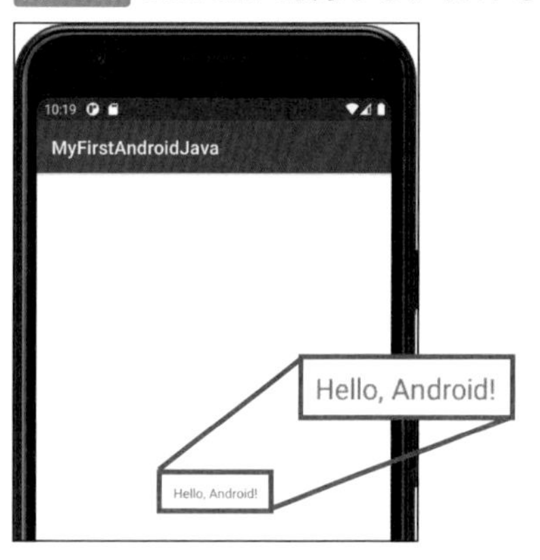

中央に「Hello, Android!」の文字が表示されているのが見て取れますね。引数の型や数はさまざまですが、ビューに対して変更を加える場合の基本的な流れはこのような形になります。

文字の色や太さを変更する

前項ではテキストの内容を更新しましたが、Javaプログラムから操作できるビューの属性（Attributes）はもっとたくさんあります。どんなメソッドが用意されているのかを探したい場合は、Androidの公式ドキュメント（仕様書・英語）を読めるようになるのが一番の近道です（図4-47）。

- **TextView | Android Developers**
  https://developer.android.com/reference/android/widget/TextView

図4-47 TextViewのドキュメント

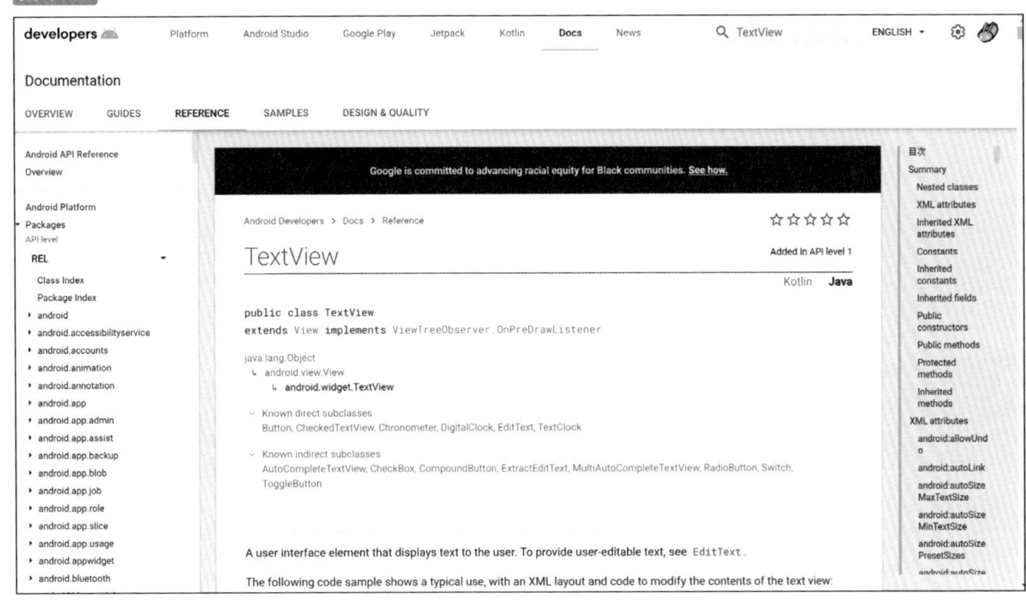

すべての機能を解説したいのは山々ですが、今回は一部だけを例として挙げることにします。次の2つの操作を適用してみましょう。

- **色を変えるsetTextColorメソッドを使って文字を赤くする**
- **フォントの形を変えるsetTypefaceメソッドを使って太字にする**

先ほどのsetTextの下に、次の2行を追加します（リスト4-8）。

リスト4-8 MainActivity.java

```
021:  // TextViewにデータをセットする
022:  hello.setText(text);
023:
024:  hello.setTextColor(Color.parseColor("#FF0000"));
025:  hello.setTypeface(Typeface.DEFAULT_BOLD);
```

ColorやTypefaceの利用にはimport文が必要です。補完で入力すれば自動でimport文も追加されますが、もし追加されなかった場合はColorやTypefaceにカーソルを合わせて Alt + Enter キー（Macの場合は option ＋ Enter キー）でクイックフィックスを使ってimportしましょう（図4-48）（図4-49）（図4-50）。

図4-48 補完を使ってColorを入力する

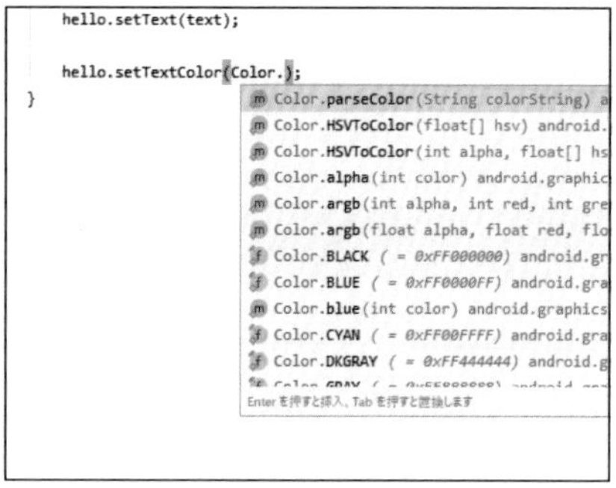

```
hello.setText(text);

hello.setTextColor(Color.);
}
Color.parseColor(String colorString)
Color.HSVToColor(float[] hsv) android.
Color.HSVToColor(int alpha, float[] hs
Color.alpha(int color) android.graphic
Color.argb(int alpha, int red, int gre
Color.argb(float alpha, float red, flo
Color.BLACK ( = 0xFF000000) android.gr
Color.BLUE ( = 0xFF0000FF) android.gra
Color.blue(int color) android.graphics
Color.CYAN ( = 0xFF00FFFF) android.gra
Color.DKGRAY ( = 0xFF444444) android.g
Enter を押すと挿入、Tab を押すと置換します
```

図4-49 補完を使ってTypeFaceを入力する

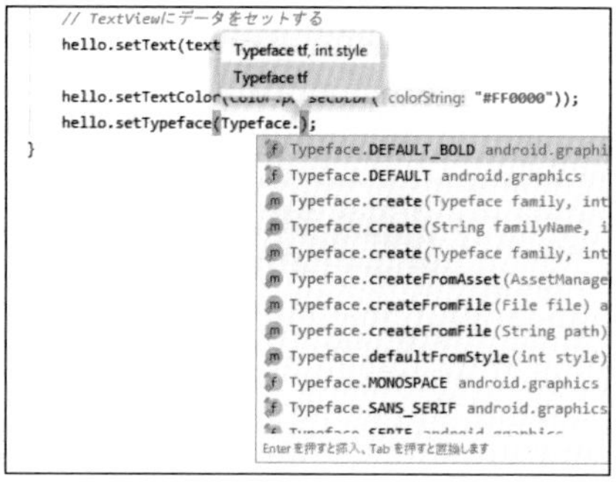

```
// TextViewにデータをセットする
hello.setText(text   Typeface tf, int style
                     Typeface tf
hello.setTextColor(           colorString: "#FF0000"));
hello.setTypeface(Typeface.);
}
Typeface.DEFAULT_BOLD android.graphi
Typeface.DEFAULT android.graphics
Typeface.create(Typeface family, int
Typeface.create(String familyName, i
Typeface.create(Typeface family, int
Typeface.createFromAsset(AssetManage
Typeface.createFromFile(File file) a
Typeface.createFromFile(String path)
Typeface.defaultFromStyle(int style)
Typeface.MONOSPACE android.graphics
Typeface.SANS_SERIF android.graphics
Enter を押すと挿入、Tab を押すと置換します
```

図4-50 import文が追加される

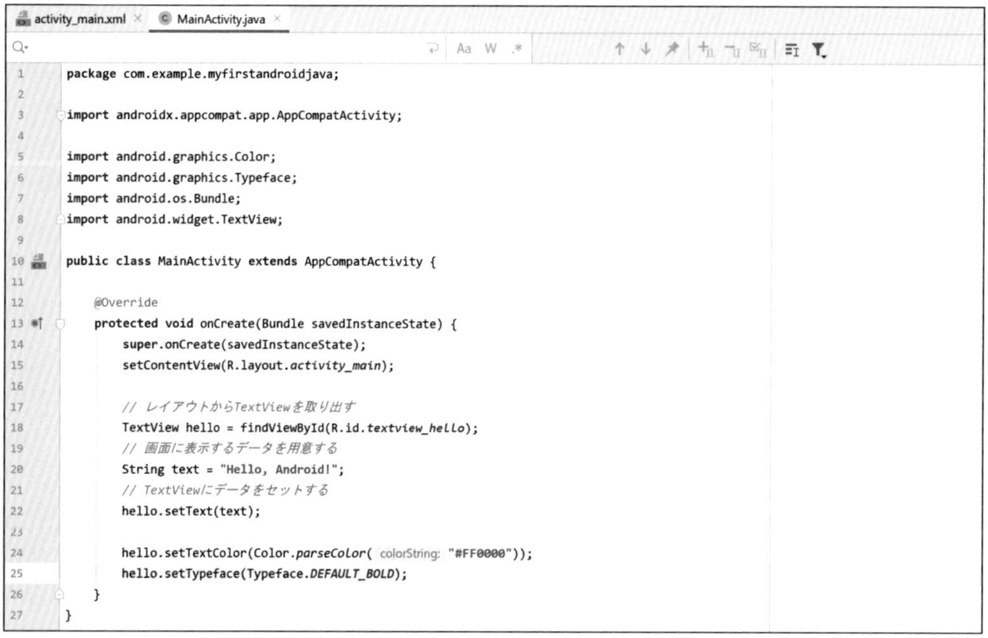

activity_main.xml　MainActivity.java

```
1  package com.example.myfirstandroidjava;
2
3  import androidx.appcompat.app.AppCompatActivity;
4
5  import android.graphics.Color;
6  import android.graphics.Typeface;
7  import android.os.Bundle;
8  import android.widget.TextView;
9
10 public class MainActivity extends AppCompatActivity {
11
12     @Override
13     protected void onCreate(Bundle savedInstanceState) {
14         super.onCreate(savedInstanceState);
15         setContentView(R.layout.activity_main);
16
17         // レイアウトからTextViewを取り出す
18         TextView hello = findViewById(R.id.textview_hello);
19         // 画面に表示するデータを用意する
20         String text = "Hello, Android!";
21         // TextViewにデータをセットする
22         hello.setText(text);
23
24         hello.setTextColor(Color.parseColor( colorString: "#FF0000"));
25         hello.setTypeface(Typeface.DEFAULT_BOLD);
26     }
27 }
```

それぞれの引数について解説しておきましょう。setTextColorはint型の引数を1つ取りますが、この引数が曲者です。赤青緑の割合の設定がint型の数値で表されているのですが、少々特殊なルールで生成された数値なので、整数リテラルを使って記述することができません。今回用いたColor.parseColor("#FF0000")は、レイアウトの解説にも出てきたカラーコードの文字列を渡すことで、int型の値を生成するメソッドです。ここで作られた値をsetTextColorに渡すことで、文字を赤くすることができています。次に、setTypefaceの引数を見てみますが、こちらはシンプルで、Typeface.DEFAULT_BOLDはフォントを太字にする設定を表す定数です。

では、アプリを実行してみましょう。次のようになります(図4-51)。

図4-51 テキストを赤い太字にする

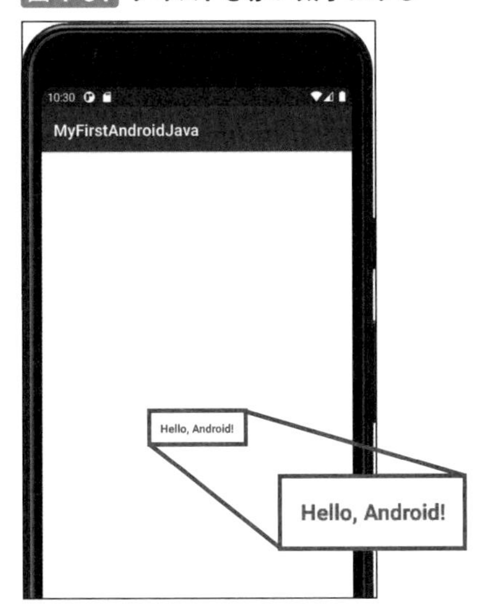

ちゃんと赤い太字になっていますね。このように、ビューに複数の設定を適用したい場合は、setXXXのような名前のメソッドを続けて実行することで実現できます。

COLUMN レイアウト側で設定したほうがいい場合もある

ビューのさまざまな属性をJavaプログラムから操作できますが、実はその多くの項目は、レイアウトエディターの属性ビューからも設定することができます。色の属性はtextColor、太字はtextStyleで設定します(図4-52)。ただし、プログラムの実行時にJavaプログラムから設定した内容で上書きされるので、属性ビューから設定した内容を確認したい場合は、図4-50の24行目、25行目をコメントアウトしましょう。

図4-52 レイアウトエディターの属性

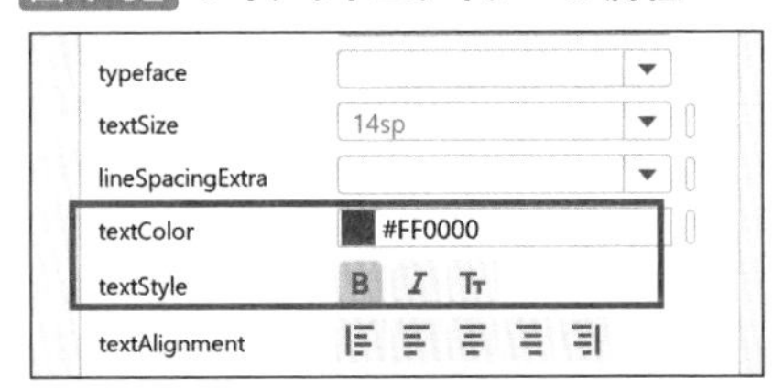

表示するテキストのようなデータはJavaプログラムから書き替える機会も多くなりがちですが、色や太さといった要素はデータの変更に応じて変わらないことも多いため、レイアウト側の属性として設定してしまったほうが楽な場合もあります。

SECTION 04 入力したデータを扱おう

すでに、レイアウトやJavaプログラムによるテキストの表示を通じて、アウトプットについて学んできましたが、今度はインプットについて学びます。ユーザーからの入力を受け付けることによって、作れるアプリの幅が大きく広がります。本セクションでは、テキストの入力と、ボタンのタップを受け付ける方法について学んでいきましょう。

入力欄とボタンを配置する

例を挙げて解説していくにあたって、まずは、アプリのイメージを確認しておきましょう。次のようなアプリを作成します（図4-53）。

図4-53 これから作成するアプリのイメージ

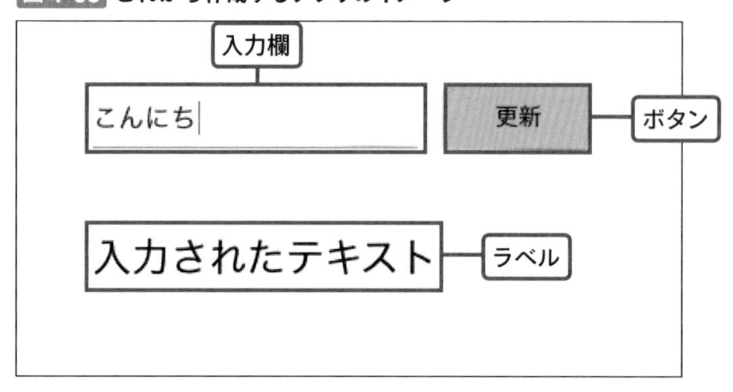

このアプリに含まれる画面部品は3つです。

- 入力欄（EditText）
- ボタン（Button）
- ラベル（TextView）

仕様としては、入力欄に文字を入力してからボタンを押すと、入力されていた文字でラベルが上書きされる、というものです。

それではまず、レイアウトエディターを使って、これらの部品を配置していきましょう。一度、レイアウトに何もない（ConstraintLayoutしかない）状態にしたいので、前セクションまでに配置されていたビューは、一度削除します。コンポーネント・ツリーで＜textview_hello＞を右クリックして、＜削除＞をクリックして削除します（図4-54）。

図4-54 TextViewを削除する

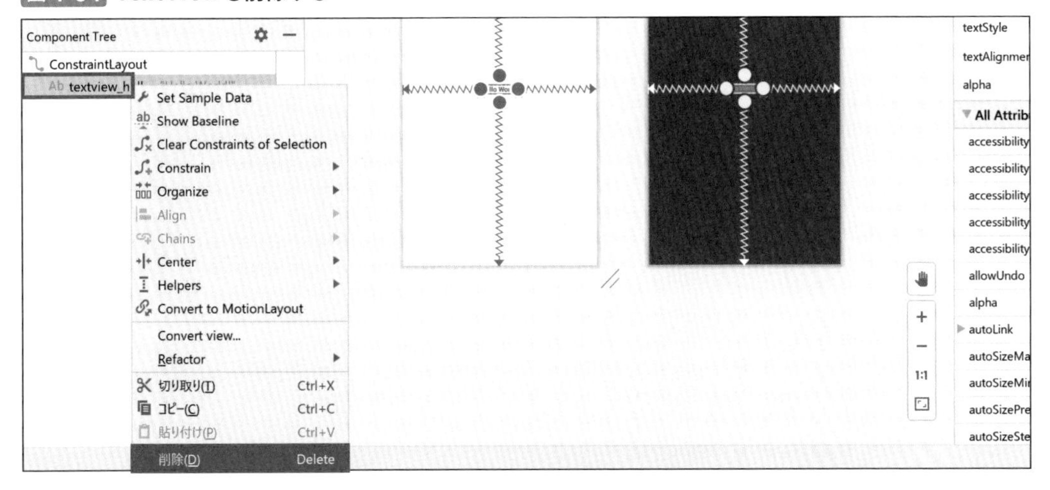

Javaプログラムも、これまで練習用に書いたものを削除して一度まっさらな状態に戻しておきましょう（図4-55）。

図4-55 onCreateメソッドの内容を最初の2行だけにする

activity_main.xml　MainActivity.java

```
1   package com.example.myfirstandroidjava;
2
3   import ...
9
10  public class MainActivity extends AppCompatActivity {
11
12      @Override
13      protected void onCreate(Bundle savedInstanceState) {
14          super.onCreate(savedInstanceState);
15          setContentView(R.layout.activity_main);
16
17      }
18  }
19
20
```

onCreateメソッドは次のようになっているはずです（リスト4-9）。

リスト4-9 MainActivity.java

```
012:    @Override
013:    protected void onCreate(Bundle savedInstanceState) {
014:        super.onCreate(savedInstanceState);
015:        setContentView(R.layout.activity_main);
016:
017:    }
```

では、ビューを配置していきます。

入力欄（EditText）を配置する

それではまず、入力欄であるEditText（エディットテキスト）を配置していきます。レイアウトエディターのパレットから＜Text＞カテゴリーを選択して、＜Plain Text＞をデザインエディターにドラッグ＆ドロップします（図4-56）。

図4-56 EditTextをレイアウトに配置する

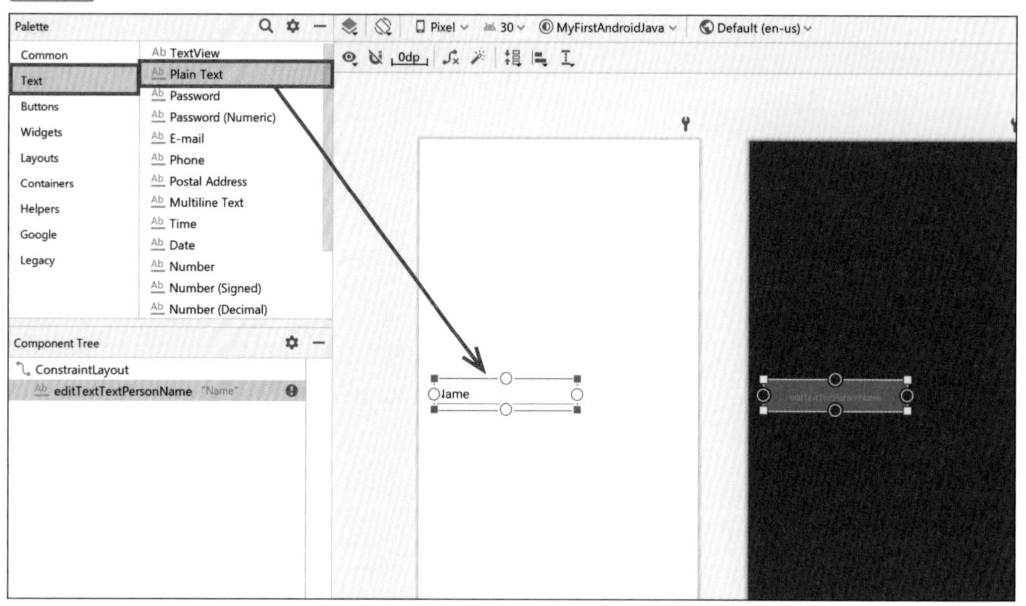

まだ、この時点では制約は付けません。すべて配置し終えたあとで付けます。

さて、コンポーネント・ツリーを見てみると、「editTextTextPersonName」と「Name」という文字が見て取れます。

Attributesビューを見てみると、それぞれidとtextであることがわかります（図4-57）（図4-58）。

図4-57 idがeditTextTextPersonName

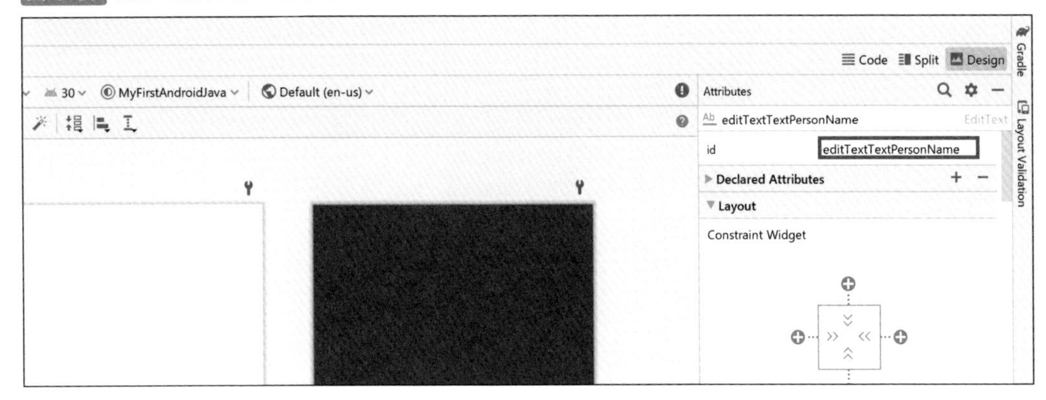

図4-58 textがName

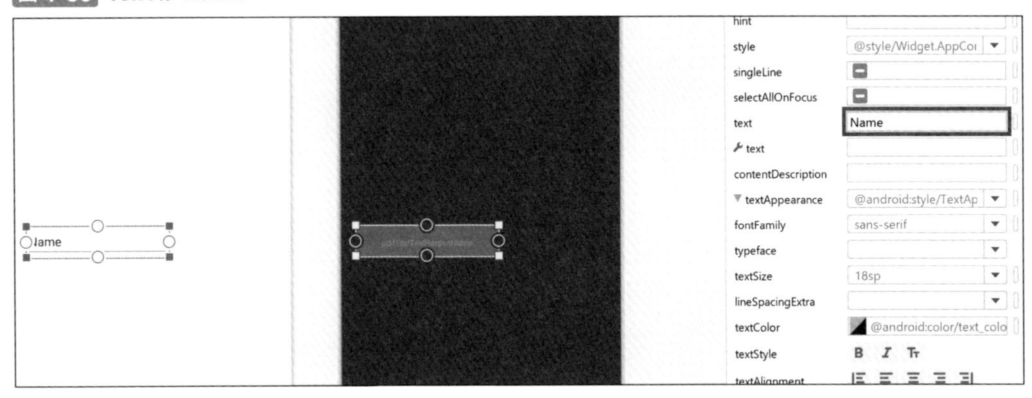

細かい説明は省きますが、EditTextはTextViewの親戚で、TextViewとしての顔も持っているため、TextViewと同じ属性を持っています。そのため、＜text＞の欄には「TextViewと共通の属性です」という意味で＜Common Attributes＞の見出しが付いているのです。

ところで、idが「editTextTextPersonName」というのは流石に長すぎるので、「editText」にしましょう。

POINT

キャメルケースの中でも、変数名「editText」のように最初の単語の1文字目を小文字で始める規則をロウワーキャメルケースといい、クラス名「EditText」のように最初の単語も1文字目を大文字にする規則をアッパーキャメルケースといいます。

AttributesビューのID欄を書き替えて Enter キーを押すと、＜名前の変更＞というダイアログが現れるので、「editText」になっていることを確認して、＜リファクタリング＞をクリックしてください（図4-59）。

図4-59 idをeditTextに変更

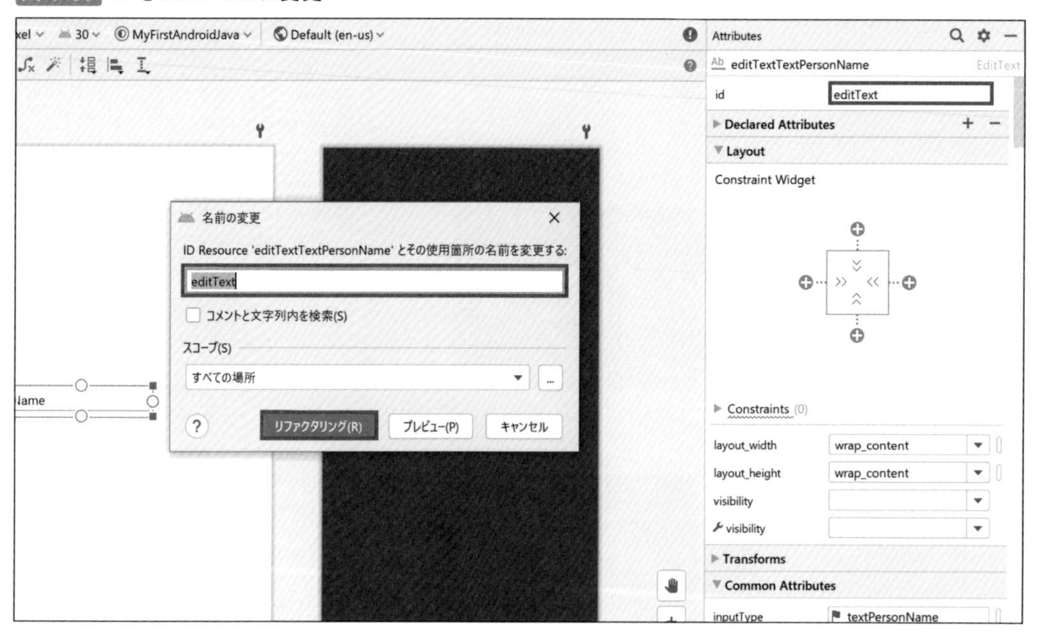

idが変わったことをコンポーネント・ツリーで確認できます（図4-60）。

図4-60 idが変更されている

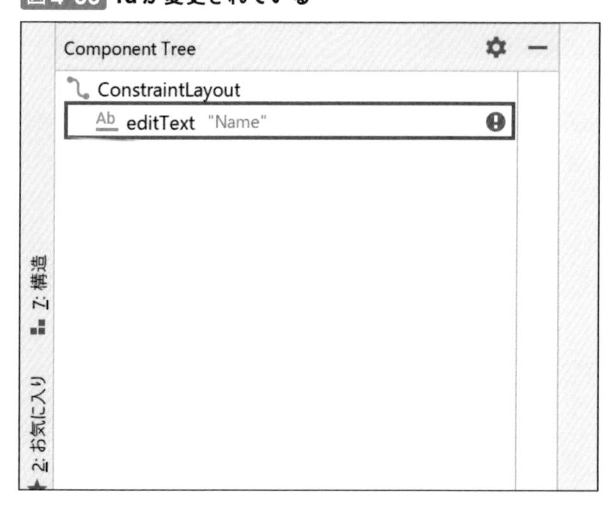

また、入力欄に最初から文字が入っているのもおかしな話ですので、textのほうは消しておきましょう。その代わり、hintの欄に「テキストを入力してください」と記入します（図4-61）。

図4-61 テキストを空にしてhintを入力する

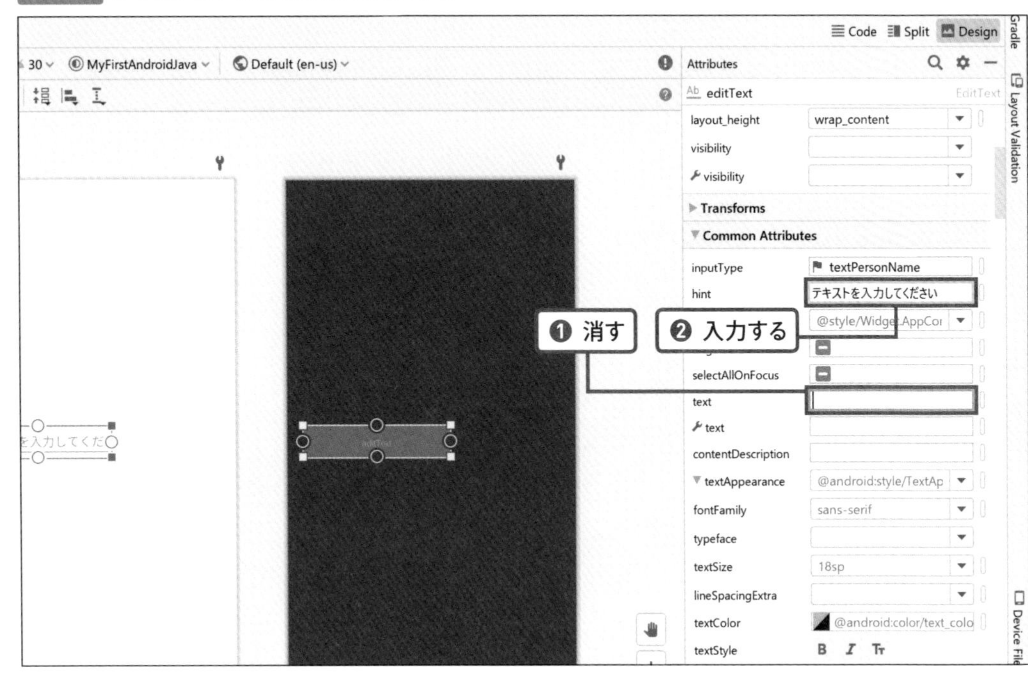

ここでデザインエディターを見てみると、表示が変わっています。アプリでよく見かける、入力してほしいデータについての情報（ヒント）です（図4-62）。

図4-62 入力のヒントが表示される

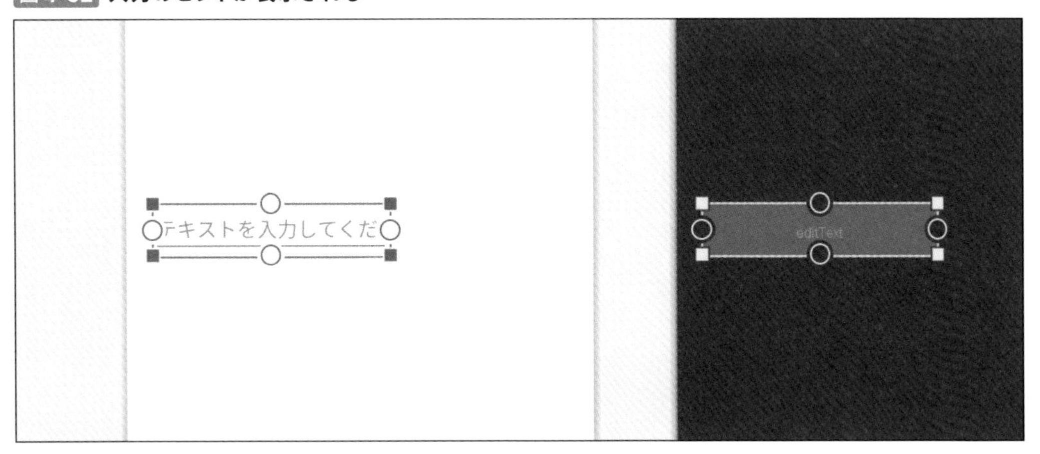

これでひとまず、EditTextの配置は完了です。

ボタン（Button）を配置する

次はButton（ボタン）を配置しましょう。今度はパレットの＜Buttons＞カテゴリーを選択して、＜Button＞をデザインエディターにドラッグ&ドロップします。EditTextの右側にでも置いておきましょう（図4-63）。

図4-63 Buttonをレイアウトに配置する

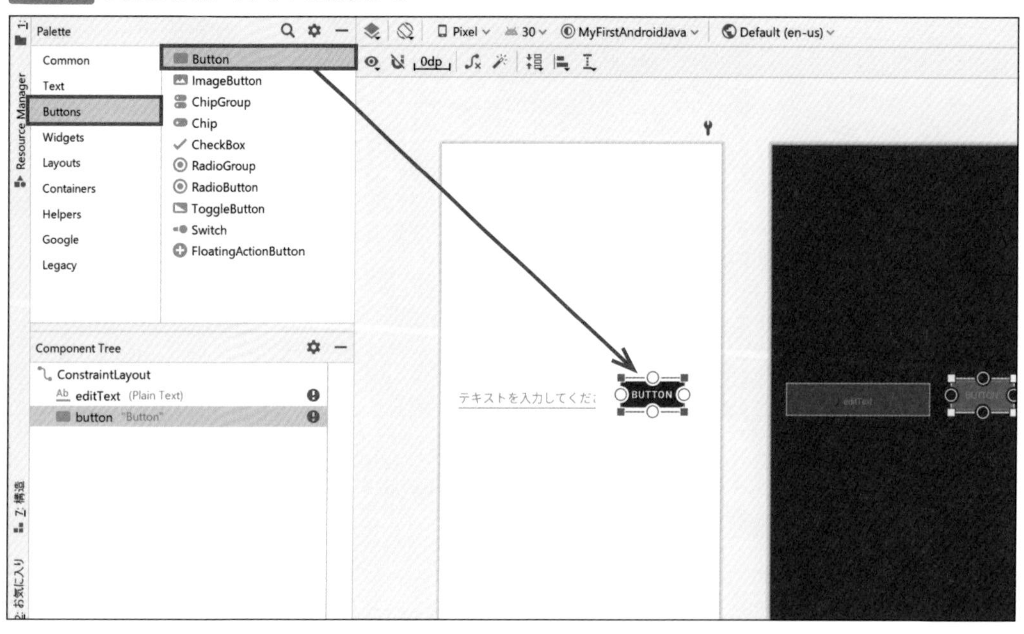

自動で割り当てられた属性を読むと、idは「button」、textが「Button」になっているようです（図4-64）（図4-65）。

図4-64 ButtonのID

図4-65 Buttonのテキスト

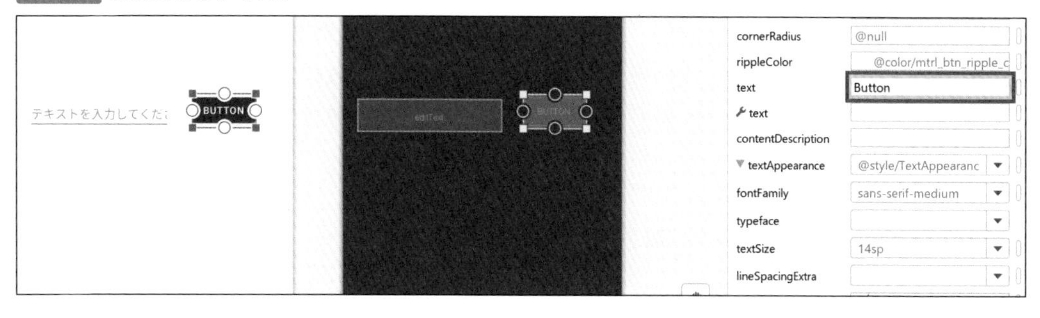

idはこのままで構いませんが、textは「更新」に変更しましょう（図4-66）。

図4-66 ボタンのテキスト属性を変更する

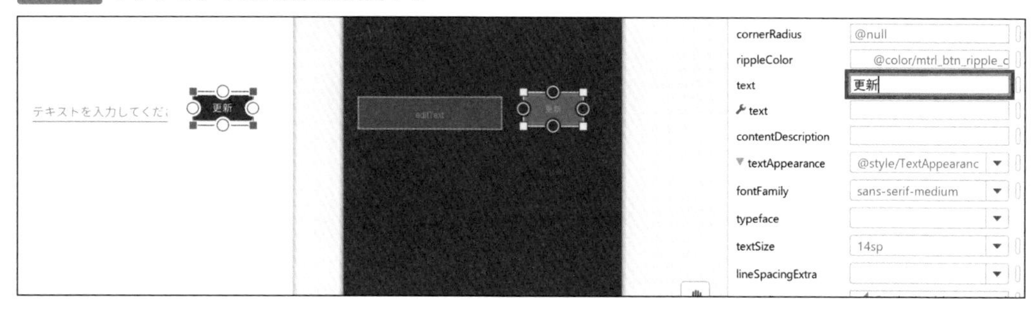

実は、ButtonもTextViewの親戚です。文字を表示できるビューはおおむねTextViewの親戚なので、TextViewの扱いを覚えておくと便利です。

さて、デザインエディターを見ると、次のようになっています（図4-67）。

図4-67 ボタンが配置された

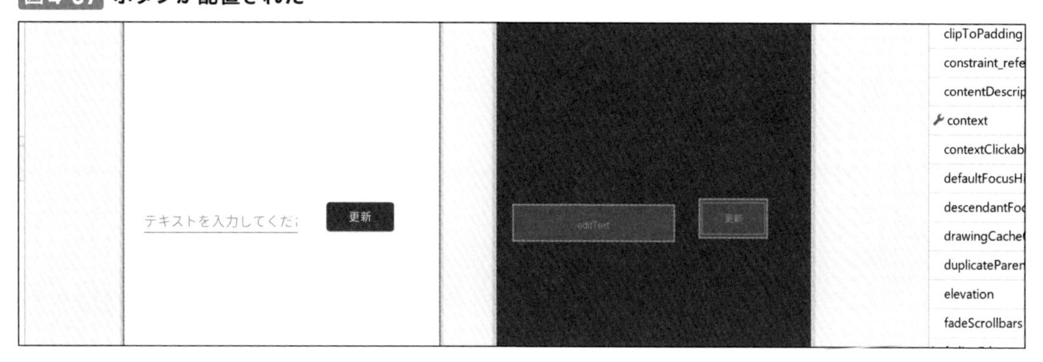

だんだんと目指す形に近づいてきましたね。

ラベル（TextView）を配置する

最後にラベルとしてTextViewを配置します。パレットの＜Common＞カテゴリーを選択して、＜TextView＞をデザインエディターにドラッグ&ドロップします。EditTextの下のほうに配置します（図4-68）。

図4-68 TextViewをレイアウトに配置する

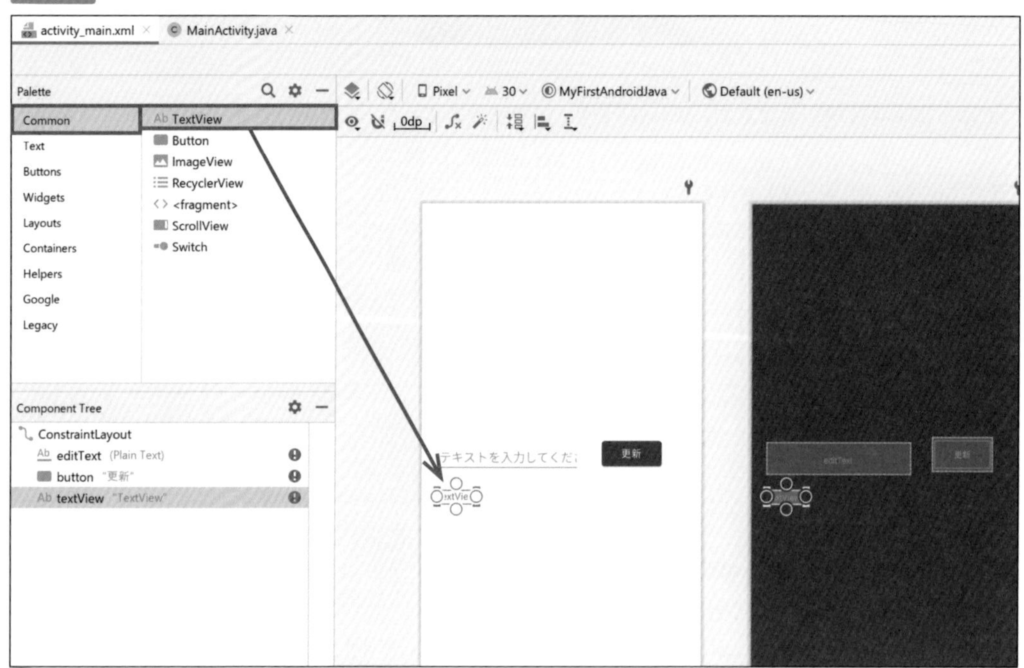

idは「textView」になりました。textに文字が入っていますが、今回は特に気にせずこのままにしておきます。文字のサイズだけは少し大きくしておきたいので、Attributesビューの＜TextAppearance＞の項目で＜Large＞を選択します（図4-69）。

COLUMN レイアウト上の要素の配置

ボタンを右側、入力欄を左側に配置したのは、一般的に右利きのユーザーのほうが多いと考えられるからです。ボタンを押すときに入力欄が右手の指に隠れてしまわないよう、配慮しています。このように、レイアウト上に要素を配置するときは、ユーザーに使いやすいデザインを意識してみるとよいでしょう。

図4-69 TextAppearanceを設定する

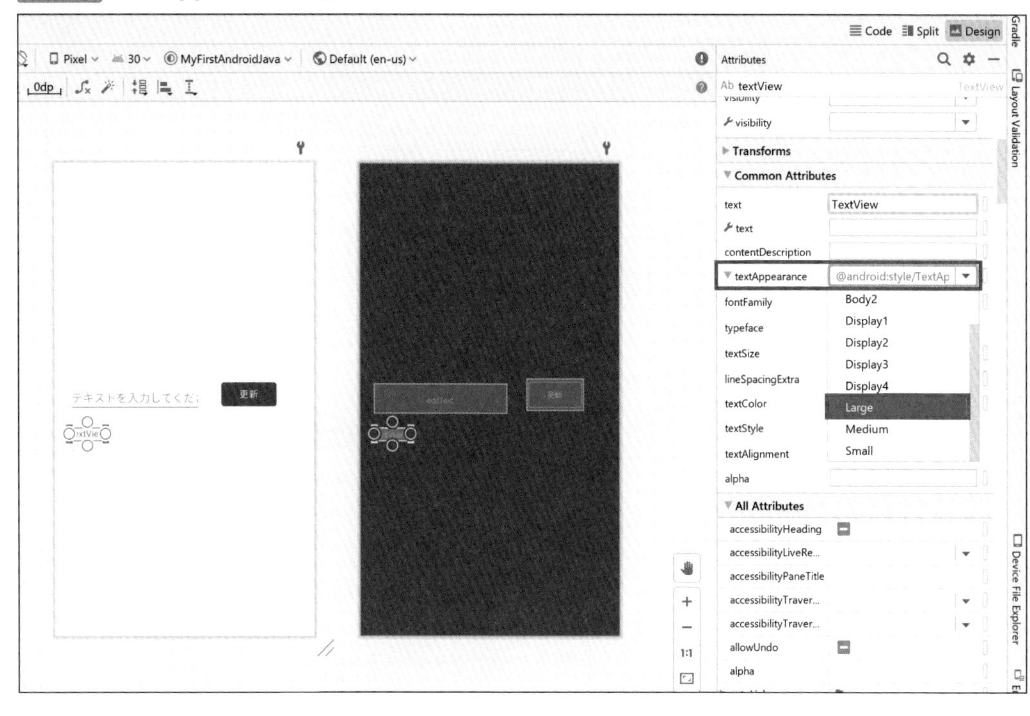

ここでデザインエディターを見てみると、文字が少し大きくなったのがわかります（図4-70）。

図4-70 ラベルが配置された

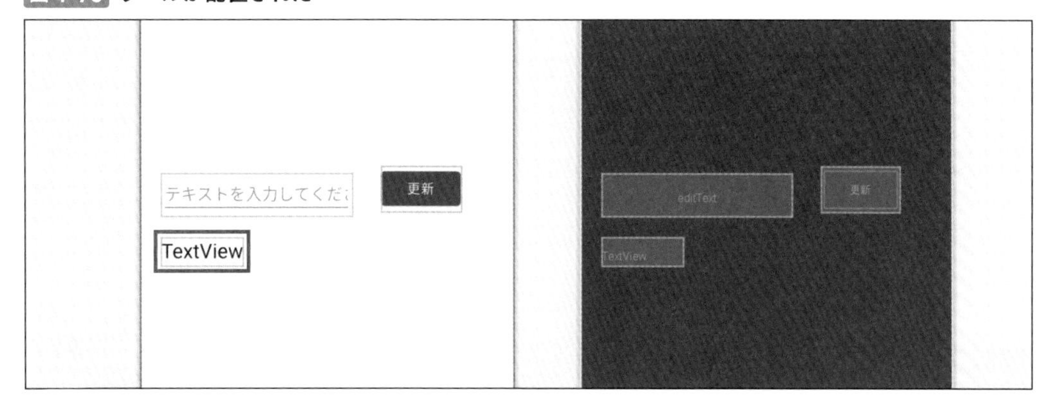

これですべてのビューが配置できました。

最後に制約を付けておきましょう。次のルールで制約を付けます（ハイフンは何も設定しません）（表4-6）。

表4-6 制約の設定

ビュー	左	右	上	下
editText	画面の左端（16dp）	buttonの左端（8dp）	画面の上端	画面の下端
button	-	画面の右端（16dp）	editTextの上端	-
textView	editTextの左端	-	editTextの下端（8dp）	-

すべての制約を付けると、デザインエディターは次のようになります（図4-71）。

図4-71 制約を付けた

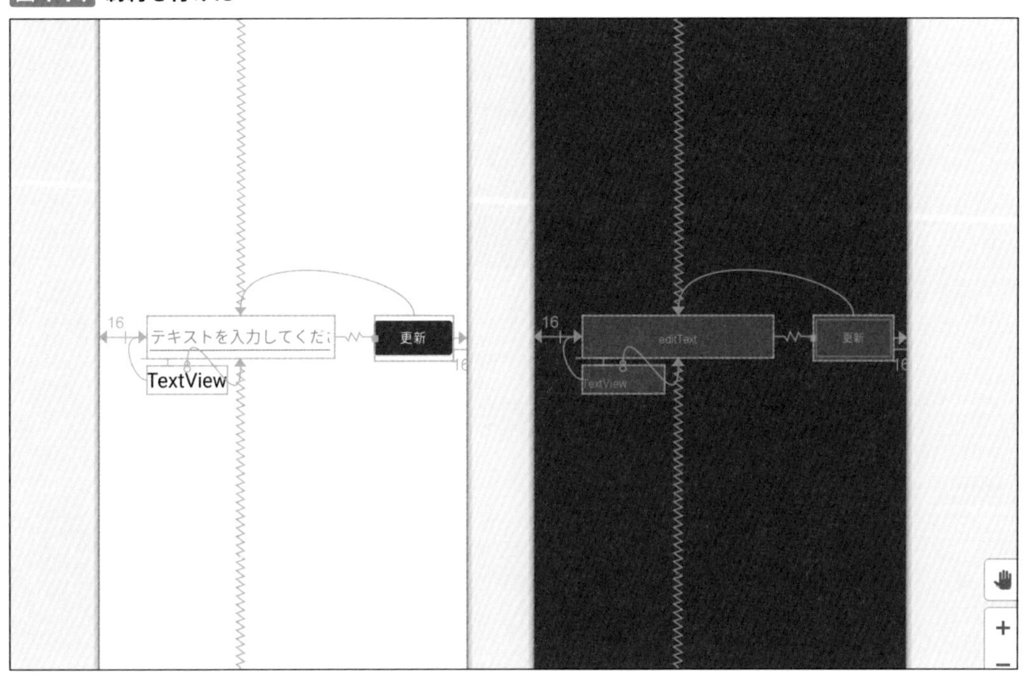

これでレイアウトにビューを配置する作業が終わりました。

ボタンをタップした際の処理を追加する

それでは、今度はJavaプログラムのほうを編集していきます。まずは、ボタンをタップしたときの挙動を書いていきましょう。＜MainActivity.java＞タブをクリックして画面を切り替え、次のように入力します（リスト4-10）。

リスト4-10 MainActivity.java

```
015:  super.onCreate(savedInstanceState);
016:  setContentView(R.layout.activity_main);
017:  Button button = findViewById(R.id.button);
018:  button.setOnClickListener(new OnC);
```

TextViewと同じく、JavaプログラムでButton型の変数を操作することで、レイアウトエディターに配置したButtonを操作することができます。今回扱うsetOnClickListenerは、ビューを指でタップしたときの処理を定義するためのメソッドです。ここまで入力すると、次のような補完候補が現れます。View.OnClickListenerを選択しましょう（図4-72）。

図4-72 補完候補を使って引数を入力する

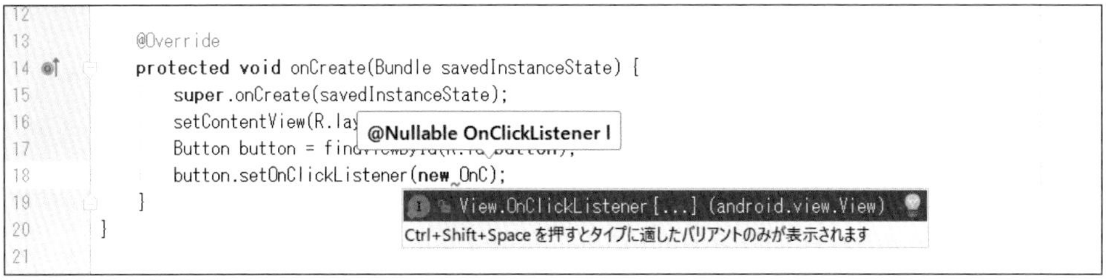

```
12
13      @Override
14      protected void onCreate(Bundle savedInstanceState) {
15          super.onCreate(savedInstanceState);
16          setContentView(R.la  @Nullable OnClickListener l
17          Button button = find
18          button.setOnClickListener(new OnC);
19      }                     View.OnClickListener[...] (android.view.View)
20  }                         Ctrl+Shift+Spaceを押すとタイプに適したバリアントのみが表示されます
21
```

すると、次のように補完されます（リスト4-11）。

リスト4-11 MainActivity.java

```
018:  button.setOnClickListener(new View.OnClickListener() {
019:      @Override
020:      public void onClick(View v) {
021:          // タップしたときの処理を書く場所
022:      }
023:  });
```

ここで現れたonClickメソッドに処理を書くことで、タップ（クリック）したときに処理を実行することができます。View.OnClickListenerのような、タップやクリックなどのイベント発生時に実行する処理を書くための値のことを「リスナー」と呼びます。

onClickの引数としてView vが定義されています。ここには、クリックされたビュー（今回であればbutton）と同じデータが渡されてきます。1つのリスナーを複数のビューに登録する場合に役立つ変数ですが、今回のようなケースでは特に利用しません。

では実際に、リスナーを使って処理を書いてみましょう。onClickの中に次のようにログを記述します（リスト4-12）。

リスト4-12 MainActivity.java

```
018: button.setOnClickListener(new View.OnClickListener() {
019:     @Override
020:     public void onClick(View v) {
021:         Log.d("MainActivity", "Clicked!");
022:     }
023: });
```

記述したのは、buttonをクリックすると、ログキャットに「Clicked!」と表示される処理です。

それでは、アプリを実行してみましょう。いつもと違って、今回はアプリが起動しただけではログが出ませんが、＜更新＞ボタンをクリックすると次のようなログが表示されるはずです（図4-73）。

図4-73 ＜更新＞ボタンをクリックするとログが表示される

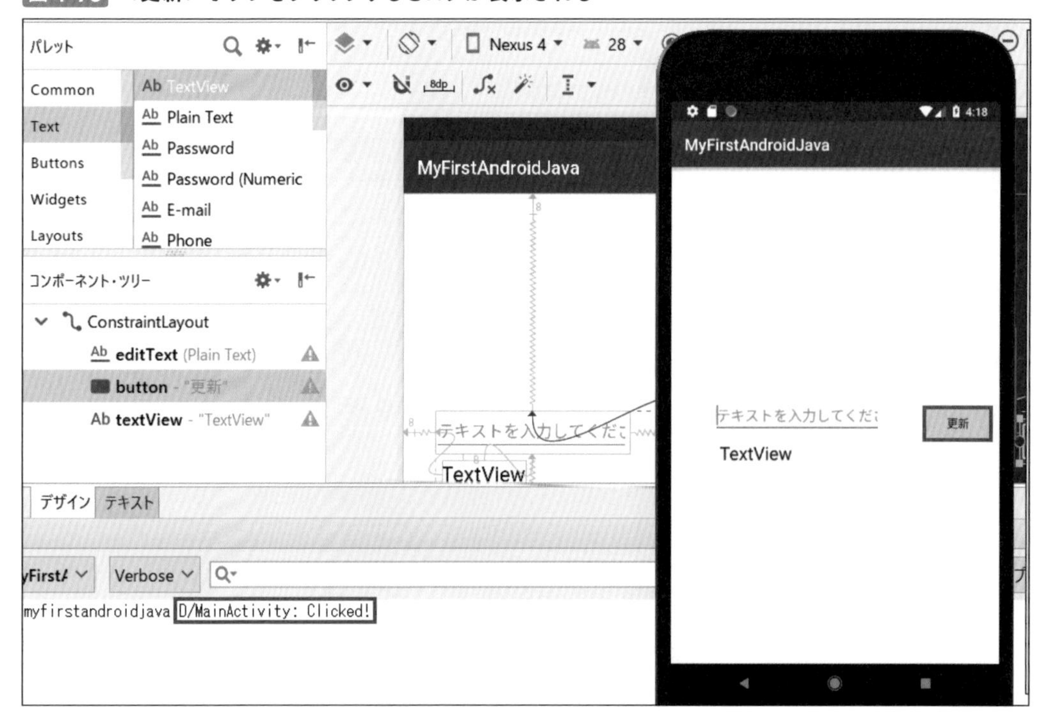


```
D/MainActivity: Clicked!
```

これまで、メソッドの中に記述した処理は上から下へと処理されていましたが、今回onCreateの中に記述されているonClickの中の処理は、onCreateのタイミングでは実行されませんでした。これはリスナーを使ったことにより、処理の順番が変わったのです。処理の順序を図示してみます（図4-74）。

図4-74 onCreateの処理順

```
public class MainActivity extends AppCompatActivity {

    @Override
    protected void onCreate(Bundle savedInstanceState) {
        super.onCreate(savedInstanceState);
        setContentView(R.layout.activity_main);                        ①
        Button button = findViewById(R.id.button);
        button.setOnClickListener(new View.OnClickListener() {
            @Override
            public void onClick(View v) {
                Log.d( tag: "MainActivity",  msg: "Clicked!");
            }
        });                                                            ②
    }
}
```

まず、onCreateが実行されるとき、これまで通り上から下へと処理が実行されます（①）が、リスナーは定義されるだけで中までは実行されず、定義後の処理が実行されます（②）。その後、ユーザーがボタンをタップすることにより、onClick内の処理が実行されます（③）（図4-75）。

図4-75 onCreateの処理順

```
    @Override
    protected void onCreate(Bundle savedInstanceState) {
        super.onCreate(savedInstanceState);
        setContentView(R.layout.activity_main);
        Button button = findViewById(R.id.button);
        button.setOnClickListener(new View.OnClickListener() {
            @Override
            public void onClick(View v) {
                Log.d( tag: "MainActivity",  msg: "Clicked!");   ③
            }
        });
    }
}
```

onClickもメソッドなので、内部は上から下へと処理が実行されます。処理順については混乱しやすいところですが、リスナーの中はあとで実行される、ということは最低限覚えておくとよいでしょう。

入力欄から入力内容を引き出す

続いて、ボタンのタップによってonClickが呼び出されたタイミングで、入力欄に入っているテキストを取り出す方法を解説します。

今回データを取り出したい入力欄のIDは、editTextでした。レイアウトエディターのEditTextを操作するには、Javaプログラム側でEditText型の変数を利用します。この型も、他の型と同じく Alt キー＋ Enter キー（Macの場合は option ＋ Enter キー）でimport文を追加できます。findViewByIdメソッドを使って、EditText型の変数editTextを作成しましょう（リスト4-13）。リスト4-12で記述した「Log.d("MainActivity", "Clicked!");」の行はあらかじめ削除しておきます。

リスト4-13 MainActivity.java

```
018:  button.setOnClickListener(new View.OnClickListener() {
019:      @Override
020:      public void onClick(View v) {
021:          EditText editText = findViewById(R.id.editText);
022:      }
023:  });
```

EditTextはTextViewの親戚なので、TextViewと同じく、getTextを使ってテキストを取り出すことができます。ただし、getTextの戻り値の型は文字列型ではないので、文字列型に変換するtoStringメソッドを組み合わせます（リスト4-14）。

リスト4-14 MainActivity.java

```
020:  button.setOnClickListener(new View.OnClickListener() {
021:      @Override
022:      public void onClick(View v) {
023:          EditText editText = findViewById(R.id.editText);
024:          String text = editText.getText().toString();
025:          Log.d("MainActivity", text);
026:      }
027:  });
```

EditTextに入力されている文字列を取り出して、ログキャットに渡す処理が書けました。ここまでの処理の結果を確認するために、一度ログキャットを使って動作を確認してみましょう。EditTextから入手したテキスト（text）をLog.dに渡して、文字列データをログキャットに表示します。このまま、アプリを実行する＜▶＞のボタン（）をクリックしてアプリを起動します。仮想デバイスの画面上で入力欄をタップ（クリック）して、「hello」を入力したあと、＜更新＞ボタンをクリックします（図4-76）。

図4-76 EditTextの内容がログキャットに表示される

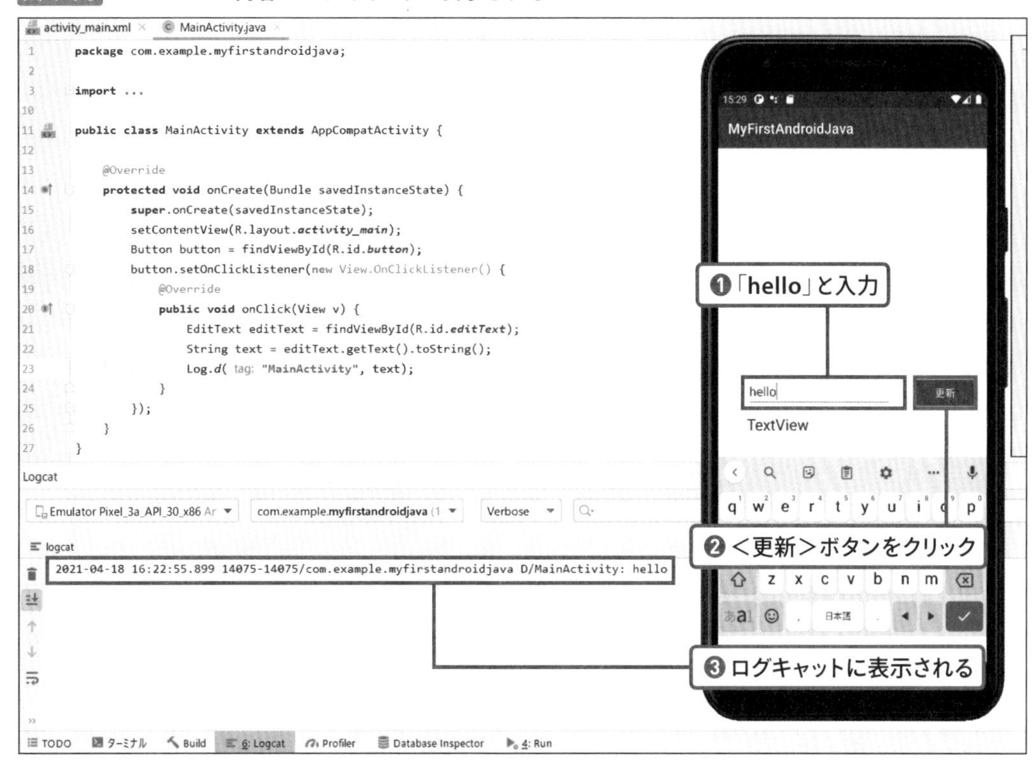

すると、ログキャットに次のようなログが現れます。

```
D/MainActivity: hello
```

どうやら、EditTextから文字列データを取り出すことには成功しているようです。

ラベルに入力内容を上書きする

それでは最後に、入手したテキストでTextViewを上書きしましょう。「Log.d("MainActivity", text);」は削除して、リスナーを次のように書き替えます（リスト4-15）。

リスト4-15 MainActivity.java

```
020:  button.setOnClickListener(new View.OnClickListener() {
021:      @Override
022:      public void onClick(View v) {
023:          EditText editText = findViewById(R.id.editText);
024:          String text = editText.getText().toString();
025:
026:          TextView textView = findViewById(R.id.textView);
027:          textView.setText(text);
028:      }
029:  });
```

レイアウトからTextViewを呼び出し、setTextで表示の上書きを行うようにしました。

では、アプリを実行する＜▶＞のボタン（）をクリックして、アプリを起動して動作を確認してみましょう。まずは先ほどと同様に、「hello」のテキストを入力します（図4-77）。

図4-77 テキストを入力したところ

続いて、＜更新＞ボタンをクリックします。もくろみ通りに動けば、現在「TextView」と表記されているラベルの表示が「hello」に変わるはずです（図4-78）。

図4-78 ＜更新＞ボタンをクリックしたところ

ラベルの表示が「hello」に変わりました。プログラムは問題なく動いているようです。

本セクションでは、データの入力、受け渡し、出力、というアプリ開発の基本となる操作について解説しました。入力するデータの種類やリスナーが扱うイベントの種類などが変わることがあったり、出力に至るまでデータがいくつものメソッドをたらい回しにされることはありますが、ここで扱った流れは多くの画面部品の操作において似たようなものになります。

次のセクションでは、さらに複雑な処理を実現するための条件分岐や繰り返しについて解説しますが、ここで学んだ内容をベースにしていきます。

COLUMN 「システムUIが応答していません」と表示される場合

仮想デバイスを利用していると、時折「システムUIが応答していません」と表示されることがあります。＜待機＞をクリックして少し待つと使えるようになることが多いものの、最後の手段として、仮想デバイスを再起動する方法を確認しておきましょう。

まずは右上の＜×＞ボタンをクリックして、仮想デバイスを終了します。これだけだとサスペンド（一時停止）の状態になるだけです。しっかり再起動したい場合には、仮想デバイスマネージャー（2章参照）の右端にある＜▼＞をクリックして出てくるメニューから＜Cold Boot Now＞をクリックしてください。これで、仮想デバイスを再起動できます。

処理を分岐・繰り返しさせよう

人間に比べてコンピューターが得意なことが2つあります。それは、ルール通りに自動で判断すること、そして、高速に処理を繰り返すことです。それはJava言語においても同様で、条件分岐や繰り返しは重要な文法として組み込まれています。本セクションではこれらの制御構文を学ぶことで、プログラムで多様な処理を行えるようにします。

条件式とif文

まずは、条件式と呼ばれる種類の式について解説します。式は値を生み出すものですが、条件式は真偽型（boolean）の値を生み出します。つまり、条件式の計算結果はtrueかfalseになる式が条件式です。

そして、その条件式によって処理の内容を分岐させる文法が、**if文**（イフ文）です。その性質から、if文は**条件分岐**とも呼ばれています。機能としては、条件式がtrueだった場合だけ実行される、小さなスコープを生み出す、というものです。文法は次のとおりです。/*と*/で囲まれた部分は、コメントとして扱われます。実際のプログラム中では変数や式に置き換えてください。

```
if (/* 条件式 */) {
  // 条件式がtrueのときにだけ実行する処理
}
```

また、if文の派生で、**if-else文**（イフエルス文）というものもあります。こちらは、もしif文が実行されなかった場合（条件式がfalseだった場合）だけ実行されるelseスコープを、if文に付属させます。文法は次のようになります。

```
if (/* 条件式 */) {
  // 条件式がtrueのときにだけ実行する処理
} else {
  // 条件式がfalseのときにだけ実行する処理
}
```

さて、実例として、簡単なメソッドを作成してみましょう。「真偽型の引数にtrueを渡すと"YES"、falseを渡すと"NO"を返す」というものです。次のような内容になります。

```
private String isTrue(boolean condition) {
    String result;

    if (condition) {
        result = "YES";
    } else {
        result = "NO";
    }

    return result;
}
```

では、conditionにそれぞれの値を入れた場合の動きを確認していきましょう。まずはisTrue(true)のように、条件式がtrueになる呼び出し方をした場合です。次のような順番で処理が動きます（図4-79）。

図4-79 条件式がtrueの場合の処理の流れ

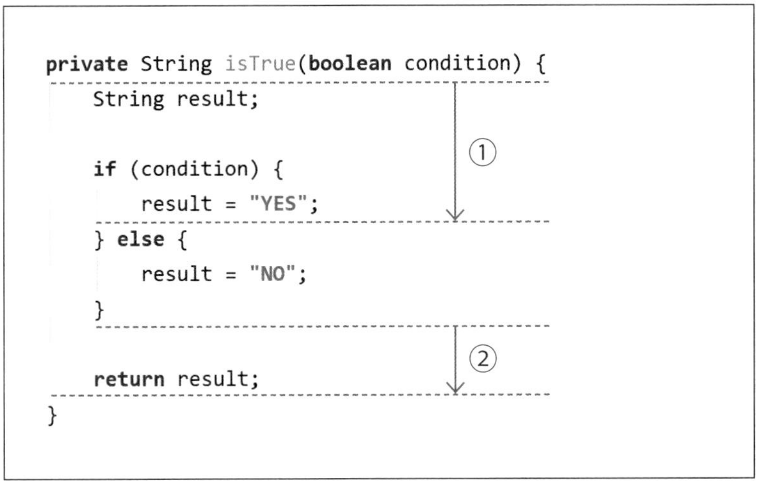

```
private String isTrue(boolean condition) {
    String result;
                                        ①
    if (condition) {
        result = "YES";
    } else {
        result = "NO";
    }
                                        ②
    return result;
}
```

まずは通常のメソッドと同様に上から下へと処理が実施されます。途中、if文の条件式を評価して、trueだったため、ifのスコープが実行されます（①）。その後、elseのスコープは無視され、if-else文の後ろから処理が再開します（②）。このとき、ifかelseは必ず実行されるので、resultに何も代入されないままreturnされることはありません。

さて、次はisTrue(false)のように、条件式がfalseになる呼び出し方をした場合です。次のような順番で処理が動きます（図4-80）。

図4-80 条件式がfalseの場合の処理の流れ

```
private String isTrue(boolean condition) {
    String result;
                                              ①
    if (condition) {
        result = "YES";
    } else {
        result = "NO";
    }
                                              ②
    return result;
}
```


今度は条件式の評価がfalseだったのがわかった時点で、ifのスコープが無視されます(①)。その後、elseのスコープが実行され、そのまま最後まで実行されます(②)。

このように、条件によって実施する処理としない処理を生み出せるのが、if文のメリットです。

条件式の作り方

真偽型リテラルのtrueやfalseを記述したり、真偽型の変数を式として当てはめたりするのが、条件式の最小単位です。

しかし、実際の処理では、もっと実践的で表現力の高い条件式を作成する方法があります。それを実現するのが、比較演算子と論理演算子です。

比較演算子は数値を比較するための演算子です。次のようなものがあります(表4-7)。

表4-7 比較演算子

演算子	記入例	trueを返す条件
==	a == b	aとbが等しい
!=	a != b	aとbが等しくない
>	a > b	aがbよりも大きい
<	a < b	aがbよりも小さい
>=	a >= b	aがbよりも大きいか等しい
<=	a <= b	aがbよりも小さいか等しい

a > 10のように、片方が変数で片方がリテラル、という使い方をすることもありますし、a > bのように両方が変数という使い方をすることもあります。

一点だけ注意が必要なのは、この方法で比較ができるのは基本的に数値型だけであるということです(==と!=は真偽型もOKですが)。文字列型の値が等しいことを比較したい場合にはa.equals(b)というメソッドを利用する必要がありますので、ご注意ください。

さて、もう1つ論理演算子というものがあります。これは真偽型に対して使用する演算子で、複数の真偽型の値を組み合わせて、最終的な真偽型の値を生み出すというものです(表4-8)。

表4-8 論理演算子

演算子	記入例	trueを返す条件
&&	a && b	aとbが両方ともtrueであるとき
||	a || b	aとbのどちらか一方がtrueであるとき

比較演算子と論理演算子を活用することで、複雑な条件を組み立てることも可能になります。ぜひ活用してください。

繰り返しとfor文

次に、繰り返し(ループともいいます)について解説します。繰り返しの文法は大きく分けて2つあります。1つがfor文(フォー文)、もう1つがwhile文(ホワイル文)です。こちらもif文と同様に、メソッドのスコープの中に記述します。

どちらもできることは同じで、次の特徴を持っています。

- **所定の条件を満たすまで、スコープ内の処理を繰り返す**
- **繰り返しが終わるまで、以降の処理を実施しない**

本書では、while文の使い方について解説します。while文の文法は、次のような形です。

```
while(/* 条件式 */) {
  // 繰り返す処理
}
```

while文もif文と同様に、条件式を利用します。機能としては、条件式がtrueである間、何度でも処理を繰り返す、というものです。処理の順番としては、次のようになります。

❶条件式を評価する
❷ trueならスコープ内の処理を実行する
❸条件式を再度評価する
❹ trueならスコープ内の処理を実行する
❺条件式を再度評価する
❻ trueならスコープ内の処理を実行する
❼ ...（以降、条件式の評価がfalseになるまで続く）

基本的には、whileスコープの中で処理した内容によって、条件式の結果が変わるようにします。例えば、次のような処理があったとします。

```
int i = 0;
while(i < 10) {
  Log.d("MainActivity", "" + i);
  i = i + 1;
}
Log.d("MainActivity", "finished!");
```

これを実行すると、ログキャットで次のような結果が得られます。

```
D/MainActivity 0
D/MainActivity 1
D/MainActivity 2
D/MainActivity 3
D/MainActivity 4
D/MainActivity 5
D/MainActivity 6
D/MainActivity 7
D/MainActivity 8
D/MainActivity 9
D/MainActivity finished!
```

スコープの中でiの値を書き替え続けることにより、条件式で評価するときのiの値も次々と変わっていき、最終的に10 < 10を評価したタイミングでfalseになって、以降の処理が実行されたという流れです。

ここまで、AndroidでJava言語を扱うにあたっての基礎知識を解説してきました。次の章ではこれまで学んできたものを総動員して、実用的なアプリを開発していきます。

CHAPTER 5

ビンゴアプリを作成しよう

SECTION 01

アプリ作成のための準備をしよう

これまでAndroidアプリ開発のエッセンスを学んできましたが、そこまで実用性があるものではなかったので、実感がつかみづらいところもあったと思います。そこで、本章では実用性のあるアプリを作ることで、より実践的な進め方について解説します。まずは、どんなアプリを作るのか考えてみましょう。

身近な課題を解決するアプリ

実際にアプリを作っていく場合、「アプリを作りたい！」が先にくることはあまり多くありません。「こういうところで困ってるのを解決したい！」や「こういう遊びがしたい！」というものが先にあって、それを「アプリで解決・実現しよう！」という順番で考えたほうが、途中でモチベーションが迷子になりづらいと筆者は考えています。

さて、今回もその流れに則って、課題を解決する形でアプリを作りたいと思いますが、その課題としては「パーティーで役に立つアプリ」の方向で考えてみます。大勢の役に立ち、楽しい場面を想像しながらアプリを開発できるのは、精神衛生にもいいことです。

ビンゴゲームの抽選機

パーティーの中で、アプリが得意とするようなデータ処理が役立つ場面といえば、例えばビンゴゲームのような出し物はどうでしょうか。決められた範囲の数字から、毎回1つの数字を取り出して読み上げる。ひとしきり参加者が喜んだり残念がる顔を眺めたら、次の数字を取り出して読み上げる。これはアプリで扱いやすそうなテーマです。

ところで、ビンゴといえば、あの網が球状になっていてガラガラと回す抽選機がありますね。あれを買ってくればアプリで数字を出すようなことはしなくてもいいのではないでしょうか……などという話をしていると、せっかくのネタがなくなってしまいます。

50枚200円のビンゴカードなら買えたけれど、2000円もする抽選機は買えなかったので、アプリでなんとかする、そういうシナリオで行きましょう。

ビンゴアプリの仕様を考える

さて、ビンゴゲームの抽選機の代わりになるようなアプリとなると、どういった機能を備えていればよいでしょうか。あらためてどういった使い方をしたいアプリなのかを考えてみます。大事な機能の順に並べると、次のようになります（図5-1）。

❶ボタンを押すと次々と新しい数字が出てくる
❷これまでに出てきた数字の履歴を確認できる
❸出てくる数字の範囲を指定できる

まずは数字が出てこないと話になりませんので、最も大事な機能であることには異論はないでしょう。

次に、ビンゴゲームの常として「あ、ごめん、お喋りしてて聞き逃したんだけど、3つ前の数字って何だっけ？」といったことを言い出す参加者が必ずいますので、履歴を表示する機能は必要です。

最後に、オマケ機能として、数字の範囲が指定できてもよいでしょう。最大値を事前に設定しておくことで、1より大きく、設定より小さい数字しか出てこなくなるという機能です。ただ、ビンゴゲームの数字というのは標準で1から75までしかないというのがルールとして決まっています。そのため、最大値を指定できても嬉しいかどうかは怪しいところがありますね。とはいえ、安物のビンゴカードを買ってきたら1〜99の数字が書いてあった、という事態になる可能性も否定できません。設定できるようにしておくこと自体は悪いことではないでしょう。

図5-1 ビンゴアプリの処理の流れ

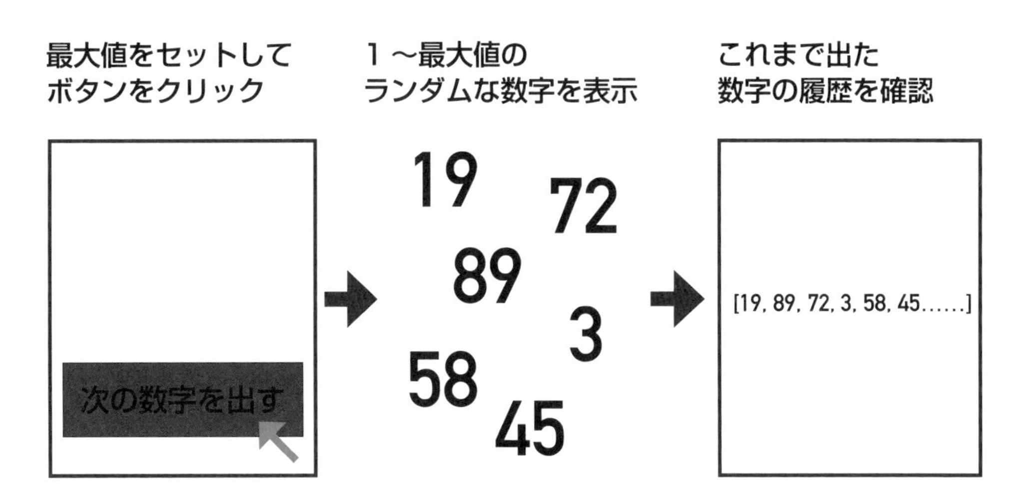

デザインを考える

さて、今回は次のようなものを作ってみたいと思います（図5-2）。

図5-2 ビンゴ抽選機アプリのデザイン

出目の最大値のデータは、自分で決める必要性は低いものの、動作の前提条件となる重要なデータではあるので、一番上に置くことにしました。初期設定で75を入れておくので、一般的なビンゴカードでは操作しなくてもそのまま使えます。

その下には、小さな文字で出目の履歴をカンマ区切り（,）で並べて表示することにしました。さほど大事なデータでもないので、あまり大きく画面内の場所を取らないようにしています。

さらに下には、最も大事なデータである出目を表示します。これは最も見やすいものである必要がありますので、文字を大きくして真ん中付近に配置します。

最後に、一番下に更新ボタンを配置します。親指の近くにあったほうが押しやすいので、この位置にしました。右利きの人のことだけを考えると右下に小さくボタンを置く方法もありますが、左利きの人のことも考えると、このように横幅いっぱいにボタンを広げることになりました。

抽選機アプリのデザインができました。この方針でアプリを作っていきます。

プロジェクトを作成する

それでは、Android Studioでビンゴアプリ用のプロジェクトを作成します。

まずは、Android Studioの上部のメニューから、＜ファイル＞→＜プロジェクトを閉じる＞をクリックして、4章で作成したプロジェクトを閉じます。その後、＜Android Studioへようこそ＞の画面で＜Create New Project＞をクリックします。次に現れる＜Select a Project Template＞の画面では、＜Empty Activity＞を選択して、＜次へ＞をクリックし、その次の＜Configure Your Project＞の画面では次の情報を入力します（表5-1）。

表5-1 プロジェクトの設定値

項目名	値
Name	My Bingo
Package name	com.example.mybingo
Save location	C:¥Users¥＜ユーザー名＞¥AndroidStudioProjects¥MyBingo
	/Users/＜ユーザー名＞/AndroidStudioProjects/MyBingo（Macの場合）
Language	Java
Minimum SDK	API 30: Android 11.0 (R)

これで＜完了＞のボタンをクリックすれば、ビンゴアプリ用のプロジェクトの作成は完了です。

画面を縦に固定してリセットを避ける

さて、今回は実用性に重点を置くので、もし皆さんが実際にこのアプリを使うことになった場合に陥りそうな罠を1つ、回避しておきます。その罠というのは、「画面の縦横が切り替わると、画面がリセットされる」というものです。

本来は、画面が縦のときと横のときでレイアウトを別のものにする場合に有用な機能ですし、回転前と回転後でデータの引き継ぎを行うための仕組みも用意されています。ただ、しっかりと扱うために覚えることが多く、初心者にとっては罠にしかならないという不遇の機能です。

そのため、本書では「アプリの起動中は縦画面で固定になり、回転しない」という設定を施します。実際に業務としてアプリ開発を行っている現場でも、予算や複雑さとの兼ね合いで、同様の設定を施すことは多々ありますので、安心して設定してください。

AndroidManifest.xmlを編集する

それでは、アクティビティーの表示を縦画面で固定するための設定を行います。まずは、プロジェクトのファイル一覧からmanifests¥AndroidManifest.xmlを見つけて、ダブルクリックで開きます（図5-3）。

図5-3 AndroidManifest.xmlを開く

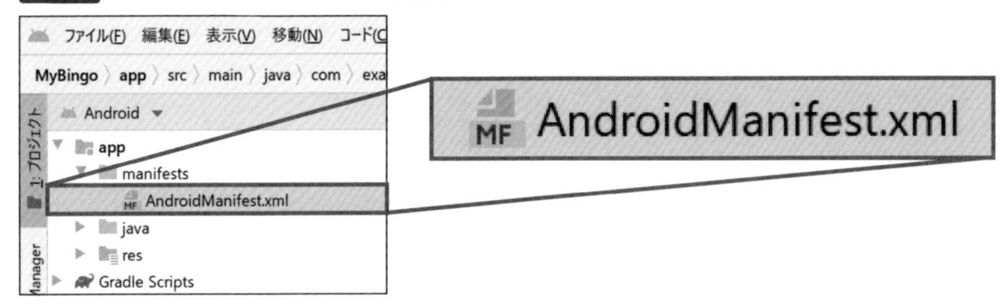

AndroidManifest.xmlは次のようなファイルです（リスト5-1）。

リスト5-1 AndroidManifest.xml

```
001:  <?xml version="1.0" encoding="utf-8"?>
002:  <manifest xmlns:android="http://schemas.android.com/apk/res/android"
003:      package="com.example.mybingo">
004:
005:      <application
006:          android:allowBackup="true"
007:          android:icon="@mipmap/ic_launcher"
008:          android:label="My Bingo"
009:          android:roundIcon="@mipmap/ic_launcher_round"
010:          android:supportsRtl="true"
011:          android:theme="@style/Theme.MyBingo">
012:          <activity android:name=".MainActivity">
013:              <intent-filter>
014:                  <action android:name="android.intent.action.MAIN" />
015:
016:                  <category android:name="android.intent.category.LAUNCHER" />
017:              </intent-filter>
018:          </activity>
019:      </application>
020:
021:  </manifest>
```

このファイルはマニフェストと呼ばれており、Playストアなどからアプリをインストールするときに、

Androidが「これはどんなアプリなのだろう」という観点でチェックを行うために用意されています。そのため、アプリ自体のアイコンや名前、アクティビティーの数や名前など、Androidがアプリを実際に動かす前に把握しておきたいことがここに記載されています。

アクティビティーの向きを固定したい場合も、このマニフェストにアクティビティーの設定として書き込むことで実現できます。

現在、次のように書いてある場所があります。

```
012:  <activity android:name=".MainActivity">
```

これがアクティビティーに関する設定です。今は、MainActivity.javaをアクティビティーとして登録する設定だけが書いてあります。これを、次のように書き替えます。

```
012:  <activity
013:      android:name=".MainActivity"
014:      android:screenOrientation="portrait">
```

android:screenOrientationが「画面の向きに関する設定」という意味で、"portrait"の部分が縦画面で固定するという意味です。

これで、もしアプリを実際のスマートフォンなどで動かす機会があった場合にも、アプリの画面が途中でリセットされてしまうようなことがない設定にできました。

もうマニフェストを編集することはないので、エディターを閉じておいてください。

COLUMN 仮想デバイスの向きを回転させる

仮想デバイスでも、画面を横にした場合の挙動を確認できます。仮想デバイスの右側にあるボタン群に、画面を回転するボタンがあります(図5-4)。

これは、画面を左右へ回転するためのボタンです。これをクリックすることで、デバイスが横や逆さになった場合の挙動を確認できます。Android 11では端末を横にした場合は、画面内の右上などにのような表示が現れて、これをクリックすることで画面内も横向きの表示に切り替わりますが、screenOrientationを設定したあとは何も現れなくなる(画面内を横向きにできなくなる)はずです。

図5-4 仮想デバイスを横向きで表示する

出目の最大値を入力しよう

それでは手を付けやすいところから作っていきましょう。まずは出てくる数字の範囲を設定できるようにします。これまで学んできた、レイアウトやJavaプログラムの知識の範囲で作れますので、肩の力を抜いて取り組んでください。

レイアウトを作成する

まずはレイアウトを作成します。EditTextとButtonを組み合わせて、最大値の入力と決定を実現します。activity_main.xmlを開くと（P.52参照）、そろそろ見慣れてきた「Hello, World!」が配置されています（図5-5）。

図5-5 初期状態のレイアウト

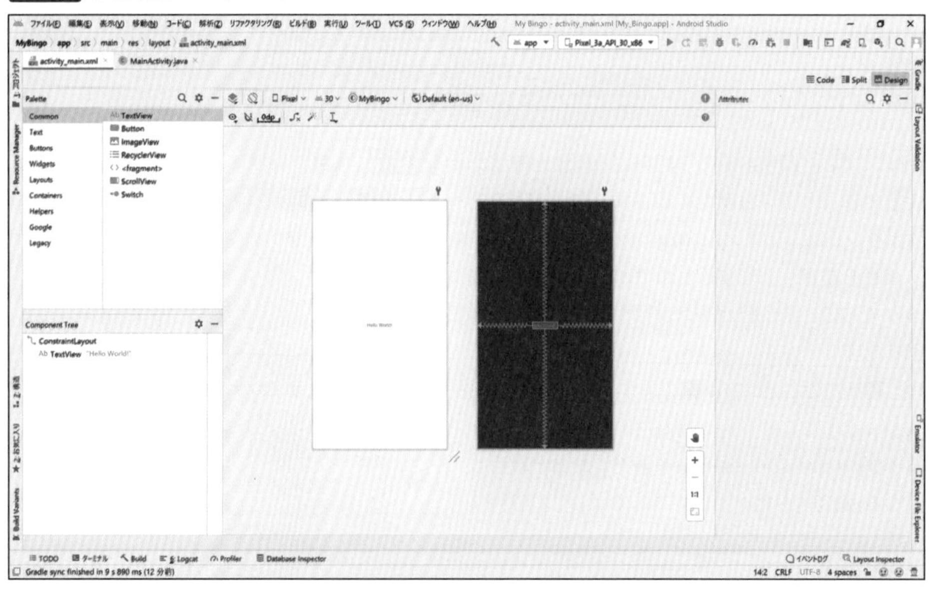

今回は特に使わないので、コンポーネント・ツリーかデザインエディターで<TextView>を右クリックして、削除しておきましょう（図5-6）。

図5-6 TextViewを削除する

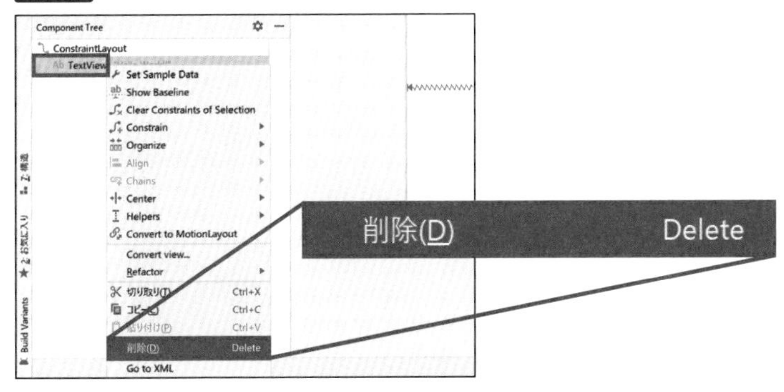

これでレイアウト上には、一番外側のConstraintLayoutだけが存在している状態になりました。

EditTextを配置する

それではEditTextを配置していきましょう。今回は数字だけを入力したいので、パレットの中から<Text>のカテゴリーで<Number>と書いてあるものを選んで、デザインエディター上にドラッグ&ドロップします（図5-7）。

図5-7 NumberのEditTextをドラッグ&ドロップする

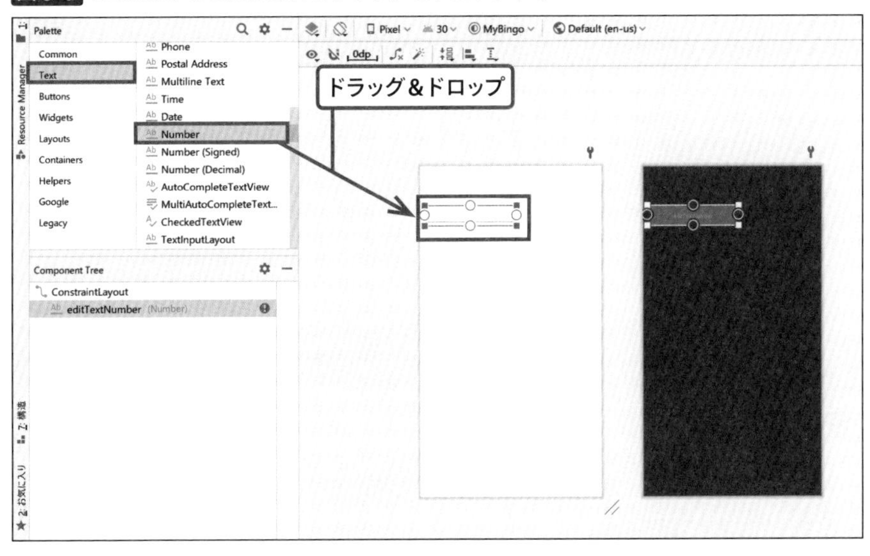

この＜Number＞という名前のEditTextには、inputTypeという属性が初めから設定されています（図5-8）。

図5-8 ＜Number＞のEditTextにはinputType属性が設定されている

Common Attributes	
inputType	number
hint	
style	@style/Widget.AppCo
singleLine	
selectAllOnFocus	
text	
text	
contentDescription	
textAppearance	@android:style/TextAp
fontFamily	sans-serif

この設定により、Android側が「これは数値を入力するための入力欄だ」と判断して、キーボードが数字のテンキーで現れやすくなります。

最後に、このビューにはmax_numberというIDを付けておきましょう（図5-9）。Enterキーを押して、＜リファクタリング＞ボタンをクリックします。

図5-9 EditTextにIDを付ける

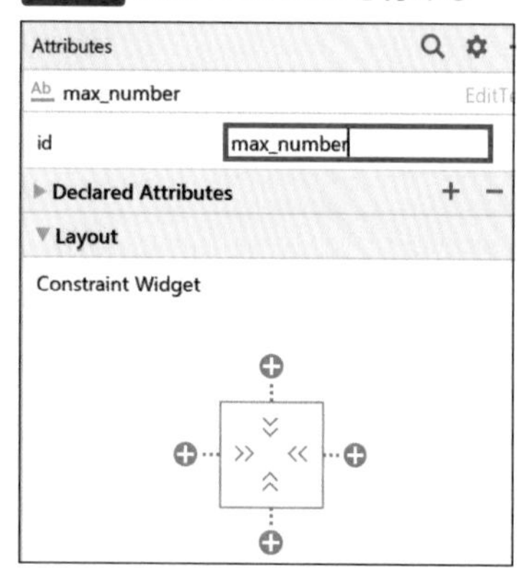

制約は最後に付けるので、ひとまずEditTextについての設定はここまでです。

Buttonを配置する

次に、ボタンを配置します。パレットの＜Common＞から＜Button＞を見つけて、デザインエディターにドラッグ＆ドロップします（図5-10）。

図5-10 Buttonをドラッグ&ドロップする

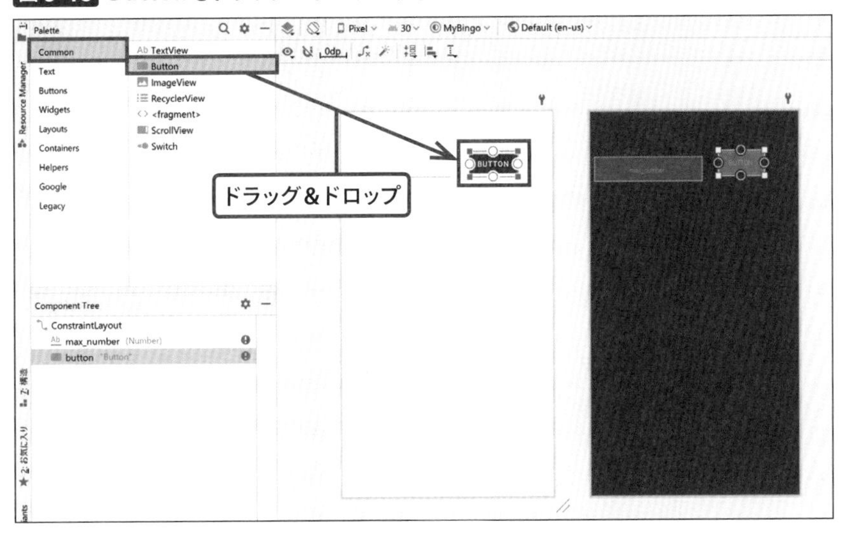

このビューには、register_max_numberというIDを付けておきましょう（図5-11）。こちらも Enter キーを押して、＜リファクタリング＞ボタンをクリックします。

図5-11 ButtonにIDを付ける

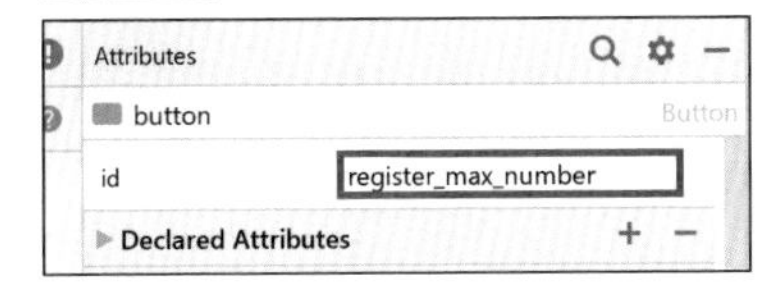

Buttonへの設定はこれだけです。

制約を付ける

今回扱うビューが揃ったので、制約を付けていきます。次のルールで制約を付けます（表5-2）。

表5-2 制約の設定

ビュー	左	右	上	下
max_number	画面の左端（8dp）	register_max_numberの左端（8dp）	画面の上端（8dp）	-
register_max_number	-	画面の右端（8dp）	max_numberの上端	max_numberの下端

制約を付け終わったら、＜Attributes＞を開いて、max_numberのlayout_widthを0dp(match_constraint)にします。これでおおむねそれらしくなりました（図5-12）。

図5-12 制約の設定が完了した

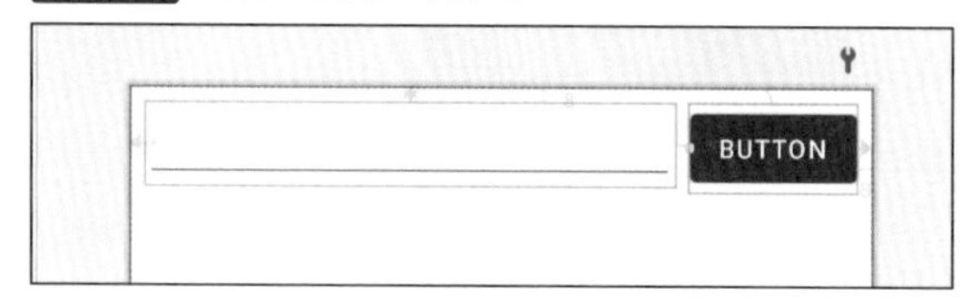

最後に、いつまでも表記が「BUTTON」のままでは味気ないので、表記を「セット」に変更します。register_max_numberの＜Attributes＞で＜text＞の欄を見つけて「セット」と入力してください（図5-13）。

図5-13 ボタンの表記をセットに変更する

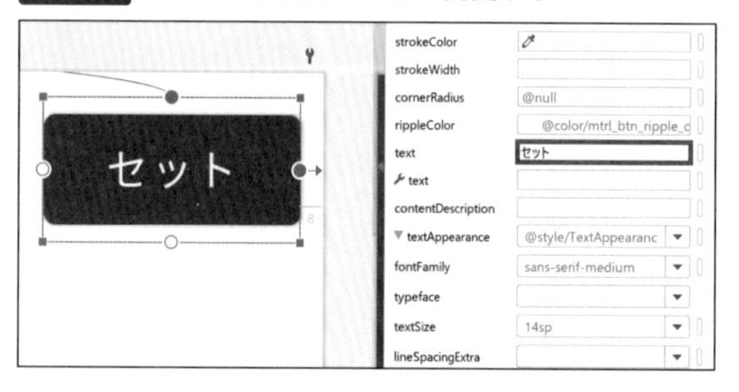

レイアウトの作成はこれで完了です。次はJavaプログラムを操作していきましょう。

インスタンス変数で最大値を管理する

それでは、最大値を管理できるようにJavaプログラムを編集していきます。作成したい処理は、次のようなものです。

- **最大値を入れておく変数を用意する**
- **アプリを起動したら、最大値の変数を75で初期化する**
- **register_max_numberをタップすると、max_numberに入力されていた数値で最大値の変数が上書きされる**

それでは一歩ずつ、実現していきましょう。

最大値を管理するための変数を用意する

まずは、最大値を管理するための変数を記述します(リスト5-2)。なお、Alt+Enterキー(Macの場合はoption+Enterキー)でimport文を追加する関係で紙面と行番号がずれることがあります。

リスト5-2 MainActivity.java

```
007:  public class MainActivity extends AppCompatActivity {
008:      // 最大値
009:      private int maxNumber = 75;
010:
011:      @Override
012:      protected void onCreate(Bundle savedInstanceState) {
013:          super.onCreate(savedInstanceState);
014:          setContentView(R.layout.activity_main);
015:
016:          Log.d("MainActivity", "maxNumber: " + maxNumber);
017:      }
018:  }
```

最大値を表すint型の変数であるmaxNumberは、アクティビティー内のすべてのメソッドから参照したいので、インスタンス変数として用意しました。

```
private int maxNumber = 75;
```

アプリが起動したときに初期値として75が入るよう、宣言の時点で初期化してあります。

変数の中身を確認するため、onCreateの中にLog.dを置いておきました。アプリを実行すると、次のようなログがログキャットに現れます。

```
D/MainActivity: maxNumber: 75
```

これで最大値が変数によって管理できるようになりました。

変数を更新できるようにする

先ほど用意したインスタンス変数maxNumberを、ビューを使って書き替えていきます。

まずは、findViewByIdでレイアウトからJavaプログラムにビューを取り込みます。ビューはアクティビティーのクラス内の複数のメソッドから参照されることが多いため、今回はインスタンス変数に代入することにしましょう。次のようにプログラムを修正します(リスト5-3)。

リスト5-3 MainActivity.java

```
009:  public class MainActivity extends AppCompatActivity {
010:      // 最大値
011:      private int maxNumber = 75;
012:
013:      // 最大値の入力欄
014:      private EditText maxNumberEditText;
015:      // 最大値の設定ボタン
016:      private Button registerMaxNumberButton;
017:
018:      @Override
019:      protected void onCreate(Bundle savedInstanceState) {
020:          super.onCreate(savedInstanceState);
021:          setContentView(R.layout.activity_main);
022:
023:          // ビューの変数を初期化する
024:          maxNumberEditText = findViewById(R.id.max_number);
025:          registerMaxNumberButton = findViewById(R.id.register_max_number);
026:      }
027:  }
```


最大値をセットするための入力欄（max_number）と最大値をセットするボタン（register_max_number）をJavaプログラム側から操作できるように、findViewByIdで呼び出して、変数に代入しました。onCreateメソッド以外の場所でも扱えるように、インスタンス変数に代入しています。

ビューの代入先がインスタンス変数になったこと以外は、4章で学んだそのままの方法です。少しだけ工夫をした点として、変数名の区別が付きやすくするために、ビューの変数名には、後ろにビューの名前を付けるようにしました。例えば、register_max_numberというIDのビューを扱う変数名はregisterMaxNumberButtonという名前にしています。これで、プログラムの中で見かけた変数がビューなのかそうでないのか、見分けやすくなります。

ビューの変数が作れたので、次はボタンをタップした際のイベント処理を使って、最大値の変数を更新します。onCreate内の処理を、次のように書き替えます（リスト5-4）。

リスト5-4 MainActivity.java

```
019:  @Override
020:  protected void onCreate(Bundle savedInstanceState) {
021:      super.onCreate(savedInstanceState);
022:      setContentView(R.layout.activity_main);
023:
024:      // ビューの変数を初期化する
025:      maxNumberEditText = findViewById(R.id.max_number);
026:      registerMaxNumberButton = findViewById(R.id.register_max_number);
027:
```

```
028:         // 最大値の初期値をEditTextにセットする
029:         maxNumberEditText.setText("" + maxNumber);
030:
031:         // 最大値を更新する
032:         registerMaxNumberButton.setOnClickListener(new View.OnClickListener() {
033:             @Override
034:             public void onClick(View v) {
035:                 // 入力値を文字列で取り出す
036:                 String maxNumberString = maxNumberEditText.getText().toString();
037:                 // int型に変換してから代入する
038:                 maxNumber = Integer.valueOf(maxNumberString);
039:
040:                 Log.d("MainActivity", "maxNumber: " + maxNumber);
041:             }
042:         });
043:     }
```

まずは、せっかく最大値の変数を75で初期化してあるので、この数字をEditTextに表示する必要があります。これについては次の行で実現しています。

```
028:   // 最大値の初期値をEditTextにセットする
029:   maxNumberEditText.setText("" + maxNumber);
```

POINT

忘れずに文字列に変換しましょう。

ボタンのonClickを使ってEditTextに入力中の文字列を取り出す流れは、第4章で学んだとおりです。

ただ、今回の目的においては少し困ったところがあります。入力したものが99のような数値だったとしても、EditTextは入力値を文字列として扱うことしかできないので、データとしては"99"のような文字列になってしまうのです。

これを解決するために、「int型に変換可能な文字列をint型に変換する」という機能を持ったメソッドを利用しました。それがInteger.valueOfです。本来はもう少し複雑な機能によって実現されているのですが、本書では扱わない範囲の文法を要するため、解説しません。

なお、Integer.valueOfに"xyz"のような「数値に変換できない文字列」を渡した場合はアプリが異常終了します。今回はレイアウト側でEditTextに対して「数値を入力する欄である」という設定（inputType: number）が施してあるため、数値に変換できる文字列が届くことが期待できます。しかし、そういった形で外堀を埋めることをせずに、何も設定していないプレーンなEditTextから出てきた文字列をそのままInteger.valueOfに渡すと、異常終了します。用法と用量を守ってお使いください。

onClickイベントの最後の行で、設定した最大値をログに表示しています。

COLUMN int型以外でもInteger.valueOfのようなものを使いたい

Integer.valueOfは文字列をint型の数値に変換できるメソッドでしたが、long型やfloat型に変換したい場合もあるかと思います。その場合は、次のようなメソッドが用意されています。

- **long型：Long.valueOf**
- **float型：Float.valueOf**
- **double型：Double.valueOf**

Integer以外のものについては、頭文字を大文字にしたクラス名から呼び出します。便利なメソッドなので、文字列の種類に気を付けながら使ってみましょう。

それでは、今回もログを用意してありますので、アプリを実行する<▶>のボタンを押して、アプリを実行してみましょう。まずは、初期値として75が表示されることの確認です（図5-14）。

それでは、入力欄をクリックして「99」と入力してみましょう（図5-15）。

図5-14 起動した直後の様子

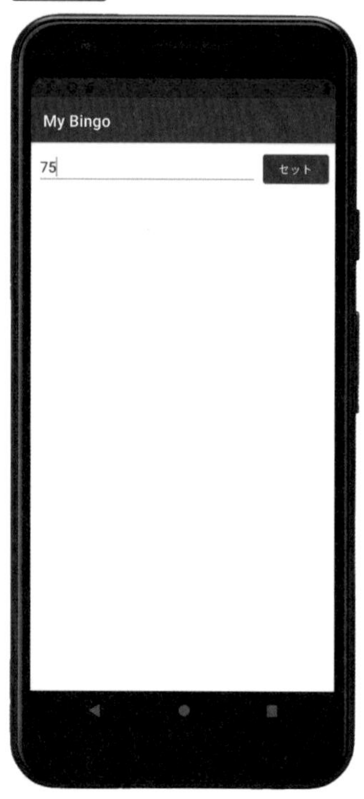

図5-15 テンキーが現れる

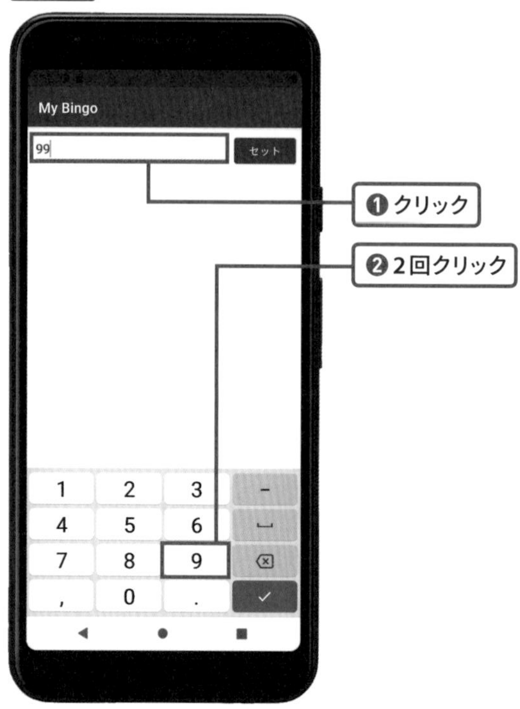

設定したとおり、数値を入力するためのキーボードが現れました。嬉しいですね。ただ、ここで入力できるからといって、カンマやドットやハイフンやスペースなどを入力すると、異常終了するので気を付けましょう。

次に、＜セット＞ボタンをクリックします（図5-16）。

図5-16 最大値の変更を確認する

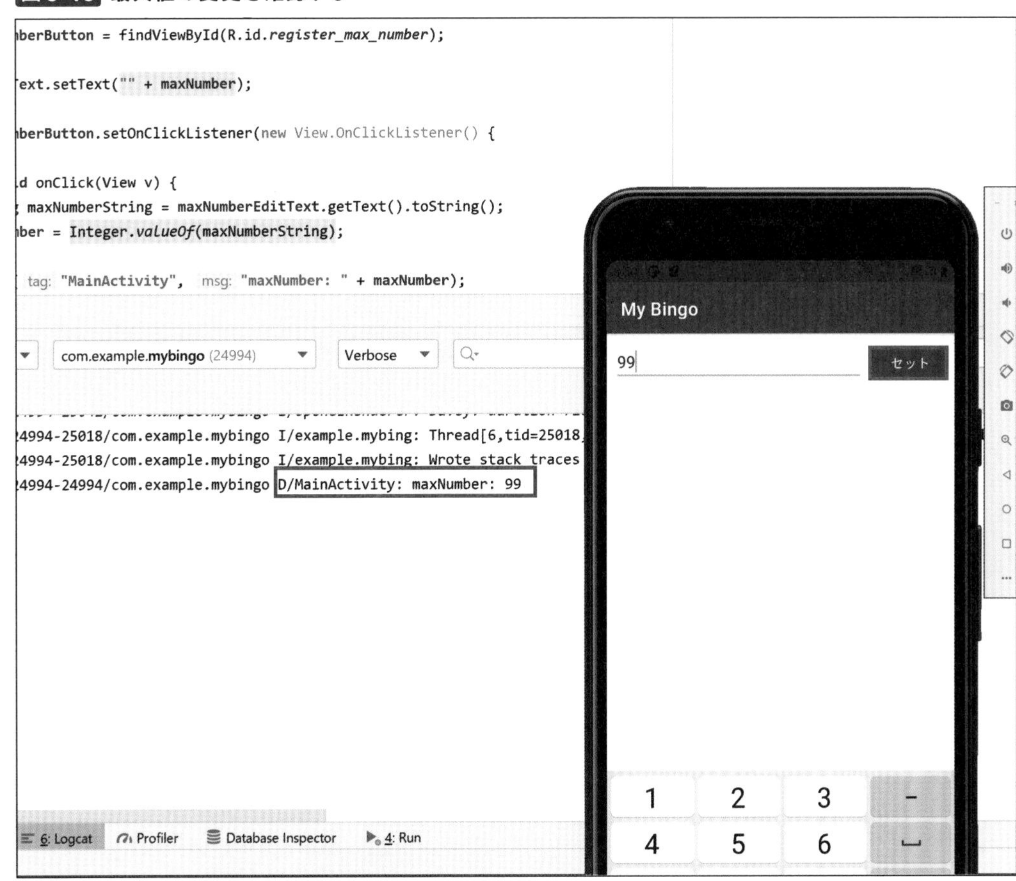

次のようなログが出ることを確認できました。

```
D/MainActivity: maxNumber: 99
```

最大値の変数を、無事に更新できたようです。インスタンス変数で定義してあるので、更新された数字はどのメソッドからでも参照できます。

これで、Javaプログラム側の最大値データを、ユーザーが指定した値で更新できるようになりました。

SECTION 03 ランダムな数字を表示しよう

アプリとしての本丸となる、ある範囲でランダムに新しい数字を表示する、という機能を作成します。重複を避ける仕組みを作るのはひと工夫が必要になりますので、まずはボタンを押すたびにバラバラな数字が出てくるところまでを目指していきましょう。

レイアウトを作成する

レイアウトを作成します。画面の下部に「次の数字を出す」というラベルのButtonを置いて、その少し上に最新の出目を表示するためのTextViewを配置します。

まずは、activity_main.xmlを開いて、デザインエディターにTextViewとButtonをそれぞれドラッグ&ドロップします（図5-17）（図5-18）。

図5-17 TextViewをドラッグ&ドロップしたところ

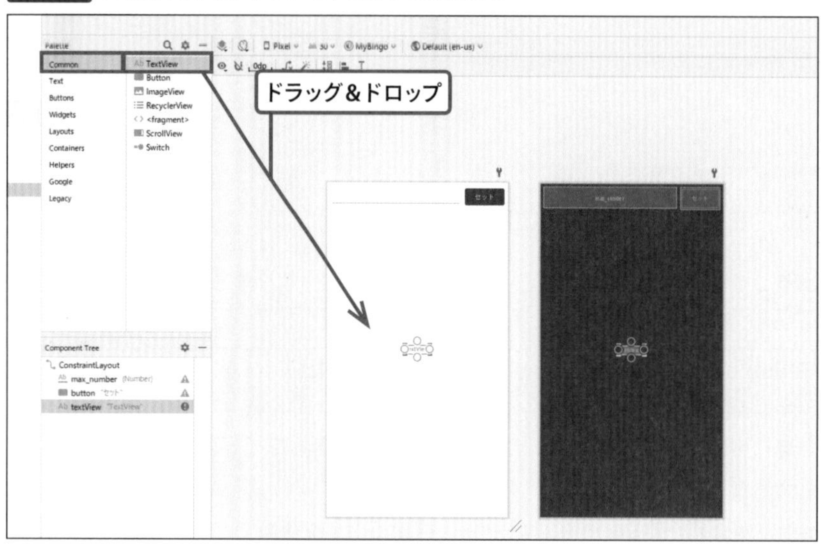

図5-18 Buttonをドラッグ&ドロップしたところ

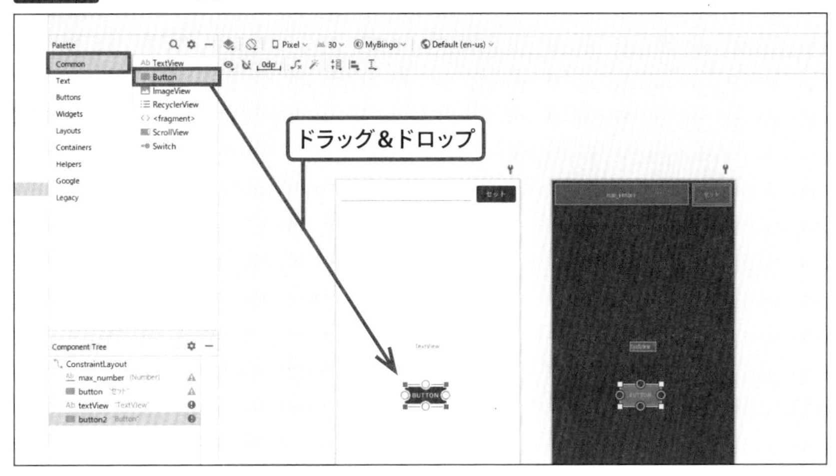

では、それぞれに制約を加えていきましょう。

Buttonを配置する

画面に対して制約を付ける部分が多いものを先に設定したほうが楽なので、今回は先にButtonに制約を付けていきます。その前に、呼びやすくするために、＜Attributes＞の＜id＞と＜text＞を更新しておきましょう(表5-3)。

表5-3 Buttonの設定

項目	内容
id	next_number
text	次の数字を出す

次に、制約を付けていきます。next_numberの制約は次のようにしましょう(表5-4)。

表5-4 制約の設定

ビュー	左	右	上	下
next_number	画面の左端(8dp)	画面の右端(8dp)	-	画面の下端(8dp)

ここまでで、デザインエディターの見た目は次のようになります(図5-19)。

図5-19 制約を付け終わったところ

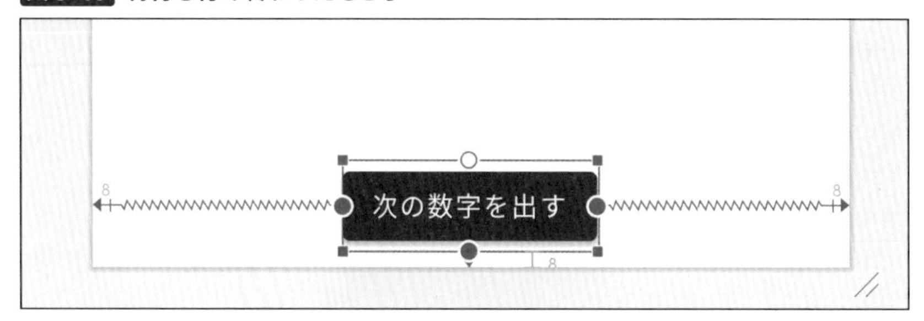

これを幅いっぱいに広げたいので、＜Attributes＞の＜layout_width＞に0dp(match_constraint)を設定しましょう。すると、見た目が次のように変わります(図5-20)。

図5-20 match_constraintを適用したあとの見た目

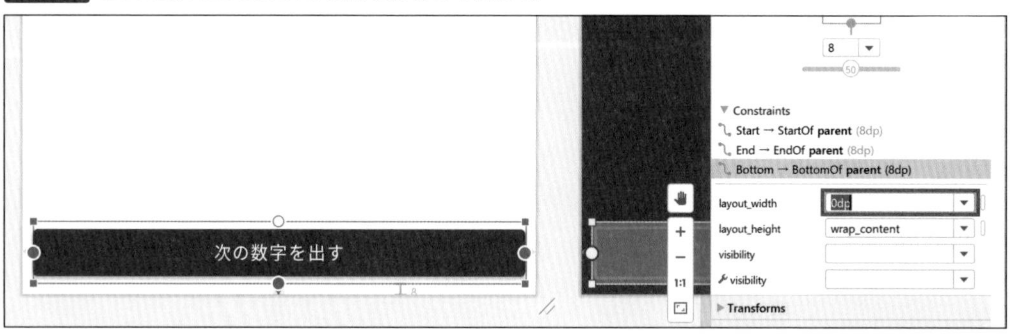

これでButtonの配置が終わりました。

TextViewを配置する

次はTextViewを配置します。こちらも制約を付ける前に、＜Attributes＞の＜id＞と＜text＞、それから文字サイズを表す＜textAppearance＞を更新しておきましょう(表5-5)(図5-21)。

表5-5 TextViewの設定

項目	内容
id	current_number
text	0
textAppearance	@style/TextAppearance.AppCompat.Display4

図5-21 各項目を設定する

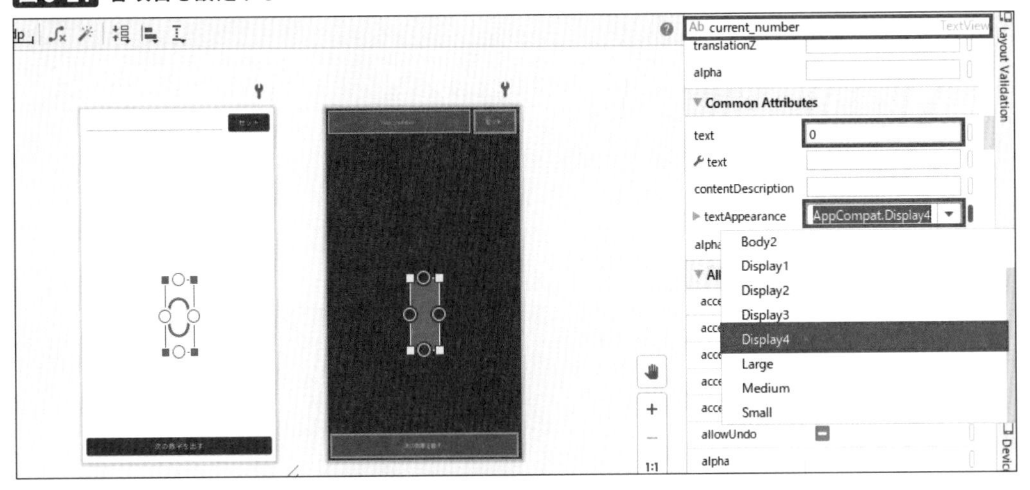

更新後のデザインエディターは次のような見た目になります（図5-22）。

図5-22 TextViewに属性を設定した

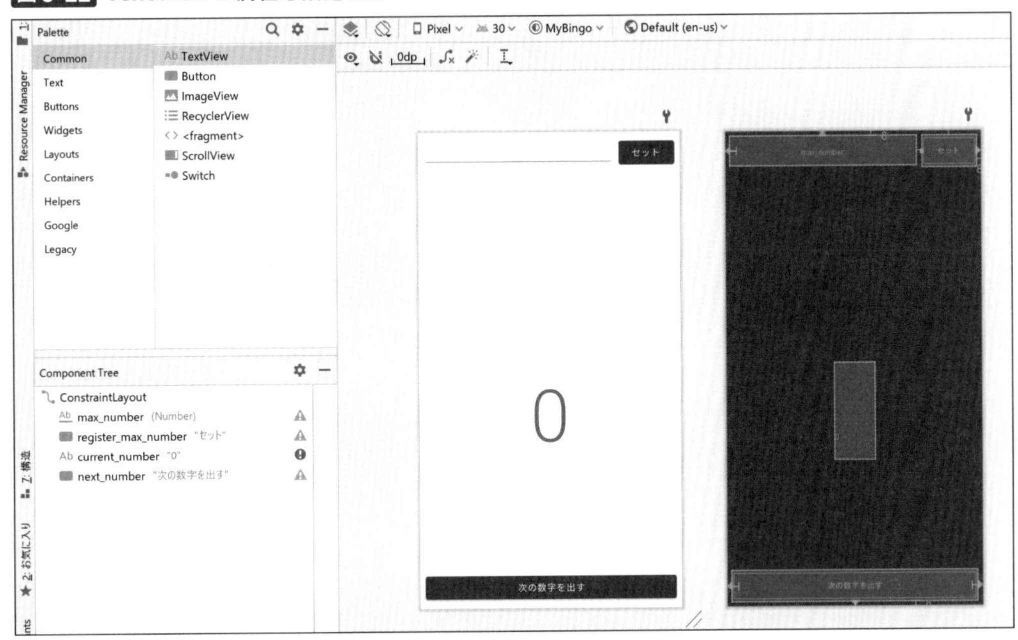

AppCompat.Display4は、このやり方で設定できる中では最も大きい文字サイズで表示されます。これならパーティー中に目を凝らさなくても、数字を正確に確認することができますね。

それでは次に、制約を付けていきましょう。次のように制約を繋げていきます（表5-6）。

表5-6 制約の設定

ビュー	左	右	上	下
current_number	画面の左端	画面の右端	-	next_numberの上端

この制約を付け終わると、デザインエディターは次のような見た目になります(図5-23)。

図5-23 制約を付け終わったところ

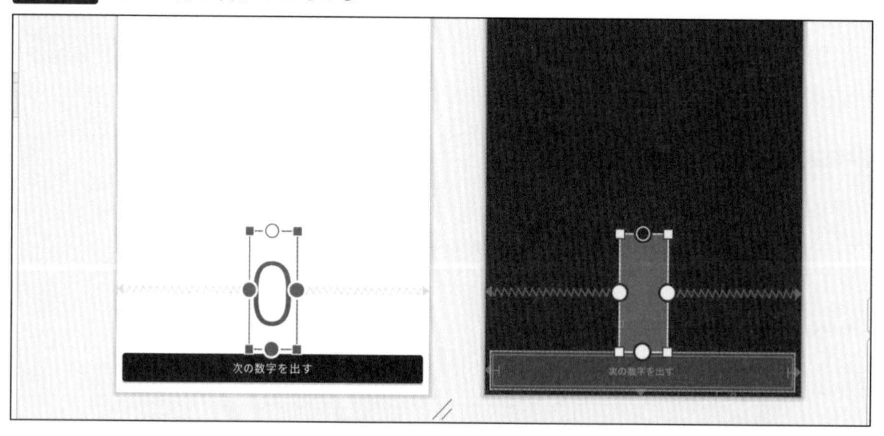

おおむねこれでOKですが、このままだとボタンと数字が近すぎて気持ち悪いので、もう少し調整します。current_numberのTextViewを選択して、下端のマージンを72dpに増やします。＜Attributes＞は次のようになります(図5-24)。

図5-24 下端のマージンを72dpに設定する

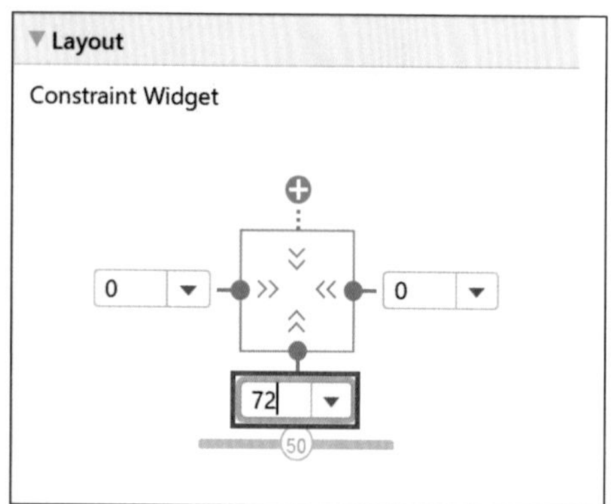

デザインエディターは次のようになります(図5-25)。

図5-25 マージンを設定した

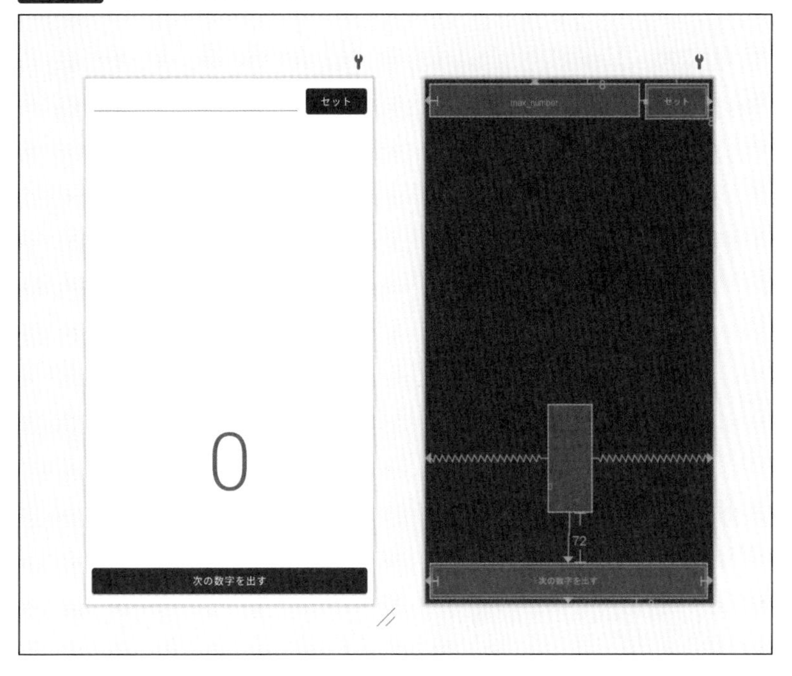

少しずつそれっぽくなってきました。このレイアウトにJavaプログラムで動きを付けてみましょう。

ランダムな数字を表示する

それでは、next_numberをタップしたときにcurrent_numberに新しい数字が出てくるように、Javaプログラムを編集していきましょう。作成したい処理は、次のようなものです。

- **0からmaxNumberまでのいずれかの数値を生成する**
- **current_number（TextView）にその数値を表示する**
- **next_number（Button）をタップするたびに、上記の処理を実行する**

それでは、作成していきましょう。

イベントを処理するためのメソッドを作る

タップするたびに同じ処理を行うということは、メソッドの出番です。処理をメソッドにまとめておけば、何度でも同じ処理を実行することができます。next_numberのボタンをタップするたびに実行されるメソッドを作成して、以降の処理を記述する場所を作りましょう。

まず、next_numberをタップしたときのリスナーを設定します。最大値をセットする機能を作ったときと同じように、インスタンス変数としてnext_numberの入れ物となる変数を宣言しておきましょう(リスト5-5)。

リスト5-5 MainActivity.java

```
010: public class MainActivity extends AppCompatActivity {
011:     // 最大値
012:     private int maxNumber = 75;
013:
014:     // 最大値の入力欄
015:     private EditText maxNumberEditText;
016:     // 最大値の設定ボタン
017:     private Button registerMaxNumberButton;
018:     // 次の数字を出すボタン
019:     private Button nextNumberButton;
020:
021:     @Override
022:     protected void onCreate(Bundle savedInstanceState) {
```

宣言したnextNumberButtonを、onCreateの中で初期化します。ビューの代入を行うプログラムはまとめておきたいので、最大値に関する行の下に記述しておきます(リスト5-6)。

リスト5-6 MainActivity.java

```
021: @Override
022: protected void onCreate(Bundle savedInstanceState) {
023:     super.onCreate(savedInstanceState);
024:     setContentView(R.layout.activity_main);
025:
026:     // ビューの変数を初期化する
027:     maxNumberEditText = findViewById(R.id.max_number);
028:     registerMaxNumberButton = findViewById(R.id.register_max_number);
029:     nextNumberButton = findViewById(R.id.next_number);
```

これで、「次の数字を出す」ボタン(next_number)をJavaプログラム側で扱うための変数、nextNumberButtonの準備ができました。

次はnextNumberButtonにリスナーを設定する……と言いたいところですが、その前に、最終的に呼び出したいメソッドを先に定義しておきます。onCreateの下に、次のメソッドを定義しましょう(リスト5-7)。

リスト5-7 MainActivity.java

```
043:                 Log.d("MainActivity", "maxNumber: " + maxNumber);
044:             }
045:         });
046:     }
047:
048:     // next_numberのボタンがタップされたときの処理
049:     private void onClickNextNumber() {
050:         Log.d("MainActivity", "onClickNextNumber");
051:     }
052: }
```

ログが書いてあるだけの、簡単なメソッドです。ボタンがタップされるたびに、このメソッドを呼び出すことで、繰り返し同じ処理を実行できるようにします。

では、onCreateの中に戻って、今度こそリスナーを設定します。onCreateの一番下に、次の処理を追加してください（リスト5-8）。

リスト5-8 MainActivity.java

```
043:                 Log.d("MainActivity", "maxNumber: " + maxNumber);
044:             }
045:         });
046:
047:         // 表示中の数字を更新する
048:         nextNumberButton.setOnClickListener(new View.OnClickListener() {
049:             @Override
050:             public void onClick(View v) {
051:                 onClickNextNumber();
052:             }
053:         });
054:     }
055:
056:     // next_numberのボタンがタップされたときの処理
057:     private void onClickNextNumber() {
058:         Log.d("MainActivity", "onClickNextNumber");
059:     }
060: }
```

これで、next_numberのボタンをタップするたびにonClickNextNumberメソッドが呼び出され、ログが表示されるようになったはずです。

動作を確認するために、一度アプリを実行してみましょう。アプリを実行する<▶>のボタン（）をクリックしてアプリが起動したら、ログキャットを開いてから、<次の数字を出す>のボタンを5回クリックしてみます（図5-26）。

図5-26 ボタンを5回クリックした結果

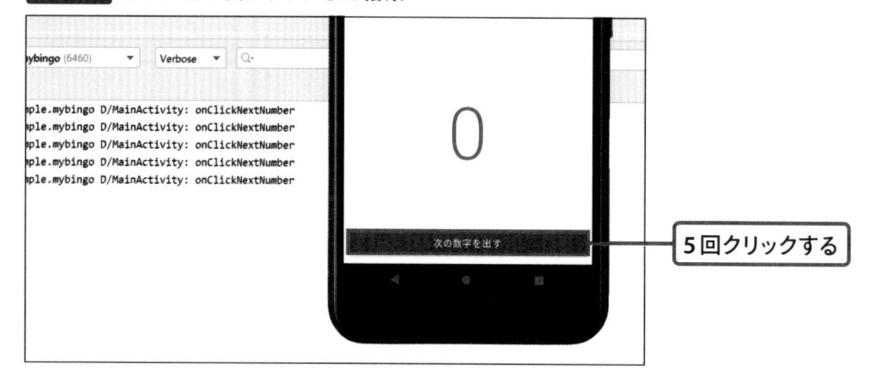

ログキャットには次のようにログが表示されます。

```
D/MainActivity: onClickNextNumber
D/MainActivity: onClickNextNumber
D/MainActivity: onClickNextNumber
D/MainActivity: onClickNextNumber
D/MainActivity: onClickNextNumber
```

狙い通り、クリックした回数だけメソッドが実行されました。ここからはonClickNextNumberメソッドの中身を充実させていく作業が中心になります。

ランダムな数値を生成する

次に、ランダムな数値を生成する処理を書いていきます。どうやったら実現できるのか、想像しづらいですね。今回の難関の1つです……と言いたいところですが、実はそこまで難しくはありません。

なんと、適当にランダムな数値を生成するためのメソッドが、Java言語には標準で用意されています。Math.randomというメソッドです。Math.randomは、0.0から1.0までのdouble型の数値をランダムに生成して返すメソッドです。実行するたびに違う数値が返ってきます。

最大で1.0？　今回ほしいのは1から75や、ユーザーが入力した最大値までの数値なのだから、1.0では全然足りないじゃないか、と思われたかもしれません。そこは工夫の見せ所です。実際に何回か呼び出してみると、次のような数値が返ってきます。

```
0.9345433047179057
0.21580288326815622
0.647569724220815
```

```
0.6335668636573445
0.892540600273529
0.4447465672304405
```

0.0から1.0とはいえ、小数点以下にかなりの桁数を用意できるdouble型です。小数点以下がいい具合にばらけています。

試しに、これらの数字を75倍してみましょう。

```
70.0907478538
16.1852162475
48.5677293166
47.5175147743
66.9405450205
33.3559925423
```

計算結果の整数部に注目してみてください。実はこれらは、0から75までの範囲に収まるようになっています。数学の不等式を変形するとわかりやすいのですが、まず、元々のMath.randomの算出範囲は$0.0 \leqq x \leqq 1.0$でした。これを75倍することにより、$0.0 \leqq x \leqq 75.0$になったわけです。これをキャストという型変換の機能により、整数値に変換すれば、$0 \leqq x \leqq 75$になります。どうやら、ほしかった数値に近づいてきました。

しかし、実際にほしい数値は$1 \leqq x \leqq 75$の範囲に収まる整数です。0が返ってきても、ビンゴカードに0のマスはありません。もうひと工夫、知恵を絞る必要があります。先に0から74までのランダムな数値を算出して、後から1を足すのはどうでしょうか。$0 \leqq x \leqq 74$に1を足せば$1 \leqq x \leqq 75$になります。実際のプログラムに落とし込むと、次のような式になります。

```
// 0.0～74.0(最大値が初期値の場合)の数値を生成する
double randomNumber = Math.random() * (maxNumber - 1);
// 1～75(最大値が初期値の場合)の整数値を生成する
int nextNumber = (int) randomNumber + 1;
```

(int) randomNumberのところがキャストです。double型の小数点以下を切り捨てて、整数だけを残します。この機能によって整数値にしてから1を足しているのがミソです。

さて、これをonClickNextNumberに組み込むと、次のようになります(リスト5-9)。

リスト5-9 MainActivity.java

```
056:    // next_numberのボタンがタップされたときの処理
057:    private void onClickNextNumber() {
```

```
058:         Log.d("MainActivity", "onClickNextNumber");
059:
060:         // 0.0～74.0(最大値が初期値の場合)の数値を生成する
061:         double randomNumber = Math.random() * (maxNumber - 1);
062:         // 1～75(最大値が初期値の場合)の整数値を生成する
063:         int nextNumber = (int) randomNumber + 1;
064:
065:         Log.d("MainActivity", "nextNumber: " + nextNumber);
066:     }
```

思ったとおりの結果が出るでしょうか。アプリを実行する<▶>のボタン（）をクリックして、アプリを実行してみましょう。起動したら、<次の数字を出す>のボタンを何度かクリックしてみます。すると、次のようなログが現れました。

```
D/MainActivity: onClickNextNumber
D/MainActivity: nextNumber: 24
D/MainActivity: onClickNextNumber
D/MainActivity: nextNumber: 51
D/MainActivity: onClickNextNumber
D/MainActivity: nextNumber: 43
D/MainActivity: onClickNextNumber
D/MainActivity: nextNumber: 25
```

どうやら、思ったとおりに動いているようです。あとはこの数値をTextViewに渡すだけですね。

▶ 生成した数値をTextViewに表示する

では、最後に、生成したnextNumberをcurrent_numberのTextViewに渡して、表示してみましょう。まずは、current_numberを受け取るためのインスタンス変数として、currentNumberTextViewを宣言します。nextNumberButtonの下にでも宣言しておけばよいでしょう（リスト5-10）。

リスト5-10 MainActivity.java

```
019:     // 次の数字を出すボタン
020:     private Button nextNumberButton;
021:     // 現在の数字を表示するTextView
022:     private TextView currentNumberTextView;
```

次に、onCreateの中でcurrentNumberTextViewを初期化します。これまでの代入式の下に追加するとよいでしょう（リスト5-11）。

リスト5-11 MainActivity.java

```
030:  // ビューの変数を初期化する
031:  maxNumberEditText = findViewById(R.id.max_number);
032:  registerMaxNumberButton = findViewById(R.id.register_max_number);
033:  nextNumberButton = findViewById(R.id.next_number);
034:  currentNumberTextView = findViewById(R.id.current_number);
```

それから、onClickNextNumberを次のように変更します（リスト5-12）。Log.d("MainActivity", "nextNumber: " + nextNumber);を削除して、nextNumberを画面に表示する内容を追加します。

リスト5-12 MainActivity.java

```
061:  // next_numberのボタンがタップされたときの処理
062:  private void onClickNextNumber() {
063:      Log.d("MainActivity", "onClickNextNumber");
064:
065:      // 0.0～74.0（最大値が初期値の場合）の数値を生成する
066:      double randomNumber = Math.random() * (maxNumber - 1);
067:      // 1～75（最大値が初期値の場合）の整数値を生成する
068:      int nextNumber = (int) randomNumber + 1;
069:
070:      // nextNumberを画面に表示する
071:      currentNumberTextView.setText("" + nextNumber);
072:  }
```

これで完了です。アプリを実行する＜▶＞のボタン（ ）をクリックして、アプリを実行してみましょう。起動したら、＜次の数字を出す＞のボタンを何度かクリックしてみます（図5-27）。クリックするたびにランダムな数値が現れます。どうやら、うまく動いているようです。

図5-27 ランダムな数字が表示される

SECTION 04 すでに出た数字が出ないようにしよう

ランダムな数字を出せるようにはなりましたが、残念ながらまだ、重複を避けられるような仕組みにはなっていません。すでに出ている数字をもう一度コールしてしまったら、パーティー会場は大ブーイングです。そうならないためにも、すでに出ている数字を避けて、まだ出ていない数字だけが表示されるようにしましょう。

重複を避けるための方法を考える

さて、出目の重複を避けたいわけですが、どういった仕組みを作ればそれが実現できるでしょうか。プログラムではなく、現実の世界であれば、どういう方法で重複を避けるかを考えてみます。

パッと思いつくのは、履歴のメモを取る方法です。すでに出た数字を紙にメモしておいて、新しく出てきた数字がメモに書いてないかを目視で確認するような方法をとるのはどうでしょうか。つまり、次のようなリストを作って、判断の助けにするのです。

- **24, 51, 43, 25**

もし次に32が出てくればリストに追加します。一方、もし24が出てくれば重複を理由に捨てて、また次の数字を取り出します。

このような仕組みをプログラムで実現できれば、きっと重複を排除しながら新しい数字を出し続けられるはずです。

出目の履歴を残す

方針は決まりましたので、まずは履歴のリストを作りましょう。Java言語には、こういったリストを変数で管理するためのクラス、ArrayList（アレイリスト）が用意されています。今回は、インスタンス変数として使うことにします。maxNumberのすぐ下で、宣言と初期化を行いましょう（リスト5-13）。

リスト5-13 MainActivity.java

```
014:  // 最大値
015:  private int maxNumber = 75;
016:  // 数字の履歴
017:  private ArrayList<String> history = new ArrayList<>();
```

まずはこれで、空っぽのリストとしてhistoryという変数を作成しました。ArrayListは中に入れるデータの型を1つだけ指定して使うのが一般的です。今回はArrayList<String>という形で型を定義したので、文字列型のデータだけを並べられるリストになりました。ここにnextNumberを追加していきましょう。onClickNextNumberを次のように変更します（リスト5-14）。

リスト5-14 MainActivity.java

```
064:  // next_numberのボタンがタップされたときの処理
065:  private void onClickNextNumber() {
066:      Log.d("MainActivity", "onClickNextNumber");
067:
068:      // maxNumberを考慮したランダムな数値
069:      int nextNumber = createRandomNumber();
070:
071:      // nextNumberを文字列に変換する
072:      String nextNumberStr = "" + nextNumber;
073:
074:      // nextNumberを画面に表示する
075:      currentNumberTextView.setText(nextNumberStr);
076:
077:      // 履歴を残す
078:      history.add(nextNumberStr);
079:      Log.d("MainActivity", history.toString());
080:  }
081:
082:  // maxNumberを考慮したランダムな数値を生成する
083:  private int createRandomNumber() {
084:      // 0.0～74.0（最大値が初期値の場合）の数値を生成する
085:      double randomNumber = Math.random() * (maxNumber - 1);
086:      // 1～75（最大値が初期値の場合）の整数値を生成する
087:      return (int) randomNumber + 1;
088:  }
```

大きな変更点として、ランダムな数値を生成していた部分をcreateRandomNumberというメソッドに切り分けました。生成した数値はreturn文で返しています。これでonClickNextNumber内ではランダムな数値の生成が1行で終わるようになったので、少しプログラムが読みやすくなっています。

次に、nextNumberを文字列に変換したnextNumberStrという変数を作りました。75行目のsetTextメソッドによるTextViewへの表示と、78行目のaddメソッドによるArrayListへの追加に使いまわしています。

さて、historyにnextNumberStrを追加した直後にログを出力しているので、うまくいけば、<次の数字を出す>のボタンを押すたびに履歴が増えていく様子がLogcatで確認できるはずです。では、アプリを実行する<▶>のボタン（）をクリックして、アプリを実行してみましょう。次のログは、試しに5回ほどクリックしてみた結果です。

```
D/MainActivity: [26]
D/MainActivity: [26, 13]
D/MainActivity: [26, 13, 32]
D/MainActivity: [26, 13, 32, 28]
D/MainActivity: [26, 13, 32, 28, 48]
```

履歴が追加されていく様子が見て取れますね。問題なさそうです。

履歴にない数値だけを採用する

履歴は残せるようになりましたが、このままでは、重複した場合に重複したまま履歴が残ってしまいます。[1, 20, 32, 1]のような履歴が残りうるわけです。この可能性を排除するために、onClickNextNumberを次のように変更します（リスト5-15）。

リスト5-15 MainActivity.java

```
064 // next_numberのボタンがタップされたときの処理
065 private void onClickNextNumber() {
066     Log.d("MainActivity", "onClickNextNumber");
067 
068     // maxNumberを考慮したランダムな数値
069     int nextNumber = createRandomNumber();
070 
071     // 重複している数値だった場合は、数値の生成をやり直す
072     while(history.contains("" + nextNumber)) {
073         Log.d("MainActivity", "重複したので再生成");
074         nextNumber = createRandomNumber();
075     }
076 
077     // nextNumberを文字列に変換する
078     String nextNumberStr = "" + nextNumber;
079 
080     // nextNumberを画面に表示する
081     currentNumberTextView.setText(nextNumberStr);
082 
083     // 履歴を残す
```

```
084        history.add(nextNumberStr);
085        Log.d("MainActivity", history.toString());
086    }
```

今回、重複の排除を実現しているのは、次の部分です。

```
// maxNumberを考慮したランダムな数値
int nextNumber = createRandomNumber(); // ①

// 重複している数値だった場合は、数値の生成をやり直す
while(history.contains("" + nextNumber)) { // ②
    Log.d("MainActivity", "重複したので再生成");
    nextNumber = createRandomNumber(); // ③
}

// nextNumberを文字列に変換する
String nextNumberStr = "" + nextNumber; // ④
```

何をやっているのか解説します。まず①で、従来と同じようにランダムな数値を1つ生成してnextNumberに代入します。次に、①で生成した数値が既存のものと重複していないかを②でチェックします。もし重複していた場合は③で再度ランダムな数値を生成し直してnextNumberに代入して更新し、繰り返しにより②のチェックが再度行われます。これは②のチェックで重複がないと判断されるまで何度でも繰り返されます。最後には、nextNumberに重複していない数値が入った状態で、④が実行されるというわけです。

②の重複の判定について、もう少し詳しく解説します。ArrayListには、containsというインスタンスメソッドがあります。これは、引数と同じデータがすでにリスト内に存在しているかどうかをチェックし、存在していればtrueを、そうでなければfalseを返す、戻り値がboolean型のメソッドです。つまり、containsがtrueを返すようなnextNumberは、重複していると判断して、数値を再生成する必要があるのです。

をクリックして、アプリを実行して、重複が発生するまでアプリの＜次の数字を出す＞のボタンを何度も押していると、そのうちに次のようなログが現れました。

```
D/MainActivity: [21, 39, 20, 48, 71, 60, 38, 24, 16, 70, 53, 64, 72, 43]
D/MainActivity: 重複したので再生成
D/MainActivity: 重複したので再生成
D/MainActivity: [21, 39, 20, 48, 71, 60, 38, 24, 16, 70, 53, 64, 72, 43, 19]
```

重複が連続して発生した場合にも、問題なく対処できているようです。これで、表示される数字は間違いなく重複のないものになりました。

出目の履歴を表示しよう

最後に、それまでに表示された数字の履歴を画面上で確認できるようにしましょう。履歴のデータは重複を排除するときに作ってありますから、あとは表示するだけです。まだ表示領域がないので、レイアウトの作成から入ります。履歴が出せれば立派なアプリのできあがりです。あと少し、頑張りましょう。

レイアウトを作成する

まずは履歴を表示する場所を作りましょう。数字が増えてくると、それなりのスペースを取るようになるので、ScrollViewで作っておいたほうがよさそうです。最大値の入力欄の下に、ScrollViewをドラッグ＆ドロップします（図5-28）。

図5-28 ScrollViewをドラッグ＆ドロップしたところ

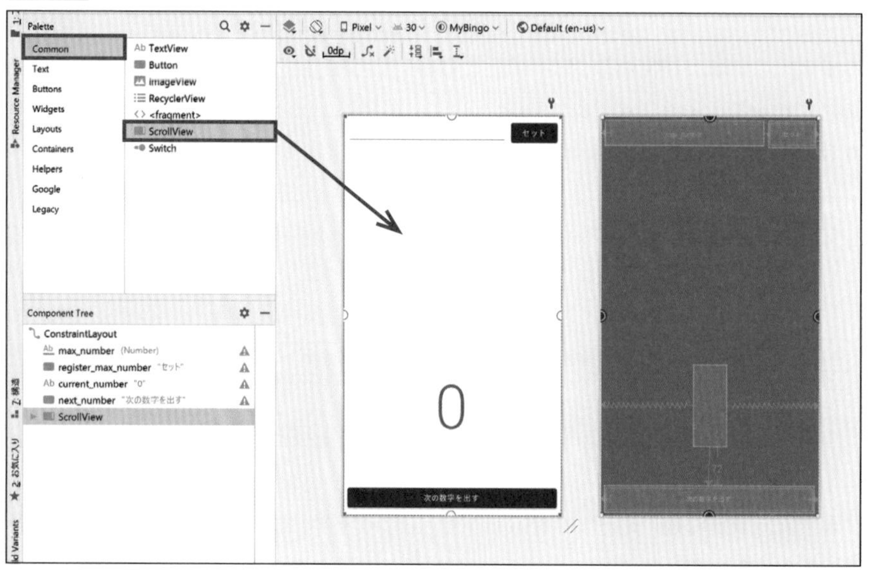

次に、ScrollViewに制約を付けておきましょう。次のように制約を付けます（表5-7）。

表5-7 制約の設定

ビュー	左	右	上	下
scrollView	画面の左端（8dp）	画面の右端（8dp）	max_numberの下端（8dp）	-

また、＜Attributes＞で＜layout_width＞の値を0dp（match_constraint）に、＜layout_height＞の値を120dpにします。デザインエディターは次のような見た目になります（図5-29）。

図5-29 制約と縦横のサイズを設定したところ

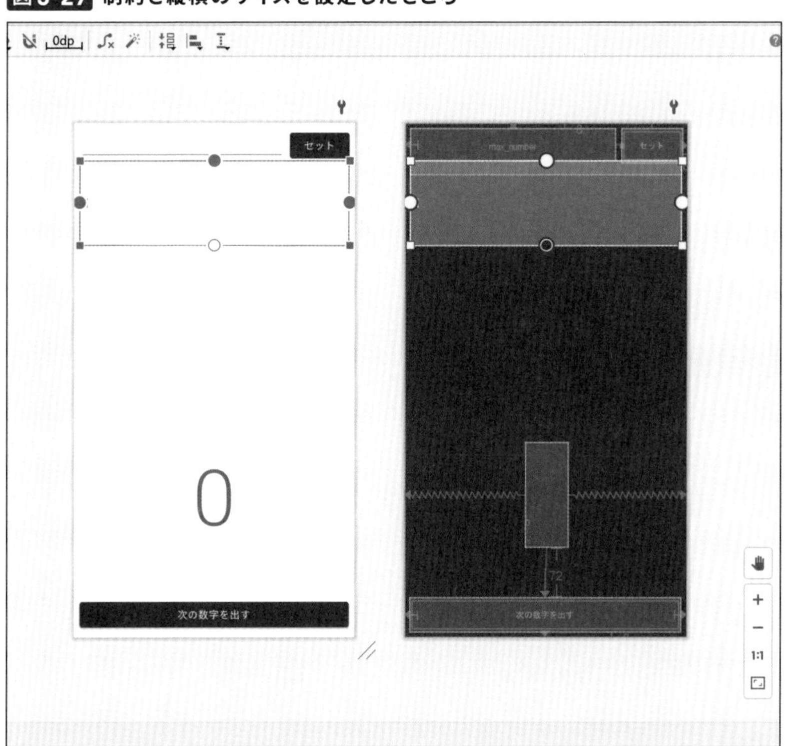

ScrollViewの中をTextViewにする

ScrollViewの中には初期状態でLinearLayoutが配置されていますが、今回は文字を並べるだけなので、TextViewに差し替えます。まずは、コンポーネント・ツリーでScrollViewの中にあるLinearLayoutを削除します（図5-30）。

図5-30 ScrollViewの中身を削除する

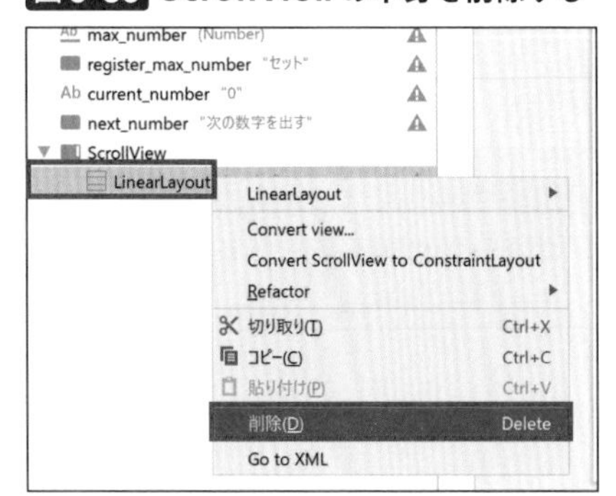

その後、パレットから＜TextView＞をコンポーネント・ツリーの＜ScrollView＞の下にドラッグ＆ドロップします(図5-31)。

図5-31 TextViewをScrollViewの中に入れる

ScrollViewの中に入ってほしいので、コンポーネント・ツリーの見た目上はTextViewが一段下げた形で表示されるように配置するのがコツです。

次に、このTextViewの＜Attributes＞を設定します。次の内容で設定します(表5-8)。

表5-8 TextViewの属性設定

項目	内容
layout_width	match_parent
layout_height	wrap_content
id	history
text	空文字(何も入力しない)

これでレイアウトの設定は完了です。なお、ConstraintLayoutの直下ではないので、制約は付きません。

履歴を表示する

すでに履歴のデータは作成済みなので、あとはデータをビューに当てはめるだけです。まずは、historyと名付けられたTextViewをJavaプログラムに取り込みましょう。historyのTextView型変数もインスタンス変数として扱いたいので、currentNumberTextViewの下で変数を定義します（リスト5-16）。

リスト5-16 MainActivity.java

```
025:  // 現在の数字を表示するTextView
026:  private TextView currentNumberTextView;
027:  // 履歴を表示するTextView
028:  private TextView historyTextView;
```

次に、onCreateの中でhistoryTextViewを初期化します。ビューの初期化が並んでいるところの、一番下に追記しましょう（リスト5-17）。

リスト5-17 MainActivity.java

```
035:  // ビューの変数を初期化する
036:  maxNumberEditText = findViewById(R.id.max_number);
037:  registerMaxNumberButton = findViewById(R.id.register_max_number);
038:  nextNumberButton = findViewById(R.id.next_number);
039:  currentNumberTextView = findViewById(R.id.current_number);
040:  historyTextView = findViewById(R.id.history);
```

ここまでくればあと少しです。onClickNextNumberを次のように変更します（リスト5-18）。

リスト5-18 MainActivity.java

```
067:  // next_numberのボタンがタップされたときの処理
068:  private void onClickNextNumber() {
069:      Log.d("MainActivity", "onClickNextNumber");
070:
071:      // maxNumberを考慮したランダムな数値
072:      int nextNumber = createRandomNumber();
073:
074:      // 重複している数値だった場合は、数値の生成をやり直す
075:      while(history.contains("" + nextNumber)) {
```

5

ビンゴアプリを作成しよう

```
076:             Log.d("MainActivity", "重複したので再生成");
077:             nextNumber = createRandomNumber();
078:         }
079:
080:         // nextNumberを文字列に変換する
081:         String nextNumberStr = "" + nextNumber;
082:
083:         // nextNumberを画面に表示する
084:         currentNumberTextView.setText(nextNumberStr);
085:
086:         // 履歴を残す
087:         history.add(nextNumberStr);
088:
089:         // 履歴を表示する
090:         historyTextView.setText(history.toString());
091:     }
```

変わったのは最後の部分です。

```
// 履歴を表示する
historyTextView.setText(history.toString());
```

これまでログに出力していたものを、そのままTextViewにセットするだけです。数字が列挙されるので、実用には十分足りるでしょう。

それではアプリを実行する<▶>のボタン（）をクリックして、アプリを実行してみます。<次の数字を出す>ボタンをクリックするとどうなるでしょうか（図5-32）。

図5-32 履歴が表示される

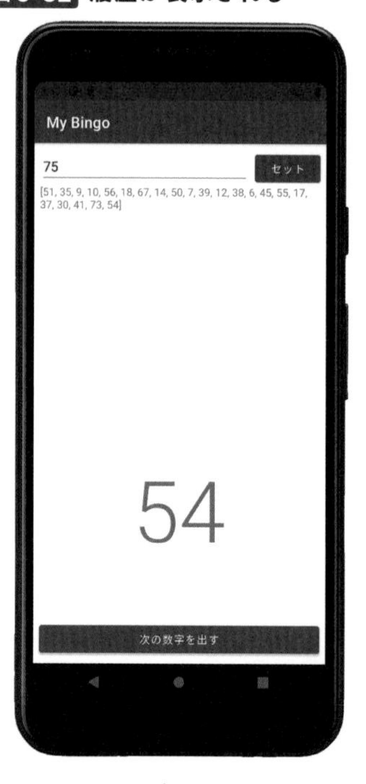

次々とランダムな数字が被らずに現れ、そのすべてが履歴に表示されています。おめでとうございます！　アプリが完成しました。

本セクションでは、自分のために1つのアプリを作りきるという流れを体験してもらいました。この経験を足がかりに、Androidアプリ開発の世界へと羽ばたいていってください。

アプリをリリースするために

本セクションでは、AndroidアプリをPlayストアで公開するための手続きについて概説します。紙面の都合で詳細な解説はできませんが、公式のドキュメントやヘルプページをどんな前提で読めばいいのかはお伝えしますので、リリースまでの一助になれば幸いです。

リリース作業の概要

自分にとって便利なアプリは、他の誰かにとっても便利な可能性があります。せっかく作ったアプリですから、Playストアにリリース（公開）して、他の人にも使ってもらえるようにしたいですよね。動くようになったAndroidアプリを、実際にGoogle Playストアで公開するには、最低限、次の3つの作業を行う必要があります。

❶アプリとしての体裁を整える
❷Androidアプリをリリース用にビルドしてAPKファイルを作る
❸Google Play Consoleでアプリの公開設定を行う

❶のアプリとしての体裁とは、アプリのアイコンやアプリ名を設定したり、PlayストアでアプリのURLになるアプリケーションIDを設定したり、バージョン番号を設定したりすることです。

続いて、❷Playストアへアップロードできる形式のAPKを作成しましょう。これは「リリースビルド」と呼ばれる作業で、アプリに対して「私が作りました」という署名を行う他、Playストアで公開するにあたって必要な加工をAPKに施します。

最後に、❸Playストアの管理システムである**Google Play Console**で、アプリの公開作業を行います。アイコンの高解像度版（大きい版）をアップロードしたり、アプリの紹介文を登録したり、年齢制限のアンケートに答えたりして、Playストアに掲載するものを一通り設定します。最後にAPKファイルをアップロードすれば、アプリの公開作業は完了です。

一度公開してしまえば、その後の更新でのリリース作業はバージョン番号の更新とリリースビルドをしてアップロードするだけになります。最初の一歩をなんとか乗り切りましょう。

業務などで継続的な運用が必要になる場合には、最低限よりももう少し踏み込んだ設定が必要になります。次の公式ドキュメントに公開前チェックリストがあるので、よく確認してください。

- **公開前チェックリスト | Android Developers**
  https://developer.android.com/distribute/best-practices/launch/launch-checklist

アプリとしての体裁を整える

第1章でも解説したとおり、アプリはソースコードや画像を変換してAPKファイルにすることで、Androidスマートフォン上で動かせるようになります。Playストアからアプリをインストールするときも、AndroidはAPKファイルをダウンロードしているのです。インストールが完了するとアプリ一覧のメニューにアプリのアイコンと名前が表示されます（図5-33）。

図5-33 アプリのアイコンと名前が表示される

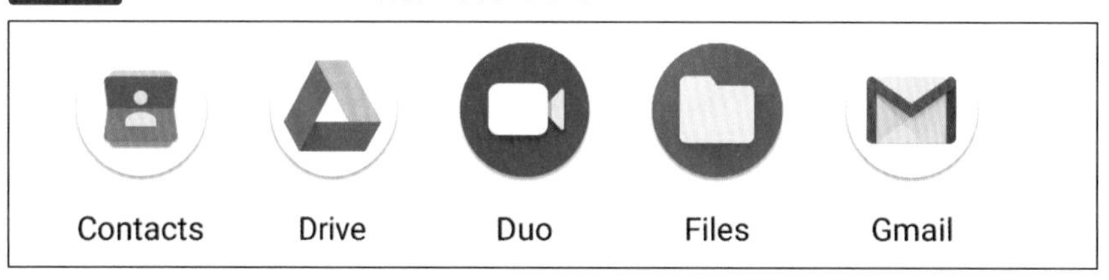

一見、アプリのアイコンや名前はPlayストアからダウンロードされているようにも見えますが、実はこれらの情報はAPKファイルに同梱されているのです。

他にも、ストアに掲載されている情報でAPKに同梱するものとしては、アプリケーションIDとバージョン番号があります。アプリケーションIDには世界に1つしかない、そのアプリだけのIDを命名します。バージョン番号は、アプリの更新版をGoogle Play Consoleへアップロードする際に、新しいバージョンになっていることを示すための情報です。

アプリのアイコンを設定する

アプリのアイコン（ソースコード上はic_launcherと呼びます）は、Android StudioのImage Asset Studioを使って作成します。

Image Asset Studioは、プロジェクトの＜res＞→＜mipmap＞を右クリックして、新規→＜Image Asset＞とたどって起動します（図5-34）。

図5-34 **Image Asset Studio**

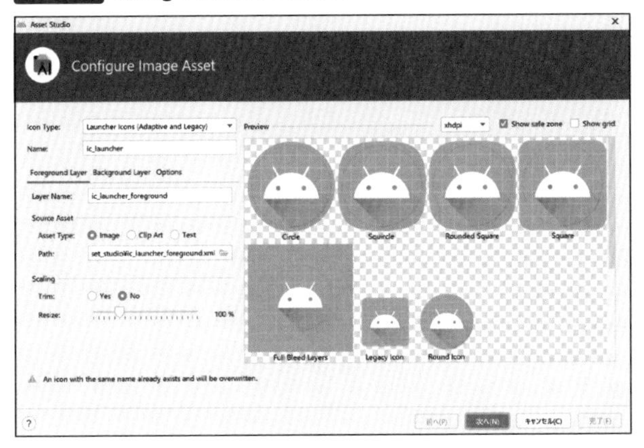

詳しい内容については次の公式ドキュメントに記載されています。

- **Image Asset Studioを使用してアプリアイコンを作成する | Android Developers**
  https://developer.android.com/studio/write/image-asset-studio?hl=ja

アプリ名を変更する

次はアプリ名を変更してみましょう。アプリ名の実体は、res→values→string.xmlで定義されているので、アプリ名を変更する際はこのファイルを編集します（図5-35）。

図5-35 **strings.xmlでアプリ名を変更する**

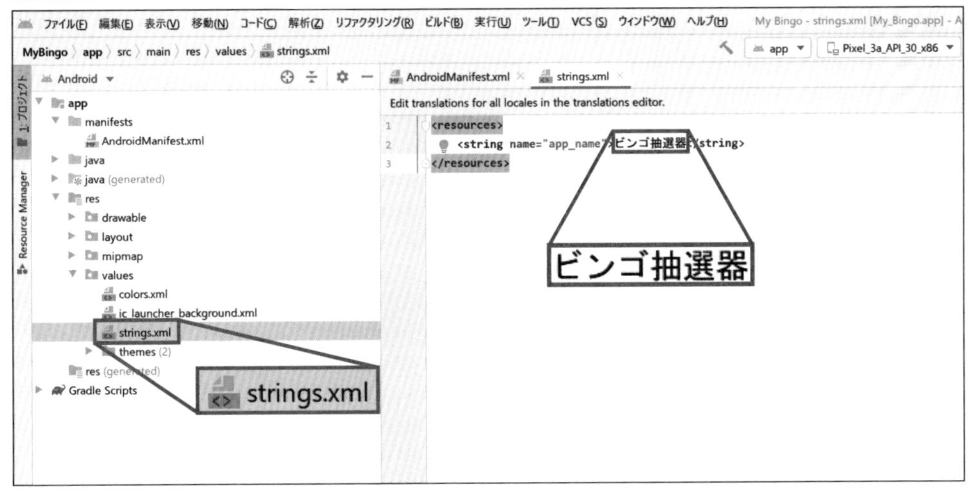

アプリケーションIDを設定する

アプリケーションIDは、Playストアがアプリを見分けるための、世界に1つだけの名前です。Playストアをブラウザで見る場合のURLにも使われます。慣例として、「作者が所有しているドメイン名の逆順+アプリ名」という形式にすることが多いです（図5-36）。

図5-36 アプリケーションIDを命名する（yourdomain.comを所有している場合の例）

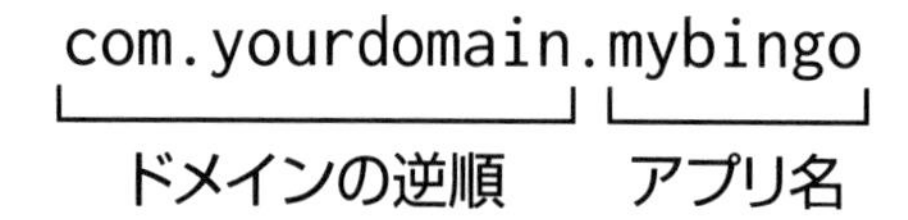

企業で業務としてアプリを作っている場合は、会社のホームページや自社サービスのドメイン名などが使えるでしょう。

さて、アプリケーションIDをプロジェクト内で設定する場合は、＜ファイル＞→＜プロジェクト構造＞をクリックします。＜プロジェクト構造＞ダイアログが開いたら、＜modules＞→＜Default Config＞の順にクリックし、＜Application ID＞の項目を編集します（図5-37）。

図5-37 アプリケーションIDを編集する

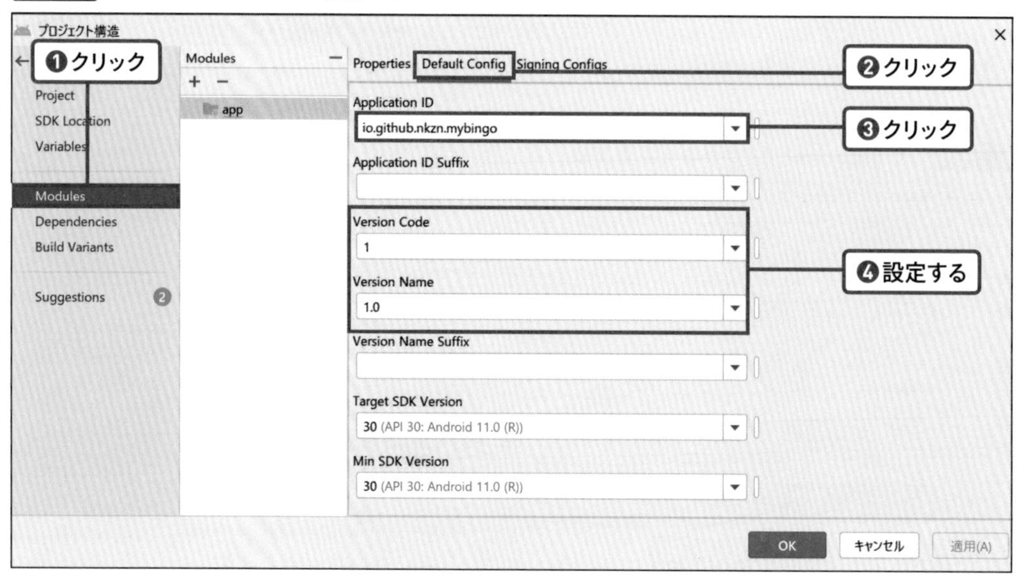

編集できたら、＜OK＞ボタンをクリックします。これでアプリケーションIDの設定は完了です。

バージョン番号を設定する

バージョン番号はPlayストアがアプリのバージョンを表記・管理するために利用します。アプリケーションIDと同じく、プロジェクト構造のダイアログで管理できます。

便宜上、ここまでバージョン番号と呼んでいましたが、実態としては「バージョンコード（Version Code）」と「バージョン名（Version Name）」の2つが設定項目として存在します。

バージョンコードは、Playストアの内部でバージョンの高い・低いを判断するために使う数値です。int型の値のみを受け付けます。アプリを更新する場合、前のバージョンより高い数値のバージョンコードを設定したAPKでなければアップロードできないので注意しましょう。

バージョン名は、Playストアに表示されるバージョンです。文字列型で表記のフォーマットにも特に制限はありません。慣例としてX.Y.Zのように数字3つをドットで繋いだ、セマンティックバージョニングと呼ばれる表記が使われることが多いものの、これもさほど強い決まりではありません。バージョンがどんなふうに上がったのかが伝わりさえすればいいので、お好みで運用していただいて大丈夫です。

これでひとまず、プロジェクト内で最低限設定すべきものは設定し終えました。

アプリをリリースビルドする

アプリに署名する

プロジェクト内のソースコードや素材の整備が完了したので、いよいよリリース用アプリのファイルを作成します。リリースビルドと呼ばれるこの処理は、アプリファイルを作るという点ではデバッグ用のビルドとほとんど変わりません。大きく違うのは、リリースビルドではアプリのファイルに対して署名を行う、という点です。

開発者の名前が記載された鍵ファイル（キーストアと呼ぶこともあります）を作成し、それを使ってアプリのファイルを更新するのが署名です。Androidはインストールしようとしているアプリの署名データをチェックすることで、ファイルの改ざんを防止することができます。署名はスマートフォン時代のセキュリティを守る、大切な仕組みの1つなのです。

署名の仕組みなどの細かい点について知りたい場合は公式ドキュメントをご覧ください。

- **アプリへの署名 | Android Developers**
  https://developer.android.com/studio/publish/app-signing?hl=ja

このあとAndroid Studioを使って鍵ファイルを作成するわけですが、どのように使われるのか、簡単に説明しておきましょう（図5-38）。

図5-38 アプリがユーザーに届くまで

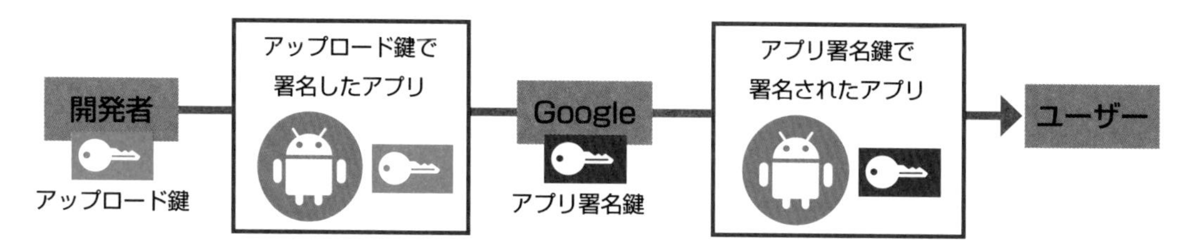

まず、開発者はアップロード鍵とアプリ署名鍵という2種類の鍵ファイルを用意します。アップロード鍵は、開発者の手元からGoogle Play Consoleにアップロードするアプリを署名するために使うものです。一方、アプリ署名鍵は手元では使いません。開発者がGoogle Play Consoleにアップロードしておくと、Googleがユーザー向けにアプリを署名し直すときに使われます。開発者がアプリをアップロードしてからユーザーに届くまでの間に、Googleがアプリを再構成してファイルサイズを軽量化してくれることがあるため、Google側でも再度署名を行う仕組みが整備されているのです。最終的に、ユーザーのスマートフォンでチェックされるのはアプリ署名鍵で署名されたアプリです。

リリースビルドを行う

それでは実際にアップロード鍵を作りながらリリースビルドを実施してみましょう。Android Studioの上部のメニューから、＜ビルド＞→＜Generate Signed Bundle / APK...＞を選択してください。すると、生成するアプリファイルの形式について選択肢が現れます。

生成したアプリを直接スマートフォンにインストールしたい場合はAPKを選択しますが、Playストアに適しているのはAndroid App Bundle形式なので、＜Android App Bundle＞を選択してから＜次へ＞をクリックしてください（図5-39）。

図5-39 アプリのファイル形式を選ぶ

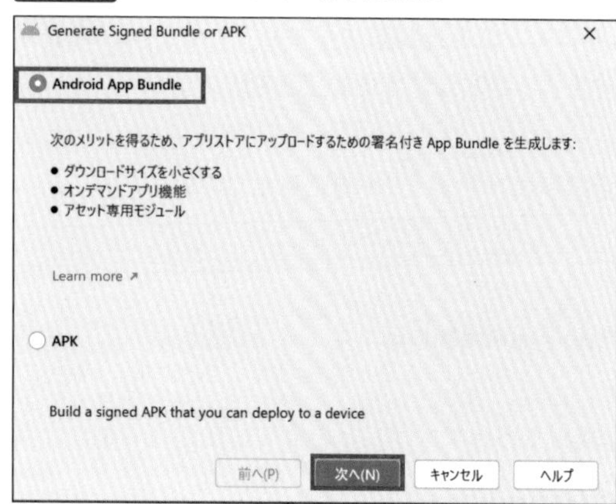

すると、アプリに署名する鍵ファイルを選択する画面が現れます。今回は鍵ファイルを持っていないので、<Create new...>をクリックして、新しく鍵ファイルを作成します（図5-40）。

図5-40 Create new...をクリックする

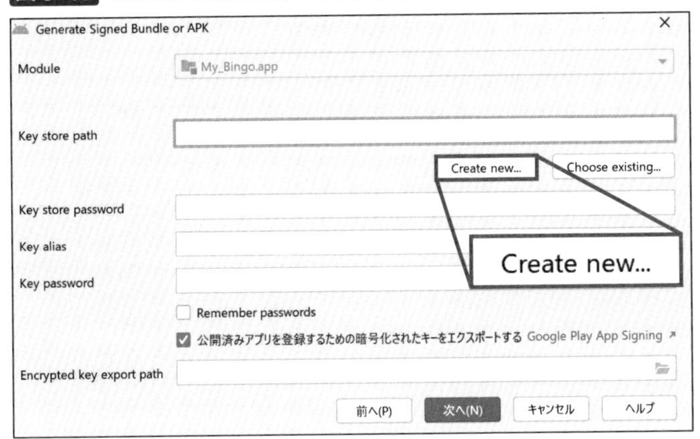

鍵ファイルの作成画面が出てきたら、各項目を埋めていきます（図5-41）。

図5-41 鍵ファイルを作成する

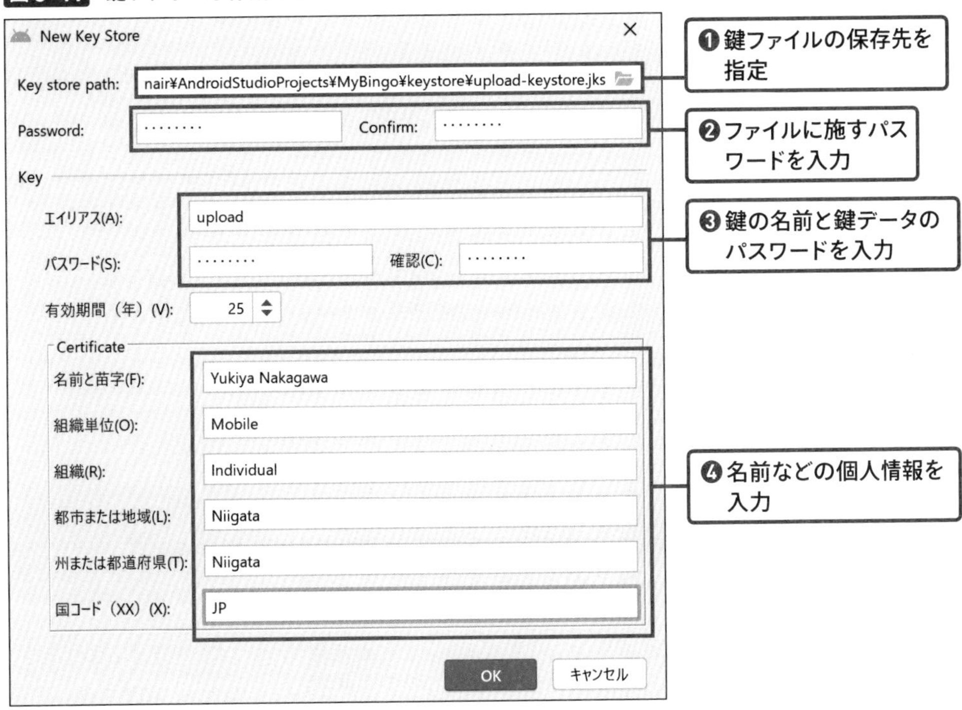

すべての項目を入力し終えたら、＜OK＞をクリックします。「JKSキーストアは独自の形式を……」というエラーメッセージが表示される場合がありますが、無視して＜OK＞をクリックしてください。元の画面に戻るので、＜公開済みアプリを登録するための暗号化されたキーをエクスポートする＞のチェックボックスはオフにしておきます。＜次へ＞をクリックすると、ビルドの種類を選択する画面になります（図5-42）。今回はリリースビルドをしたいので、＜release＞を選択して＜完了＞をクリックします。すると、ビルドが始まるので、少し待ちましょう。

図5-42 ビルドの種類を選択する

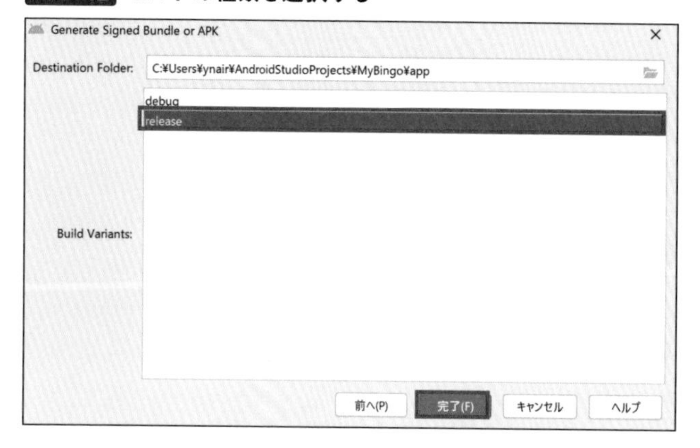

リリースビルドが完了すると、右下に通知が現れます。通知をクリックすると ＜locate＞ というリンクが現れるので、これをクリックします。すると、出来立てホヤホヤのアプリファイルが入ったフォルダが開きます。

POINT

通知を見失った場合でもご安心ください。プロジェクトフォルダ内のappフォルダの直下にreleaseというフォルダができているので、Windowsのエクスプローラーから探すこともできます。

これで、Google Play Consoleにアップロード可能なアプリファイルが作成できました。

Google Play Consoleにアプリを登録する

それではいよいよPlayストアにアプリをリリースします。ここからはブラウザでの作業になります。Android開発者サイトの、https://play.google.com/consoleにアクセスしてください。初めて使う場合は、Googleアカウントによるログインと、デベロッパーアカウントの作成を求められます。デベロッパーアカウントの作成には25ドルかかるので、クレジットカードをご用意ください。

アプリを作成する

Google Play Consoleのトップページが利用可能になったら、右上の<アプリを作成>をクリックしましょう（図5-43）。すると、アプリを作成する画面が現れます（図5-44）。

図5-43 Google Play Console

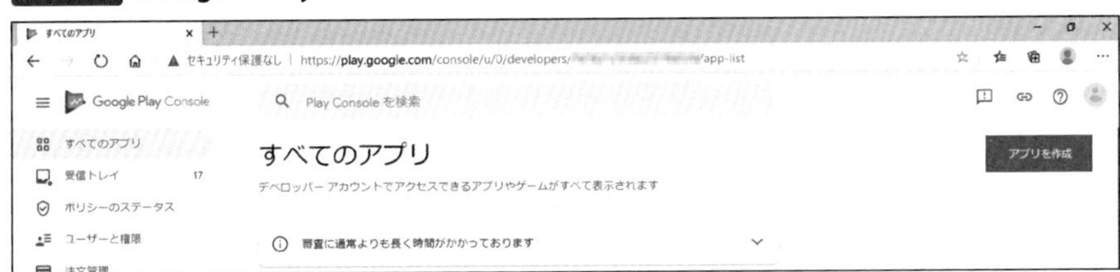

図5-44 アプリの情報を入力

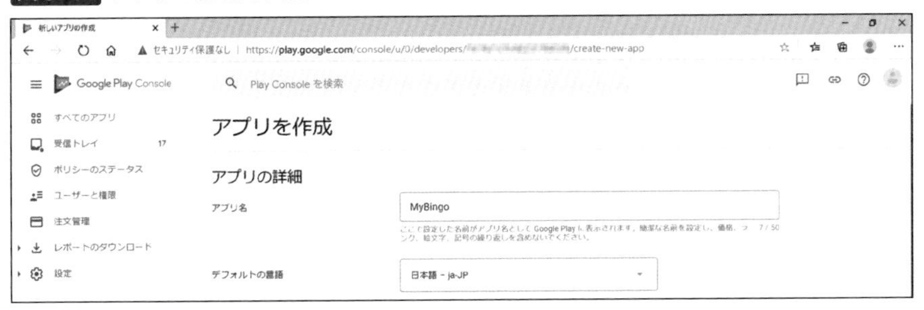

一通りの情報を入力して作成処理が完了すると、アプリの管理ページに移動します（図5-45）。

図5-45 Google Play Consoleのアプリ管理画面

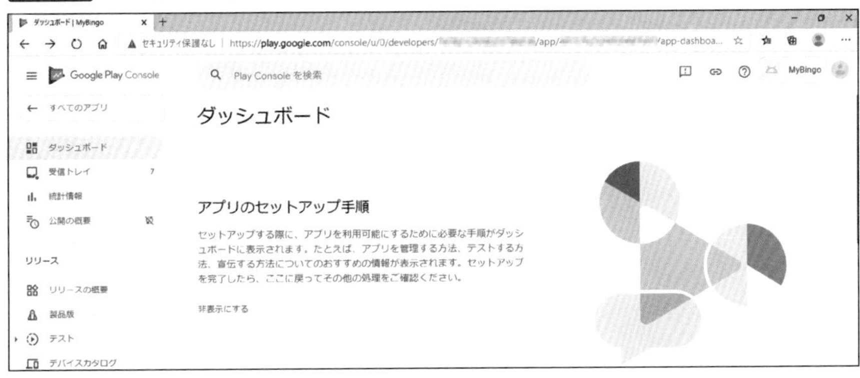

このページでPlayストアへの掲載情報となる文章や画像を投稿したり、先ほど作ったアプリファイルをアップロードします。

最初に表示されるダッシュボードのページには、アプリを公開するまでの道筋が丁寧に解説されています。少しスクロールすると「アプリのセットアップ」という項目が現れますが、＜タスクの表示＞をクリックすると、次に何をすればいいか、設定先のページへのリンク付きでリストアップされています(図5-46)。

図5-46 アプリのセットアップ手順

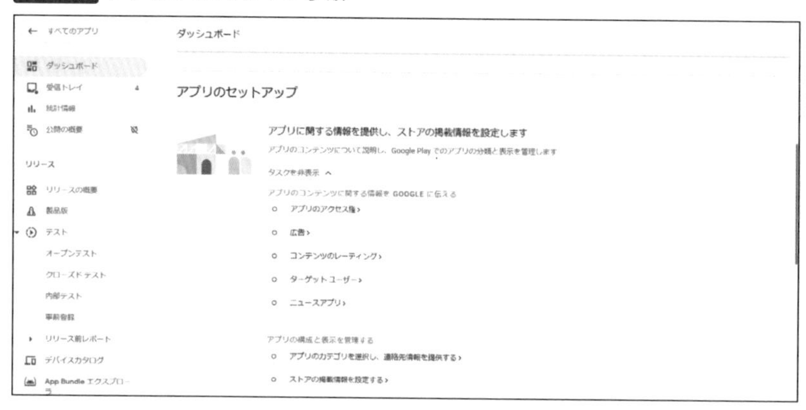

これらを順番にこなしていけば、アプリの公開までたどり着けることでしょう。アプリの作成・管理の詳しい手順については、ヘルプページも参照してください。

- **アプリを作成して設定する | Play Console**
  https://support.google.com/googleplay/android-developer/answer/9859152?hl=ja

最後に

自分にとってものすごく使いやすいアプリは、他の人が使ってもそれなりに使いやすい、というのが筆者の持論です。ストアにアプリを公開すると、多くの人が使ってくれるようになるにつれて、あれもこれもできないといけないんじゃないかと、アプリに余計な機能を追加したくなります。ですが、そこはグッと我慢して、自分にとっての使いやすさを追究してください。自分にとって最高のアプリを他の人にもお裾分けするつもりで作られたアプリは、きっと多くの人の心に響きます。

自分のためのアプリを作る機会に恵まれたら、そのアプリの最初のユーザーである自分自身が喜ぶような、そんなアプリに育ててあげてください。そのための第一歩としてこの本が役に立ったなら、筆者にとって望外の喜びです。

INDEX

索引

■ 記号

■ A

■ B

■ C

■ D

■ E

■ F

■ G

■ H

■ I

■ J

■ L

■ さ行

■ た行

■ な行

■ は行

■ ま行

■ ら行

[著者略歴]
中川幸哉（なかがわ ゆきや）
1987年新潟県上越市生まれ。会津大学コンピュータ理工学部コンピュータ理工学科卒業。2009年の在学中にAndroidが日本に上陸したことをきっかけにアプリ開発の世界へ。2011年からはモバイル向けのアプリやWebシステムを中心にUIデザインや開発に携わる。新潟の豊かな風土とラーメンとクラフトビールが好き。
Twitter：@Nkzn

■お問い合わせについて
本書の内容に関するご質問は、下記の宛先までFAXまたは書面にてお送りください。電話によるご質問、および本書に記載されている内容以外の事柄に関するご質問にはお答えできかねます。あらかじめご了承ください。

〒162-0846
東京都新宿区市谷左内町21-13
株式会社技術評論社　書籍編集部
「たった1日で基本が身に付く！　Androidアプリ開発超入門［改訂2版］」質問係
FAX番号　03-3513-6167

なお、ご質問の際に記載いただいた個人情報は、ご質問の返答以外の目的には使用いたしません。また、ご質問の返答後は速やかに破棄させていただきます。

●カバー　菊池 祐（ライラック）
●本文デザイン　ライラック
●本文イラスト　株式会社アット イラスト工房
●編集・DTP　リブロワークス
●担当　矢野俊博
●技術評論社ホームページ　https://book.gihyo.jp/116

たった1日で基本が身に付く！　Androidアプリ開発超入門［改訂2版］

2018年10月 5日　初版 第1刷発行
2021年 7月16日　第2版 第1刷発行

著者　中川幸哉
発行者　片岡 巌
発行所　株式会社技術評論社
東京都新宿区市谷左内町21-13
電話　03-3513-6150　販売促進部
03-3513-6160　書籍編集部
印刷／製本　図書印刷株式会社

定価はカバーに表示してあります。

ISBN978-4-297-12138-9　C3055
Printed in Japan